重庆市教育科学规划项目“巴渝特色水文化教育体系建设研究”（2014-GX-127）

水文化导论

主　审　陈邦尚
主　编　蒋　涛　吴　松　秦素粉
副主编　刘　立　银无双　张军红
　　　　杨发军　胡渝苹　程得中
参　编　张儒娟　罗　倩　左　南　冯　琳
　　　　李开川　刘宗平　张圆圆　陈　霜

西南交通大学出版社
·成　都·

图书在版编目（CIP）数据

水文化导论 / 蒋涛，吴松，秦素粉主编. —成都：西南交通大学出版社，2017.2（2018.9 重印）
ISBN 978-7-5643-5153-3

Ⅰ. ①水… Ⅱ. ①蒋… ②吴… ③秦… Ⅲ. ①水文化学 Ⅳ. ①P342

中国版本图书馆 CIP 数据核字（2016）第 298539 号

水文化导论

主编 蒋涛 吴松 秦素粉

责 任 编 辑	杨 勇
封 面 设 计	何东琳设计工作室
出 版 发 行	西南交通大学出版社 （四川省成都市二环路北一段 111 号 西南交通大学创新大厦 21 楼）
发行部电话	028-87600564 028-87600533
邮 政 编 码	610031
网 址	http://www.xnjdcbs.com
印 刷	四川森林印务有限责任公司
成 品 尺 寸	185 mm × 260 mm
印 张	18.75
字 数	337 千
版 次	2017 年 2 月第 1 版
印 次	2018 年 9 月第 2 次
书 号	ISBN 978-7-5643-5153-3
定 价	38.00 元

课件咨询电话：028-87600533
图书如有印装质量问题 本社负责退换
版权所有 盗版必究 举报电话：028-87600562

前　言

“关关雎鸠，在河之洲。窈窕淑女，君子好逑。”河、洲、人，生活开始了，文学开始了，文明开启了。生命和生活自水边起源，在水边展开。人体内遍布血脉，建构生命中的水系；山野间遍布河脉，形成大地上的水系。大地上的水系，与生命中的水系紧密相连，与人类的生命谱系、文化谱系息息相通，一一对应。

《史记》有载，秦国因得郑国渠引水灌溉，“关中为沃野，无凶年，秦以富强，卒并诸侯”。又载，“昔伊、洛竭而夏亡，河竭而商亡”。“水能载舟，亦可覆舟”，人类文明因水而生，因水而兴，因水而盛，同样也可能因水而衰。随着人类对水资源的需求不断增加，以及对水资源的不合理开采和利用，水旱、水患、水污染日益严重，并成为危及人类生存的致命瓶颈。大量研究表明，虽然科技以其无可匹敌的力量建造水工程、改造水问题、塑造水环境，但是人类所面临的水问题与水危机依然没有得到根本性解决，其中一个重要原因是水文化教育与研究滞后，使科技这一理性工具游离于文化教育之外。

《水文化导论》一书，基于重庆市教育科学规划项目“巴渝特色水文化教育体系建设研究”（2014-GX-127）阶段性成果编写而成。《水文化导论》共包括五篇十九章，它以人类文明发展和流域文化变迁为线索，以“水”为核心，有重点地梳理、发掘水文化遗产中对人类社会发展具有里程碑意义的文化现象和符号，将人类可持续生存发展的理念纳入水文化遗产收集整理及现代化建设反思，具有普适性教育意义。《水文化导论》不仅吸纳了包括历史学、哲学、地理学、资源环境学、生物学、工程学以及交叉学科等多学科的最新研究成果，并将研究整理过程中的发现与观点毫无保留地与读者分享。它适合于大学生、教育工作者、水利行业职工、水文化研究爱好者以及普通公民学习使用，亦适宜于作为资料和工具书查阅保存。在编写本书的过程中编者参考借鉴了国内外大量论文、论著等，除在本书各篇章注明外，在此谨向原作者表示感谢与致敬！

编　者

2017 年 1 月

目　录

第三篇 中华传统文化构筑独特水民俗、水思想

第四篇 古代先民创造水利工程奇迹

第一篇

宇宙中的水孕育地球生命

“关关雎鸠，在河之洲。窈窕淑女，君子好逑。”河、洲、人，生活开始了，文学开始了，文明开启了。生命和生活自水边起源，在水边展开。人体内遍布血脉，建构生命中的水系；山野间遍布河脉，形成大地上的水系。大地上的水系，与生命里的水系紧密相连，与人类的生命谱系、文化谱系息息相通，一一对应。

第一章　宇宙生成的“水源说”

科学界普遍认为，液态水是生命存在的最直接条件。星光灿烂的宇宙，深藏着物质运动的伟大力量，它创造出生命存在的最直接条件——液态水。最不可思议的是，宇宙在漫长的时间中完成了从物质到精神的飞跃，最初躲藏于海洋中的原始生命形态，历经数十亿年旅程演化出了人类。

第一节　水从哪里来

46亿年前，地球刚刚诞生的时候，被暗红色的岩浆包裹着。没有河流，也没有海洋，更没有生命。婴儿时代的地球的表面是干燥的，大气层中也很少有水分。但今天当我们打开世界地图时，当我们面对地球仪时，当我们从太空俯瞰地球时，呈现在眼前的大部分面积却是鲜艳的蓝色。从太空中看地球，我们居住的地球是一个椭圆形蔚蓝色球体，水是地球表面数量最多的天然物质，它覆盖了地球70%以上的表面。由此看来，地球是一个名副其实的大水球。浩瀚的大海，奔腾不息的河流，烟波浩淼的湖泊，奇形怪状的万年冰雪，以及地下涌动的清泉，天上飞流的雨、雪、云、雾，这些水是从哪儿来的呢？

图 1-1　宇宙大爆炸

地球上水的起源在学术界存在很大分歧，目前有几十种不同学说，但无论哪一种学说都必须从最原始的宇宙说起。科学资料表明，宇宙的形成起源于137亿年前的一场大爆炸。大爆炸之后，宇宙炽热而致密。

随着时间推移，大爆炸引发物质四散，宇宙迅速膨胀而温度迅速下降。彼时的宇宙，是由质子、中子和电子形成的一锅基本粒子汤。随着这锅汤继续变冷，核反应开始发生，宇宙中的元素不断丰富，组成水的必要元素氢（H）和氧（O）也随之形成。

地球是太阳系八大行星之中唯一被液态水覆盖的星球。关于地球的水源说，目前有几十种不同的水源说。例如：

观点一：在地球形成初期，原始大气中的氢、氧化合成水，水蒸气逐步凝结并形成海洋。

观点二：形成地球的星云物质中原先就存在水的成分。

观点三：原始地壳中硅酸盐等物质受火山影响而发生反应、析出水分。

观点四：被地球吸引的彗星和陨石是地球上水的主要来源，甚至现在地球上的水还在不停增加。

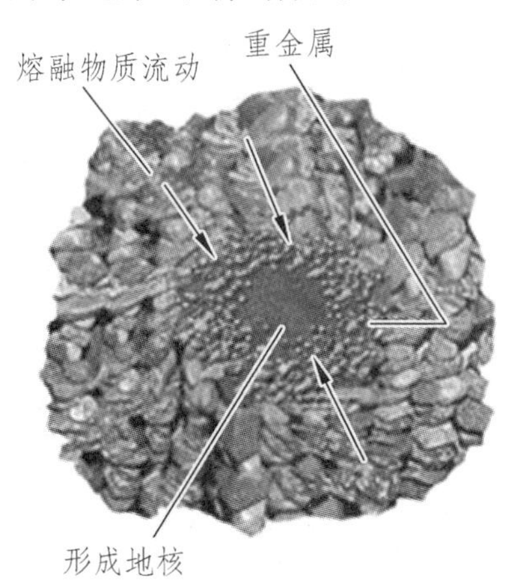

图 1-2　地球分层过程

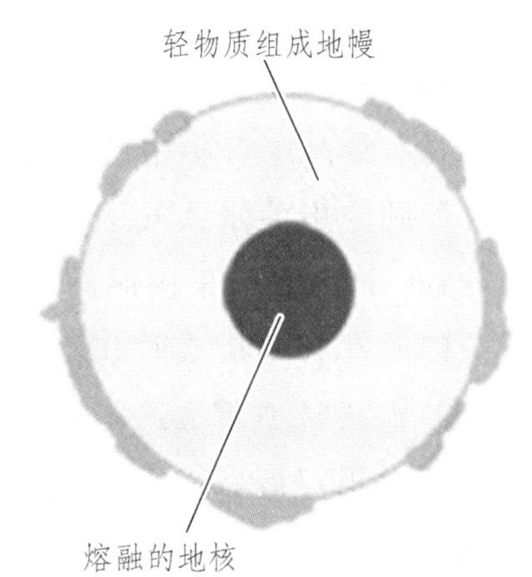

图 1-3　地核和地幔的形成

图 1-4　地球原始火山

科学界普遍认为，地球是由太阳星云分化出来的星际物质聚合而成，它的基本组成有氢气和氦气以及尘埃。固体尘埃聚集结合形成地球的内核，外面围绕着大量气体。地球刚形成时，结构松散，质量不大，引力也小，温度很低。后来，由于地球不断收缩，内核放射性物质产生能量，致使地球温度不断升高，有些物质慢慢变暖熔化，较重的物质，如铁、镍等聚集在中心部位形成地核，最轻的物质浮于地表。随着地球表面温度逐渐降低，地表开始形成坚硬的地壳。但因地球内部温度很高，岩浆活动激烈，火山爆发频繁，地壳也不断发生变化，有些地方隆起形成山峰，有的地方下陷形成低地与山谷，同时喷发出大量的气体。由于地球体积不断缩小，引力也随之增加，此时，这些气体已无法摆脱地球的引力，从而围绕地球，构成了“原始地球大气”。原始大气由多种成分组成，水蒸气便是其中之一。水蒸气又是从哪儿来的呢？组成原始地球的固体尘埃，实际上是衰老星球爆炸形成的大量碎片，这些碎片多为无机盐类物质，在它们内部蕴藏着许多水分子，即所谓结晶水合物。结晶水合物中的结晶水在地球内部高温作用下离析出来变成了水蒸气。喷到空中的水蒸气达到饱和时便冷却成云，又变成雨，落到地面聚集在低洼处，并逐渐积累构成湖泊和河流，最后汇集到地表最低区域形成海洋。地球上的水在开始形成时，不论湖泊或海洋，其水量不是很多，随着地球内部产生的水蒸气不断被送入大气层，地面水量也不断增加，经历几十亿年的地球演变过程，最后终于形成我们现在看到的江河湖海。

无论有多少观点，一直以来，关于地球的水源说的主导观点有二：一是来自落在地球上的陨石，二是来自太阳的质子形成的水分子。然而美国科学家提出一个令人瞩目的新理论：地球上的水来自太空由冰组成的彗星。科学家发现，地球表面的水会向太空流失。这是因为大气中水蒸气分子在太阳紫外线的作用下，会分解成氢原子和氧原子。当氢原子到达 80 ~ 100 千米气体稀薄的高热层中，氢原子的运动速度会超过宇宙速度，于是脱离大气层而进入太空消失掉。科学家推算，飞离地球表面的水量与进入地球表面的水量大致相等。但地质科学家发现，2 万年来，世界海洋的水位涨高了大约 100 米。于是，地球表面水量不断增多就成难解之谜。直到近年，美国依阿华大学研究小组的科学家，从人造卫星发回的数千张地球大气紫外辐射图像中，发现在圆盘形状的地球图像上总有一些小黑斑。每个小黑斑一般存在 2 ~ 3 分钟，面积约有 2 000 平方千米。经过分析推测：这些斑点是由一些看不见的冰块

组成的小彗星冲入地球大气层，破裂和融化成水蒸气造成的。科学家估计，每分钟大约有 20 颗平均直径为 10 米的冰状小彗星进入地球大气层，每颗释放约 100 吨水。地球形成至今大约已有 38 亿年的历史，由于这些小彗星不断供给水分，地球得以形成今天这样庞大的水位。但是，这种理论也有它的不足之处，它缺乏海洋在地球发育的机理过程，而且这方面的证据还不足够充分。

国际学术界对地球生命起源的讨论近年也又热闹起来。众所周知，最时髦的一种理论认为，是来自太空的携带有水和其他有机分子的彗星和小行星撞击地球后才使地球产生了生命。最近，科学家们第一次发现了可证明这一理论的依据：一颗被称为利内亚尔的冰块彗星。据科学家们推测，这颗彗星含水 33 亿千克，如果浇洒在地球上，可形成一个大湖泊。但十分令人遗憾的是，利内亚尔彗星在炽烈的阳光下蒸发成了蒸气。全世界的天文学家们都观察到了这一过程。那么，这颗彗星携带的水与地球上的水相似吗？根据科学家们的研究，答案是肯定的。实验证明，数十亿年前在离木星不远处形成的彗星含有的水和地球上海洋里的水是一样的。而利内亚尔彗星正是在离木星轨道不远的地方诞生。天文学家们认为，在太阳系刚形成时可能有不少类似于利内亚尔的彗星从“木星区域”落到地球上。美国航空航天局专家约翰·玛玛说：“它们落到地球上时像是雪球，而不是像小行星撞击地球。因此，这种撞击是软撞击，受到破坏的只是大气层的上层，而且撞击时释放出来的有机分子没有受到损害。”

图 1-5　陨石带来的水

另外，原始海洋的海水只是略带咸味，后来盐分才逐渐增多。经过水量和盐分的逐渐增加，以及地质历史的沧桑巨变，原始的海洋才逐渐形成如今的海洋。

第二节　形态各异的水

水以各种形式塑造了最多样化的生态系统和生存条件。对人类而言，水如同梦幻一般循环着。水不断改变自己的形态，在大海中变成水蒸气，在天空中成雨化雪，经过森林，渗入岩石和土壤的怀抱。或以涓涓细流重见天光，或以喷薄的姿态喷涌而出，进入江河湖泊，最后回归大海，又开始下一个轮回。

一、地球水圈构成

介于大气层和岩石圈之间的海洋、湖泊、江河、沼泽、地下水和冰川等构成了地球水圈（表 1-1）。

表 1-1　地球水圈的组成

水体种类	水储量		咸　水		淡　水	
	10^{12} m^3	%	10^{12} m^3	%	10^{12} m^3	%
海洋水	1 338 000	96.538	1 338 000	99.041		
冰川与永久积雪	24 064.1	1.736 2			24 064.1	68.697 3
地下水	23 400	1.688 3	12 870	0.952 7	10 530	30.060 6
永冻层中冰	300	0.021 6			300	0.856 4
湖泊水	176.4	0.012 7	85.4	0.006 3	91	0.259 8
土壤水	16.5	0.001 2			16.5	0.047 1
大气水	12.9	0.000 9			12.9	0.036 8
沼泽水	11.47	0.000 8			11.47	0.032 7
河流水	2.12	0.000 2			2.12	0.003 2
生物水	1.12	0.000 1			1.12	0.003 2
总　计	1 385 984.61	100	1 350 955.4	100	35 029.21	100

地球水圈中的水体在太阳的照射下处于不间断的循环运动中。正是这种永不停息的大规模水循环，才使得地球表面沧桑巨变，万物生机盎然。水循环是生态系统中最重要的循环之一。从微观角度看，一切生命物质的 90% 成分是水。水是生物群落生命的载体，又是能量流动和物质循环的介质。

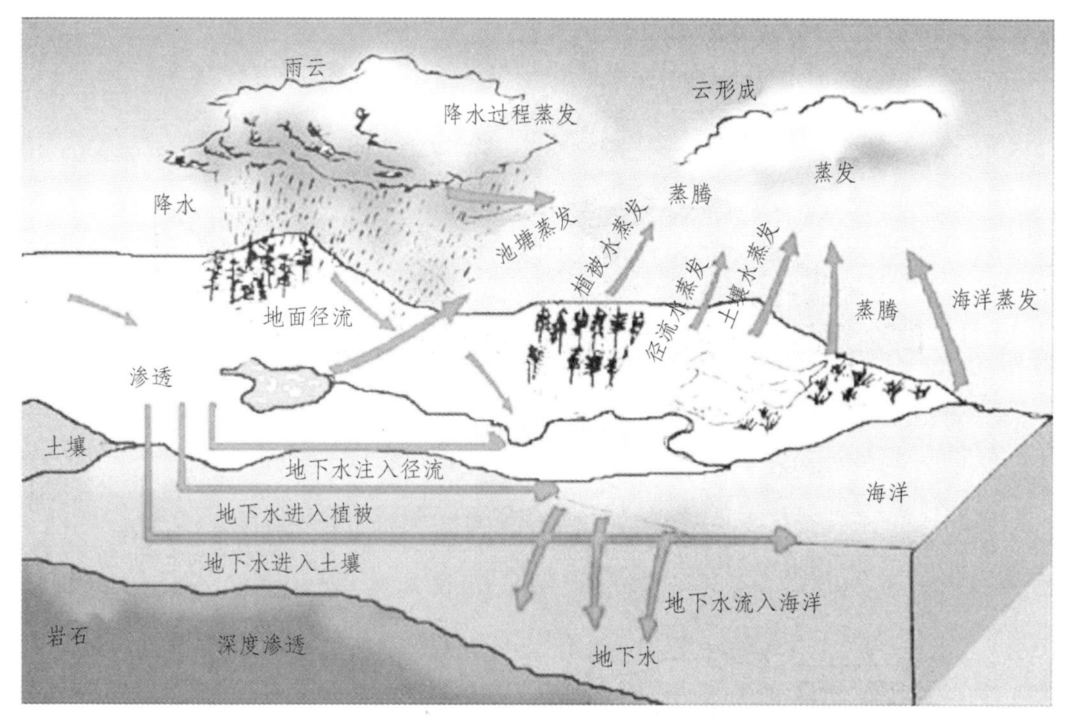

图 1-6　地球水的循环

二、水的不同形态

液态、固态和气态是物质存在的基本状态，环境温度的差异使水常在这几种状态之间流转变化。生活中我们熟知的云、雨、雪、露、雾、霜和不常见到的冰雹、雾凇、冻雨等都是水的存在形态。

（一）雾和云

雾和云都是由浮游在空中的小水滴或冰晶组成的水汽凝结物，只是雾生成在大气的近地面层中，而云生成在大气的较高层而已。可以说，雾是地面的云，云是高空的雾。大气中白天蒸发的大量水汽，在夜晚或凌晨温度降低时，放热发生液化，凝结在空气中的尘埃上，悬浮在空气中，这就是雾。雾常出现在冬季和初春。

地面的水蒸发形成的水蒸气，升到高空与冷空气接触，如果冷空气的温度高于 0 °C，空气中多余的水汽就放热液化凝结成小水滴；如果温度低于 0 °C，这些水汽就放热液化为过冷却水（温度低于 0 °C）、凝华为小冰晶或是小冰晶和小水滴的混合物。在这些小水滴和小冰晶逐渐增多并达到人眼能辨认的程度时，就是云了。

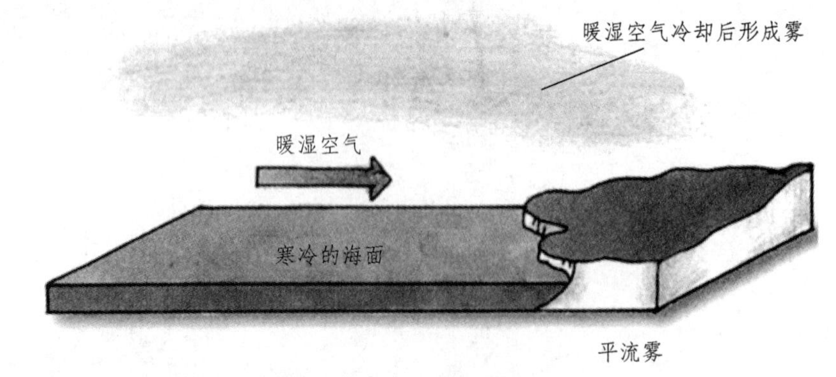

图 1-7　雾的形成

地面上的水分受太阳照射，变成水蒸气飞散到空气中。水蒸气在高空，遇冷凝结成小水滴，便形成了千姿百态的云。

图 1-8　云的形成

（二）雨和雪

云中的小水滴、小冰晶都很小，直径一般只有 0.01～0.02 毫米，最大也只有 0.2 毫米。它们又小又轻，被空气中的上升气流托在空中。当外部条件适合，它们便凝结和凝华增大或碰撞并增大成为云滴。当云滴增大到一定程度，最后空气再也托不住它时，便从云中落向地面，由于地面附近温度较高，云滴就以液态形式落下，成为我们常见的雨。

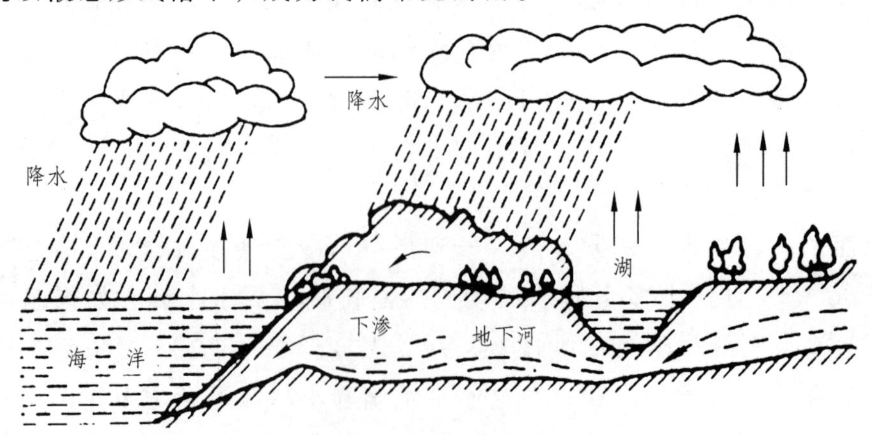

图 1-9　雨的形成

在寒冷的冬季，雪的形成主要来源于混合云。混合云是由小冰晶和过冷却水滴共同组成的。在混合云里，当过冷却水滴和冰晶相碰撞的时候，就会冻结黏附在冰晶表面上，使它迅速增大。当小冰晶增大到能够克服空气的阻力和浮力时，便落到地面，这就是降雪。

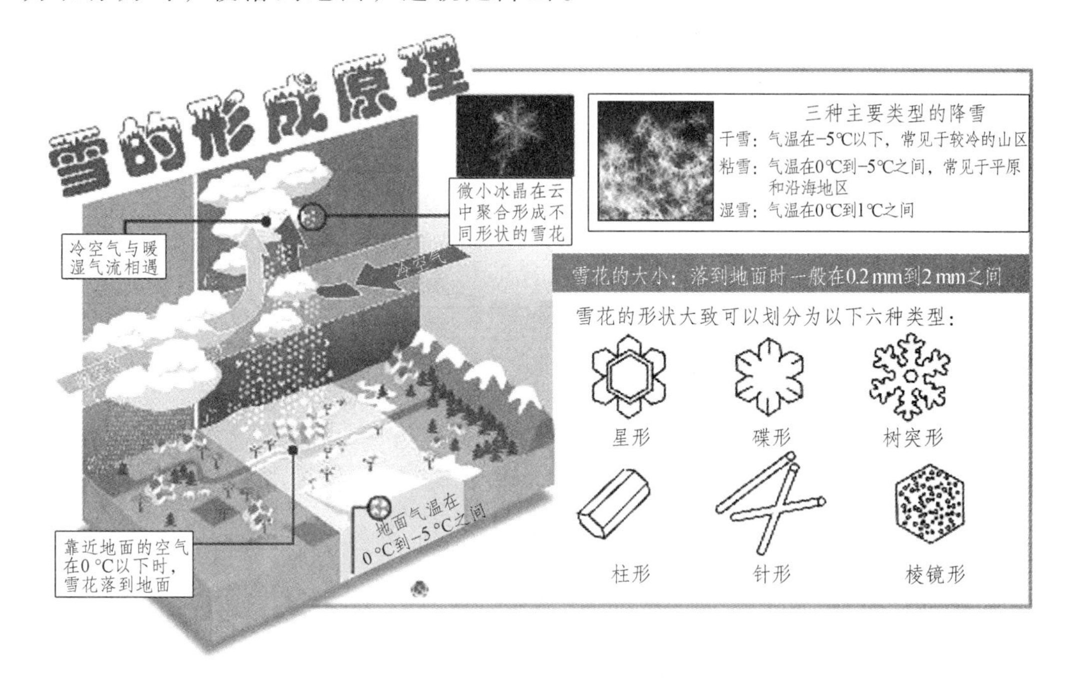

图 1-10　雪的形成

（三）露和霜

在温暖季节的清晨，人们在路边的草、树叶及农作物上经常可以看到露珠。其形成原因在于：温暖季节里，夜间地面物体强烈辐射冷却的时候，与物体表面相接触的空气温度下降，在它降到“露点”（在 0 °C 以上，空气因冷却而达到水汽饱和时的温度叫作“露点温度”，简称“露点”）以后，空气中就有多余的水汽析出。因为这时温度在 0 °C 以上，这些多余的水汽就放热液化凝结成水滴附着在地面一些物体上，这就是露。

在寒冬季节的清晨，则会在路边石头或草上看到白色的霜。其形成原因在于：夜晚或凌晨温度常常在 0 °C 以下，空气中多余的水汽就在温度很低的物体表面上凝华为冰晶，这就是霜。可见，霜不像雨和雪来自高空，通常所说的下霜是不科学的。霜形成的温度在 0 °C 以下，较早的低温会对晚秋作物带来冻害，即所谓的霜冻。

水蒸气→气温下降（冷空气）→液化→小水珠→凝结在地面物体上形成露水

图 1-11　露的形成

图 1-12　霜的形成

三、地球上的水资源

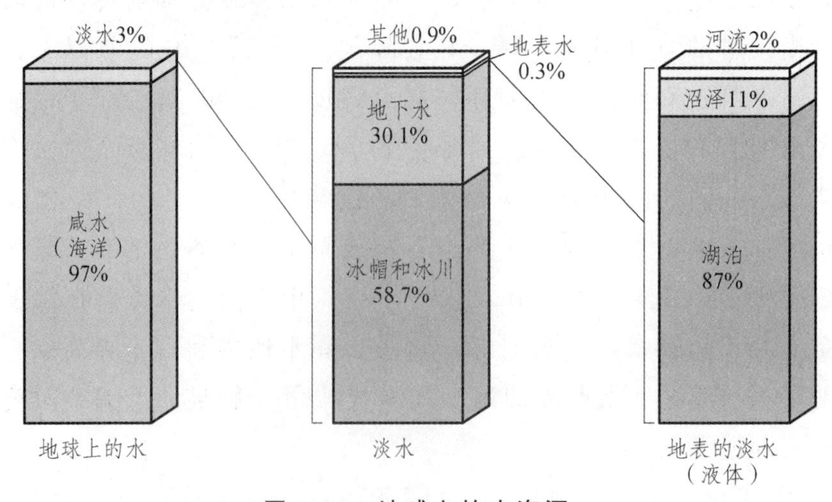

图 1-13　地球上的水资源

（一）什么是水资源

水之所以成为资源是由其自身的物理特性、化学特性及自然特性所决定的。水资源有广义和狭义之分，通常我们所说的水资源是指狭义水资源。

1. 狭义水资源

狭义水资源是指在水循环中，富集于江河、湖泊、冰川和埋藏在地下较浅的含水层中的水。它来源于大气降水，可以通过水循环逐年得到补充和更新，易于为人类所利用，包括地表水、地下水和土壤水。其中，地表水为河流、冰川、湖泊、沼泽等水体；地下水指赋存于地下岩石空隙中的水；土壤水为分散于岩石圈表面的疏松表层中的水。

2. 广义水资源

广义水资源是指自然界中以固态、液态和气态形式广泛存在于地球表面和地球的岩石圈、大气圈、生物圈中的水，是包括海水在内的地球水量的总体。我们生活的地球是一个水的星球，海洋、河流、湖泊、溪流……通过水循环彼此间相互联系，相互影响，共同构成完整的地球水圈，它是生命的发源地。从这个意义上讲，水圈中的任何水对人类都有着直接或者间接的利用价值，都可以视为水资源，它包括可更新水资源和不可更新水资源。

（二）全球水资源分布现状

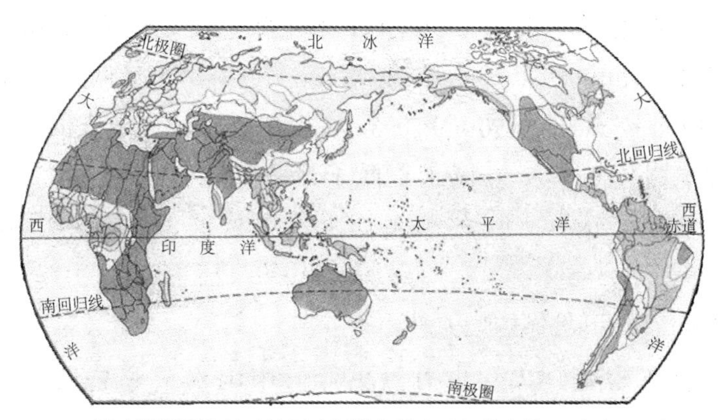

淡水资源严重缺乏地区（年降水量小于年蒸发量400毫米以上）
淡水资源缺乏地区（年降水量小于年蒸发量0~400毫米）
淡水资源基本满足地区（年降水量大于年蒸发量0~400毫米）
淡水资源丰富地区（年降水量大于年蒸发量400毫米）

图 1-14　全球水资源分布

由于海水淡化技术还未成熟和普及，同时，在地球上的淡水资源中，分布在南北两极地区的固体冰川及永冻土底冰是目前人类尚不能利用的，另外，在地下淡水中，由于它们非常分散，而且绝大部分埋藏很深，因此，只有很少一部分浅层水可供人类利用。目前人类较易利用的淡水资源仅占全球淡水资源的 0.3%，仅占全球总储水量的十万分之七。全球淡水资源不仅短缺而且地区分布极不平衡。按地区分布，巴西、俄罗斯、加拿大、中国、美国、印度尼西亚、印度、哥伦比亚和刚果 9 个国家的淡水资源占世界淡水资源的 60%，而约占世界人口总数 40%的 80 个国家和地区的人口面临淡水不足，其中 26 个国家的 3 亿人口完全生活在缺水状态。预计到 2025 年，全世界将有 30 亿人口缺水，涉及的国家和地区达 40 多个。

21 世纪水资源正在变成一种宝贵的稀缺资源，水资源问题已不仅仅是资源问题，更成为关系到国家经济、社会可持续发展和长治久安的重大战略问题。本世纪以来，随着人口膨胀与工农业生产规模迅速扩大，全球淡水用量飞快增长。从 1900 年到 1975 年，世界农业用水量增加了 7 倍，工业用水量增加了 20 倍，并且近几十年来，用水量正以每年 4%～8%的速度持续增加，淡水供需矛盾日益突出。

（三）中国水资源分布现状

中国水资源总量为 2.8 万亿立方米。其中地表水 2.7 万亿立方米，地下水 0.83 万亿立方米，由于地表水与地下水相互转换、互为补给，扣除两者重复计算量 0.73 万亿立方米，与河川径流不重复的地下水资源量约为 0.1 万亿立方米。按照国际公认的标准，人均水资源低于 3 000 立方米为轻度缺水；人均水资源低于 2 000 立方米为中度缺水；人均水资源低于 1 000 立方米为重度缺水；人均水资源低于 500 立方米为极度缺水。中国目前有 16 个省（区、市）人均水资源量（不包括过境水）低于严重缺水线，有 6 个省、区（宁夏、河北、山东、河南、山西、江苏）人均水资源量低于 500 立方米，为极度缺水地区。

中国水资源分布主要呈现以下特点：

一是总量并不丰富，人均占有量更低。中国水资源总量居世界第六位，人均占有量为 2 240 立方米，约为世界人均的 1/4，在世界银行连续统计的 153 个国家中居第 88 位。

二是地区分布不均，水土资源不相匹配。长江流域及其以南地区国土面积只占全国的 36.5%，其水资源量占全国的 81%；淮河流域及其以北地区的国土面积占全国的 63.5%，其水资源量仅占全国水资源总量的 19%。三是年内年际分配不均，旱涝灾害频繁。大部分地区年内连续 4 个月降水量占全年的 70%以上，连续丰水或连续枯水较为常见。

参考文献

[1] 毕东海. 地球上的水从哪里来[J]. 阅读与作文，2010（Z1）：23.
[2] 周仪. 地球水源之谜[J]. 水利天地，1988,（01）:12-13.
[3] 地球上水的来源. http：//my.tv.sohu.com/us/107037213/33929458.shtml
[4] 认识水资源. http://amuseum.cdstm.cn/AMuseum/diqiuziyuan/wr0_0.html

第二章 原始生命在液态水中诞生

宇宙中大量的水涌向地球，经过热雾时代、洪水时代、清朗时代，地球上的水从单纯的蒸汽状态转变为蒸汽、液态水、冰等多种状态。其中，液态水是生命存在的最直接条件，地球表面因此逐渐形成蛋白质分子及生命，并在漫长的时间中完成了从物质到精神的飞跃。最初躲藏于海洋中的原始生命形态，历经数十亿年的旅程演化出了人类。

第一节 蛋白质分子产生

从古至今，人们都希望了解地球上的生命是从哪里来的，生命究竟是怎样产生的，它已困扰了人类几千年。然而由于生命现象的复杂性质，直到20世纪初，生命起源的研究才成为科学研究中的一个重要领域。

早在远古，人类对世界的千姿万态、纷繁复杂，特别是对人类自身及其他生物从何而来，充满深深的困惑与向往。因此，远古人类将大千世界中未知的神秘现象，编成了各种神话和传说。我国有女娲造人的上古神话，在古埃及、古印度、古巴比伦都有类似的传说。但古希腊学者亚里士多德坚信，低等生物是在雨、空气和太阳的共同作用下，从黏液和泥土中产生的。他还编制了名录，认为：晨露同黏液或粪土相结合，会产生萤火虫、蠕虫、蜂类等；正在腐烂的尸体和人的排泄物可形成绦虫；黏液则能产生蟹类、鱼类、蛙类等；老鼠是从潮湿的土壤中产生的。亚里士多德被认为是古代最博学的人，他的看法无疑给认为生命是从无生命物质或死的有机物中突然发生的自然发生论增加了分量。直到17世纪，绝大多数人都对自然发生论深信不疑。而我国古代，则有“白石化羊”“腐草化萤”“腐肉生蛆”的说法。

由于受到研究手段的限制，人类对于生命起源的研究到了近代才形成科学的认识和方法，并确认生命活动是物质运动的形式之一，它的物质基础是碳、氢、氧、氮，此外还有少量的硫、钙、磷和其他二十几种微量元素，以及由这些元素在地球环境中自发产生的蛋白质、核酸、糖类、脂类、水和无机盐等。其中，蛋白质与核酸是生物体最重要的组成部分，也是区别生命和非生命的基本依据。蛋白质的分子量很大，由几千个甚至数万个氨基酸分子构成，具有十分复杂的化学结构和空间结构，是一切生命的基础。

在生命活动中，蛋白质起着极为重要的作用，如构成生物体的骨架，催化生物化学过程，调节生长、发育、生殖等生理机能。核酸同蛋白质一样，也是生物大分子化合物，基本单元是核苷酸，由磷酸和核糖分子连成长链。核酸有两大类，一种是脱氧核糖核酸，简称 DNA，是遗传基因的化学实体，存在于细胞核中，具有特殊的双螺旋结构。另一种叫核糖核酸，简称 RNA，存在于细胞质中。

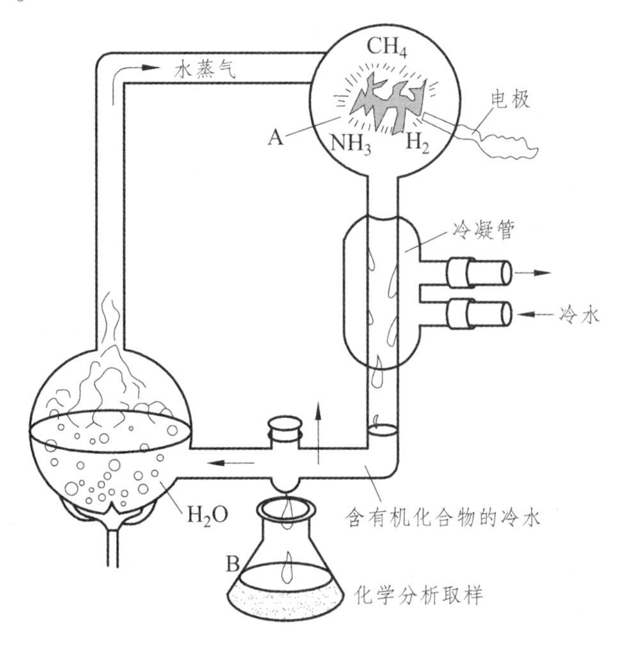

图 2-1　米勒实验示意图

海洋的形成和一些其他物质（甲烷、硫化铁、二氧化碳）为生命的诞生提供了必要的条件。为了证明生命起源于原始海洋，人类在不断通过实验和推测等研究方法，提出各种假设来解释生命诞生。1953 年美国青年学者米勒（Miller）在实验室用充有甲烷（CH_4）、氨气（NH_3）、氢气（H_2）和水（H_2O）的密闭装置，以放电、加热来模拟原始地球的环境条件，合成了一些氨基酸、有机酸和尿素等物质，轰动了科学界。这个实验的结果表明，早期地球完全有能力孕育生命体，原始生命物质可以在没有生命的自然条件下产生出来。一些有机物质在原始海洋中，经过长期而又复杂的化学变化，逐渐形成了更大、更复杂的分子，直到形成生物体的基本物质——蛋白质。

第二节　生命出现与演变

大约在 38 亿年前，当地球的陆地上还是一片荒芜时，在咆哮的海洋中已开始孕育生命最原始的细胞，其结构和现代细菌很相似。大约经过了 1 亿年的进化，海洋中原始细胞逐渐演变成为原始的单细胞藻类，这大概是最原始的生命。由于原始藻类的繁殖，并进行光合作用，产生了氧气和二氧化碳，为生命的进化准备了条件。这种原始的单细胞藻类又经历亿万年的进化，产生了原始水母、海绵、三叶虫、鹦鹉螺、蛤类、珊瑚等，海洋中的鱼类大约是在 4 亿年前出现的。由于月亮的吸引力作用，引起海洋潮汐现象。涨潮时，海水拍击海岸；退潮时，把大片浅滩暴露在阳光下。原先栖息在海洋中的某些生物，在海陆交界的潮间带经受了锻炼，同时，臭氧层的形成，可以防止紫外线的伤害，使海洋生物登陆成为可能，有些生物就在陆地生存下来。同时，无数的原始生命在这种剧烈变化中死去，留在陆地上的生命经受了严酷的考验，适应环境，逐步得到发展。大约在 2 亿年前，爬行类、两栖类、鸟类出现了。大约在 300 万年前，出现了具有高度智慧的人类。

核酸和蛋白质等生物分子是生命的物质基础，生命的起源关键就在于这些生命物质的起源，即在没有生命的原始地球上，由于自然的原因，非生命物质通过化学作用，产生出多种有机物和生物分子。因此，生命起源问题首先是原始有机物的起源与早期演化。化学进化的作用是造就一类化学材料，这些化学材料构成氨基酸、糖等通用的“结构单元”，核酸和蛋白质等生命物质就来自这种“结构单元”的组合。1922 年，生物化学家奥巴林第一个提出了一种可以验证的假说，认为原始地球上的某些无机物，在来自闪电、太阳的能量作用下，变成了第一批有机分子。时隔 31 年之后的 1953 年，美国化学家米勒首次实验证明了奥巴林的这一假说。继米勒之后，许多通过模拟原始地球条件的实验，又合成出了其他组成生命体的重要的生物分子，如嘌呤、嘧定、核糖、脱氧核糖、核苷、核苷酸、脂肪酸、卟啉和脂质等。1965 年和 1981 年，中国又在世界上首次人工合成胰岛素和酵母丙氨酸转移核糖核酸。蛋白质和核酸的形成是由无生命到有生命的转折点。上述两种生物分子的人工合成成功，开启了通过人工合成生命物质去研究生命起源的新时代。

一般来说，生命的化学进化过程包括四个阶段：无机小分子——有机小分子——有机大分子——多分子体系——原始生命。

第一阶段：从无机小分子物质形成有机小分子物质。原始海洋中的氮、氢、氧、一氧化碳、二氧化碳、硫化氢、氯化氢、甲烷和水等无机物，在紫外线、电离辐射、高温、高压等一定条件影响和作用下，形成了氨基酸、核苷酸及单糖等有机化合物。

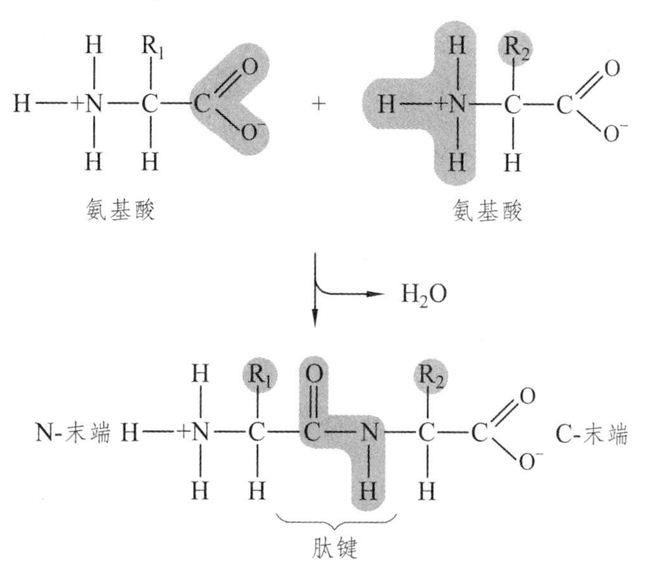

图 2-2　蛋白质化学结构示意图

第二个阶段：从有机小分子物质生成生物大分子物质。在原始海洋中，氨基酸、核苷酸等有机小分子物质，经过长期积累，相互作用，在适当条件下（如黏土的吸附作用），通过缩合作用或聚合作用形成了原始的蛋白质和核酸等“生物大分子”。

第三个阶段：从有机高分子物质形成多分子体系。许多生物大分子聚集、浓缩形成以蛋白质和核酸为基础的多分子体系，它既能从周围环境中吸取营养，又能将废物排到体系之外，构成原始的物质交换活动。这一过程是怎样形成的呢？苏联学者奥巴林提出了团聚体假说，他通过实验表明，将蛋白质、多肽、核酸和多糖等放在合适的溶液中，它们能自动地浓缩聚集为分散的球状小滴，这些小滴就是团聚体。奥巴林等人认为，团聚体可以表现出合成、分解、生长、生殖等生命现象。例如，团聚体具有类似于膜结构的边界，其内部的化学特征显著地区别于外部的溶液环境。团聚体能从外部溶液中吸入某些分子作为反应物，还能在酶的催化作用下发生特定的生化反应，反应的产物也能从团聚体中释放出去。另外，有的学者还提出了微球体和脂球体等其他的一些假说，以解释有机高分子物质形成多分子体系的过程。

第四个阶段：有机多分子体系演变为原始生命。在原始的海洋中，多分子体系的界膜内，蛋白质与核酸的长期作用，终于将物质交换活动演变成新陈代谢作用并能够进行自身繁殖，这是生命起源中最复杂的最有决定意义的阶段。技术改造构成的生命体，被称为“原生体”。它是生命起源过程中最复杂和最有决定意义的阶段。这种原生体的出现使地球上产生了生命，把地球的历史从化学进化阶段推向了生物进化阶段，对于生物界而言是开天辟地的。目前，人们还不能在实验室里验证这一过程。

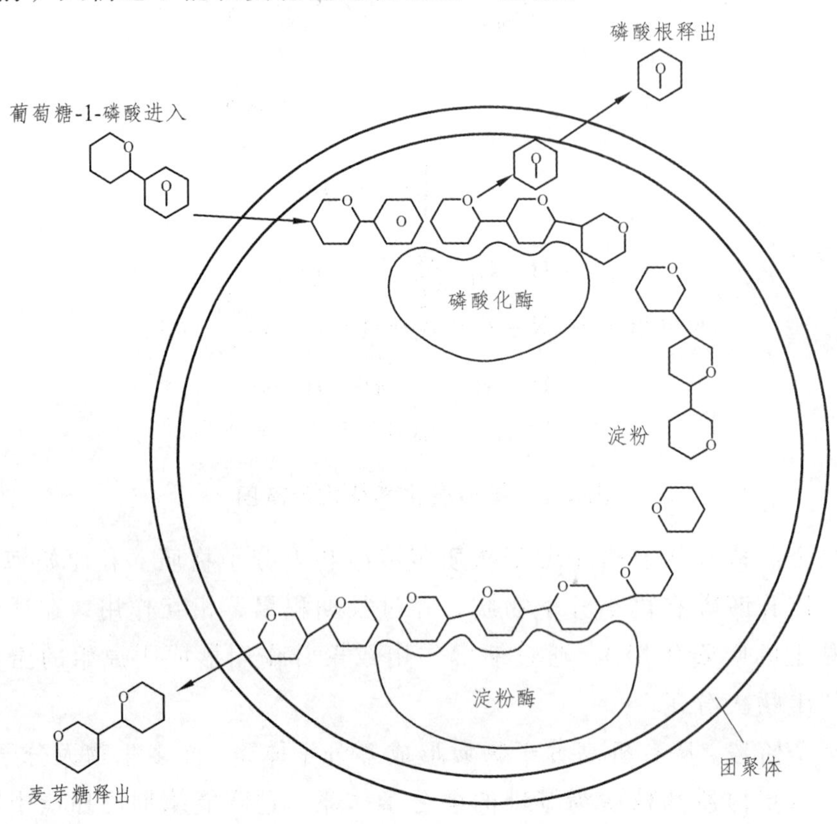

图 2-3　团聚体简单代谢示意图

生命与非生命物质的最基本区别，在于生命物质能否从环境中吸收自己生活过程中所需要的物质，排放出自己生活过程中不需要的物质，这个过程叫作新陈代谢。生命物质能繁殖后代，任何有生命的个体都具有繁殖新个体的本领，无论繁殖形式有多么千差万别。生命物质具有遗传能力，能把上一代生命个体的特性传递给下一代，使下一代的新个体与上一代个体具有相同或者相似的特性。这个相似的现象最有意义，最值得我们注意。因为这说明它多少有一点与上一代不一样的特点，这种与上一代不一样的特点叫变异。这种变异的特性如果能够适应环境而生存，它就会一代又一代地把这种变异的特性加强并成为新个体所固有的特征。生物体不断周而复始地遗传与变异，具有新特征的新个体随之不断涌现，使生物体由简单逐渐走向复杂，构成生物体的系统演化。

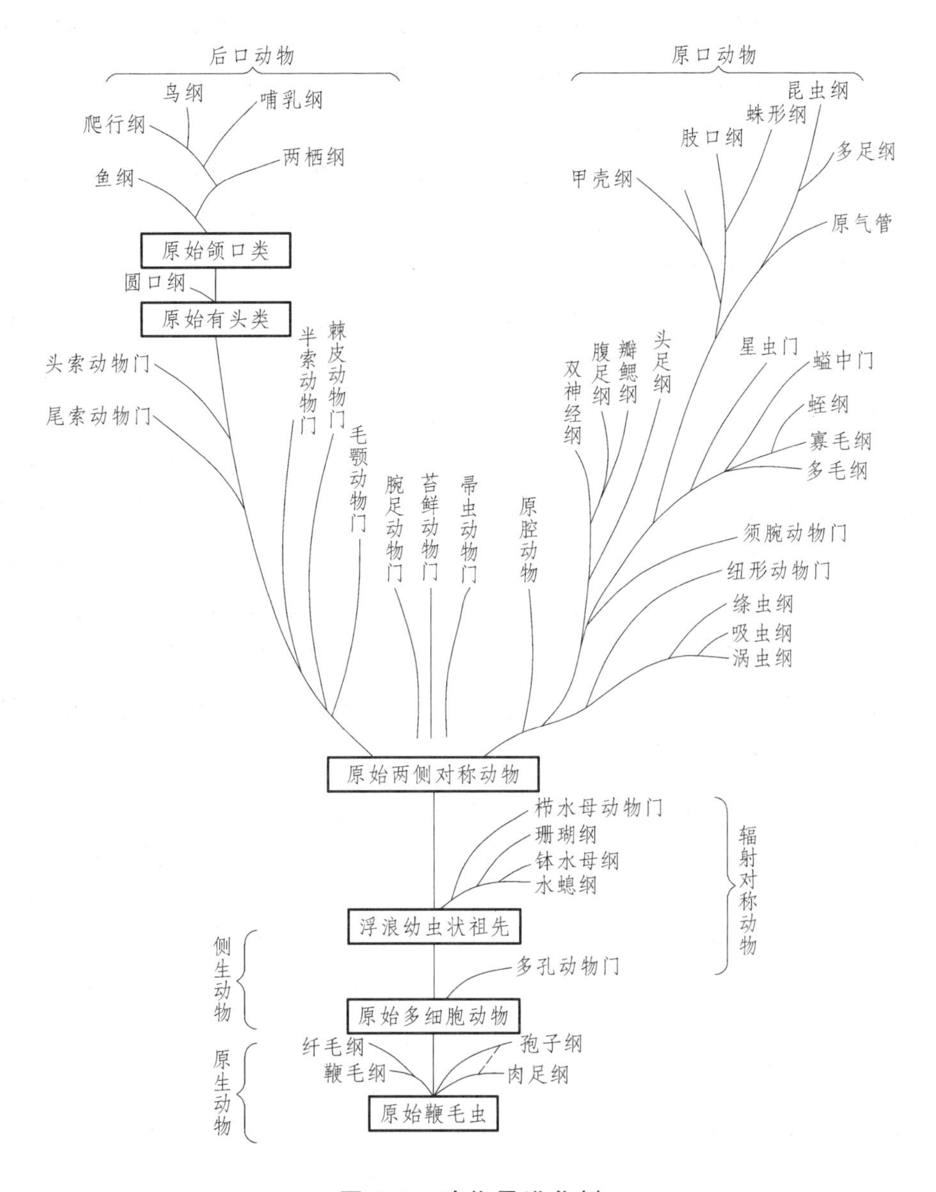

图 2-4　动物界进化树

原始海洋中最早的生命形态很简单，一个细胞就是一个个体，它没有细胞核，我们称之原核生物。原核生物靠细胞表面直接吸收周围环境中的养料维持生活，这种生活方式叫作异养。当时它们的生活环境是缺乏氧气的，这种缺乏氧气的生活环境叫厌氧。地球上最早的原核生物是异养、厌氧的。它的形态最初是圆球形，后来变成椭圆形、弧形、江米条状的杆形，进而变成螺旋状以及细长的丝状等。从形态变化的发展方向来看，原核生物在进化过程中不断增加身体与外界接触的表面积和增大自身的体积。现在仍然生活在地球上的细菌和蓝藻均属于原核生物。原始海洋中蓝藻的发生与发展，加速了地球上氧气含量的增加，从 20 多亿年前开始，不仅水中氧气含量已经很多，而且大气中氧气的含量也已经不少。

细胞核的出现，是生物界演化过程中的重大事件。原核生物经过 15 亿多年的演变，原来均匀分散在它的细胞里面的核物质相对地集中以后，外面包裹了一层膜，这层膜叫作核膜。细胞的核膜把膜内的核物质与膜外的细胞质分开，细胞里面的细胞核就是这样形成的。有细胞核的生物我们把它称为真核生物。从此，细胞在繁殖分裂时不再是简单的细胞质一分为二，而是里面的细胞核也要一分为二。真核生物大约出现在 20 亿年前。

性别的出现是生物界演化过程中又一个重大事件。性别促进了生物的优生，加速了生物向更复杂的方向发展，真核的单细胞植物出现以后没有几亿年就出现了真核多细胞植物。真核多细胞的植物出现没有多久就出现了植物体的分工，植物体中有一群细胞主要负责固定植物体的功能，成了固着的器官，也就是现代藻类植物固着器的由来。之后，器官分化开始了，不同功能部分其内部细胞的形态也随之分化。细胞核和性别出现以后，大大地加速了生物本身形态和功能的发展（表 2-1）。

表 2-1　地质年代与生物进化对照表

宙	代	纪	同位素年龄/百万年		生物进化阶段	
			距今年龄	持续时间	植物	动物
显生宙	新生代（Kz）	第四纪（Q）	2.5	2.5		人类出现
		第三纪（R）	67	64.5		哺乳动物
	中生代（Mz）	白垩纪（K）	137	70	被子植物	鸟类
		侏罗纪（J）	195	58		
		三叠纪（T）	230	35	裸子植物	
	古生代（Pz）	二叠纪（P）	285	55		爬行动物
		石炭纪（C）	350	65	蕨类植物	
		泥盆纪（D）	400	50		两栖动物
		志留纪（S）	440	40	裸蕨植物	鱼类
		奥陶纪（O）	500	60		
		寒武纪	570	70		无脊椎动物
隐生宙	元古代（Pt）	震旦纪（Z）	2 400	1 830		
	太古代（Ar）		4 500	2 100	菌藻类	

第三章　人类生活自水边展开

人类文明的第一行脚印，踩踏在湿漉漉的河边。通过逐水而居，原始人获得了简朴的生活方式和初级生产方式，并对河流产生亲和、依赖和畏惧。

第一节　岩浆作用大河水系源头

自然界的形成、发展及其演化非常微妙，通常有其固有的规律。诸如大河水系及其源头的形成究竟开始于何时？从地壳形成发展演化历史可知，太古宙时期主要形成了陆核、变质深成岩和变质表壳岩，古元古代时期主要形成了变质深成岩和变质表壳岩，上述时期河流形成及其源头在何处确实难以确定。进入中元古代——早古生代时期，全球大多属于海相沉积，此时均无河流形成及其源头可言。到了晚古生代晚期即晚二叠世，伴随地壳运动发展演化，产生了海陆分异，海水逐渐退去，陆地面积逐渐扩大，因而产生了河流及其源头和相关的陆相沉积。这主要依据地质历史发展演化的沉积记录加以推定和证明。进入中生代，地壳活动强烈，火山喷发和岩浆侵入作用频繁，河流沉积作用加强。

现代河流水系只是伴随第四系形成以来不断变化、不断迁徙而保存下来的河流，它们的形成，一般取决于地势的高低、岩石含水层、构造破碎带以及泉水的分布。实际上更主要的因素是岩浆作用，包括火山熔浆喷发和地下岩浆的侵入，进而形成了高大险峻的山脉或分水岭或岩浆隆起带，这样为形成大河水系源头提供了先决条件。我国是大江大河水系广布的国家，其形成、发展及其演化都与岩浆作用有关。

长江、黄河和澜沧江的发源地——青藏高原的地质史中岩浆活动频繁，随着板块构造的演化，形成一系列构造岩浆带。祁连构造岩浆带，除早古生代有巨厚中基性火山喷溢外，沿中祁连隆起带还发育了两条花岗岩带，以花岗岩、片麻状花岗岩、花岗闪长岩为主，形成巨大岩基。根据侵位关系和同位素年龄，可分为 4 期。以加里东期（5.14 亿 ~ 4.02 亿年）为主，有元古宙中酸性小岩株零星出露，华力西期和燕山期中酸性岩主要在南祁连山。多为同熔性花岗岩，少数为改造型花岗岩。

图 3-1　长江、黄河和澜沧江的源头汇水区——三江源

柴达木构造岩浆带岩浆活动主要见于盆地边缘，下古生代堆积了巨厚的中酸性熔岩及其凝灰岩，成为褶皱基底的主体。侏罗纪在个别盆地内有陆相安山岩喷溢。中酸性侵入岩零星分布，以华力西期（3.28 亿 ~ 2.68 亿年）为主，其次为燕山期。加里东期侵入岩仅有少量闪长岩类小岩株在盆地北缘露出。

布尔汉布达构造岩浆带除下古生代巨厚的中酸性熔岩及其凝灰岩组成浅变质的纳赤台群主体外，沿布尔汉布达山还有一条南北宽 50 ~ 100 千米，东西延长 1 300 千米的花岗岩带，以花岗岩和花岗闪长岩为主。可分为 4 期，以华力西期（2.73 亿年）为主，形成大岩基。有少量印支期、燕山期和加里东期（3.94 亿 ~ 3.98 亿年）的小岩株。华力西期花岗岩是晚古生代中期柴达木板块向南俯冲，洋壳消减，在岛弧区形成的同熔性花岗岩，少量为改造型花岗岩。

巴颜喀拉构造岩浆带火山和中酸性深层活动都很微弱，仅有少量印支期和燕山期后造山期改造型小岩株沿断裂带出露。金沙江构造岩浆带有两条花岗岩带与金沙江蛇绿混杂岩及三叠纪巴塘群中基性火山岩带相伴。西带从江达，过德钦向南，长数百千米，多侵入于古生界，被三叠系不整合覆盖。主要为石英闪长岩和花岗闪长岩，具有同熔型特征。东带沿雀山向南到义敦，以黑云母花岗岩和二长花岗岩为主，形成于印支期，具改造型特征。

唐古拉构造岩浆带与班公错—怒江蛇绿岩带相伴，在其南侧以花岗闪长岩、黑云母花岗岩为主，形成岩基；在其北侧，以黑云母二长花岗岩为主，呈小岩株，侵入于侏罗系中。

冈底斯构造岩浆带由钙碱性中酸性－酸性侵入杂岩组成巨大岩基，南北宽50～100千米，沿冈底斯山东西绵延千余千米，向西与拉达克花岗岩相连。形成于距今1.1亿～0.4亿年，以黑云母花岗岩为主，早期有辉石闪长岩、石英闪长岩。与之相伴，早第三纪发育了一系列火山盆地，堆积了巨厚的中酸性—酸性—偏碱性火山熔岩及其凝灰岩，有几个喷发旋回。在一些火山盆地中保存了较完好的火山结构。

拉格岗日构造岩浆带沿喜马拉雅低分水岭，东起康马，向西经拉格岗日，至马拉山，展布着一个穹隆带。穹隆核部为花岗岩，翼部为上古生界、中生界变质地层。由片麻状二云母花岗岩和二云母石英二长岩组成，以康马岩体为典型。岩体为片麻状白云母花岗岩，顶部有侵蚀凹槽和花岗质砾岩，其上为石炭-二叠纪黑云母石榴石片岩，片岩与花岗岩二者片麻理完全一致。康马岩体是西藏花岗岩唯一达到锶均一的岩体，初始值 Sri=0.7140±0.001，全岩年龄为4.84亿、4.86亿年，反映了岩浆形成的时代；黑云母 K-Ar 法和 V-Pb 法年龄为2.66亿年，可能代表岩体与围岩遭受区域变质作用的时期；黑云母 K-Ar 法年龄0.1亿～0.2亿年，记载了康马岩体同喜马拉雅其他地质体遭受的最后一次热事件。这与喜马拉雅南坡、距主边界断裂不远处尼泊尔的马拉斯鲁岩体十分相似。后者是一组堇青石花岗岩，Rb-Sr 法等时线年龄为4.66亿～5.11亿年。古生代岩浆活动为冈瓦纳古陆内陆壳中发育的改造型花岗岩。

图 3-2 滦河水系源头——河北坝上草原

分布于张家口地区东北部沽源南部一带和承德地区东北部平泉光头山一带的河北省北部滦河水系源头、白河水系源头和辽河水系源头，其形成机制也主要与不同时期的岩浆的喷发作用和侵入作用有关。

沽源南部一带的地质作用主要表现为新太古代的岩浆侵入作用、燕山期的火山喷发作用和岩浆侵入作用以及第四纪松散堆积作用。新太古代的岩浆侵入作用形成了变质表壳岩和变质深成岩，地貌相对低矮。燕山期的火山喷发作用和岩浆侵入作用形成了大量的中酸性火山岩和侵入岩，所形成的地貌多为高大险峻的山峰，进而构成了外力地质作用的一道屏障，包括风的阻挡层和水流的分水岭以及河流的源头。第四纪松散堆积作用主要表现为冲沟的冲积作用和堆积，以及山坡的残坡堆积和开阔山谷洪水的面流堆积。这些作用的形成与该区不同时期的岩浆侵入作用有关。由于不同时期的岩浆侵入作用形成了中酸性火山岩和侵入岩的高大地貌，并导致了该区地貌的分异，形成了近于东西向的分水岭，俗称坝上草原的坝沿。因而也就形成了汇水向南流的白河水系源头和汇水向北流的闪电河水系或者说滦河水系的源头。

平泉光头山一带的地质作用主要表现为新太古代、古元古代的岩浆侵入作用和燕山期的火山喷发作用，岩浆侵入作用以及第四纪松散堆积作用。新太古代的岩浆侵入作用形成了变质表壳岩和变质深成岩，地貌较低。古元古代的岩浆侵入作用、燕山期的火山喷发作用和岩浆侵入作用，形成了区域性较为高大的岩浆隆起带，其中以光头山为代表，海拔为 1 729 米，高大挺拔，进而成了内蒙古自治区与河北省的省界标志，更为重要的是它铸就了辽河水系的源头，使该区北部的汇水径流，由南西向北东流去而使南部的汇水径流向南汇入滦河水系。第四纪松散堆积作用主要表现为冲沟的冲积作用和堆积，以及山坡的残坡积堆积和开阔山谷洪水的面流堆积，形成了辽河上游开阔的谷地和树枝状的水系。这些作用的形成与该区不同时期的岩浆侵入作用密切相关。

伴随大河水系源头的形成、发展、演化，地球为人类的生存、发展及其文明的形成不断积累条件。

第二节　原始人类沿河而居

近现代考古学研究表明，距今 10 000 ~ 7 000 年的旧石器文化遗址、7 000 ~ 3 700 年的新石器文化遗址、3 700 ~ 2 700 年的青铜器文化遗址和出现于公元前 770 年的铁器文化遗址等几乎遍布黄河流域。至中石器时代起，黄河流域就成了我国远古文化的发展中心。燧人氏、伏羲氏、神农氏创造发明了人工取火技术、原始畜牧业和原始农业，他们拉开了黄河文明发展的序幕。

从生态学的角度看，生物进化和迁徙活动遵循“自然选择、适者生存”规律。一方面，生物总是尽量选择适合其生长繁衍的生态环境；另一方面，

生物的生长发育总是在与环境因素协调的前提下得到保存和繁衍。人在由猿向人转化的童年时期，同样具有一般生物依赖自然、顺从自然的特性，需要在茫茫大地中找寻适合生存的自然环境。从更新世以来黄河中下游地区生态环境的变迁与旧石器时代人类文化的产生和发展的轨迹来看，这里具备适合人类繁衍生息和生产劳动的生态环境。目前我们已知的旧石器时代早期的西侯度文化、蓝田文化，旧石器文化中期的许家窑文化、丁村文化，旧石器时代晚期的峙峪文化、小南海文化及其形成环境的遗迹，大致反映了黄河中下游地区生态环境演变及早期人类在黄河岸边繁衍成长及创造文化的概况。

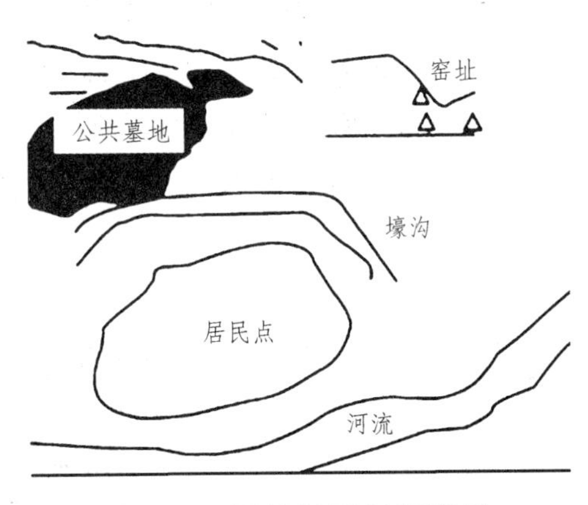

图 3-3　原始居民村落聚居

相关地质学资料表明，第三纪末和第四纪初喜马拉雅运动最强烈的第三幕发生了，这次新构造运动的持续作用使青藏高原隆起性上升，逐渐形成了现在的高度。受喜马拉雅运动的影响，黄河上、中游流域地势都有不同程度的抬升，形成由西向东依次降低的阶梯状地形。西部的青藏高原为地势最高的第一台阶，中部的黄土高原和鄂尔多斯高原为第二台阶，东部的华北平原下沉为最低的第三台阶。在青藏高原强烈隆起、中部黄土高原等的缓慢抬升及华北陆缘盆地持续沉降的过程中，使以上地区的湖盆逐渐萎缩，三大台阶上的古水系发生了溯源侵蚀并相互袭夺，将上、中、下游的湖盆串通起来，终于形成绵延万里、贯穿统一、奔腾到海的大河——黄河。从目前的考古学成果来看，黄河中下游地区及其所在的华北地区也是中国旧石器时代人类化石及其文化发现最集中且最系统的地区，而黄河中下游地区又是其中的中心地带。这看似一种历史的巧合，但决非这么偶然。人类的出现是第四纪最有影响的事件。人类在从猿到人的转变过程中，总要选择最适合自己的生态环境的地域去生存和繁衍。如前所述，从遥远的古生代、中生代到新生代的漫长年代里，尽管有冰期寒冷气候的出现，如石炭纪和二叠纪就曾出现过冰期，但因黄河中下游地区所处的海陆交替或河湖的生态环境，对动植物的生长并未造成多大影响。而大部分时间里，气候温暖湿润，植物葱郁，森林密布，动物繁盛，地质史上的三次重要的聚煤期在这里都表现得非常充分。山西号称“煤海”，河南及陕西也是今天我国重要的产煤区，南方则较少煤田，这与地质史上黄河中下游地区的森林茂盛有着直接的关系。因为每次地球上出现大规模的煤炭形成期也正是对应的地球上森林大发展的时期，煤炭是反映古地质时期一个地域具有潮湿气候及大面积森林生态环境的“指示剂”。适宜的环境、暖湿的气候，自然成了动物喜欢栖息的家园，当然也是灵生代人类繁衍生息的场所。

黄河中下游相当于更新世早期的旧石器文化遗址，有山西芮城的西侯度、陕西境内的蓝田、河北阳原盆地的小长梁等地点；更新世中期的旧石器文化遗址，有陕西蓝田人文化、陕西大荔人及其文化、山西阳高许家窑文化、河南三门峡地区旧石器文化、南召猿人文化、山东沂源人及其文化等遗址；晚更新世的旧石器时代文化遗址，有山西襄汾丁村人遗址、山西朔县峙峪文化、山西沁水的下川文化、河南安阳的小南海等地的旧石器时代文化遗址。在这些旧石器文化中尤以黄河中游山西境内的最为丰富，据统计已有近 300 处之多。贾兰坡先生评价道：“在中国来说，没有一个省份像山西有这样大的发现。假如列个编年表的话，山西占重要部分。”以山西为代表的黄河中下游地区的旧石器文化在我国旧石器时代文化中占有绝对优势，这与当地的生态环境和早期人类的主动选择有关。

图 3-4 黄河流域：运城盐池与古文化遗址分布图

到了晚更新世末期，黄河中下游地区总的气候特点是由湿热逐渐转为干冷。如在河南郑州及豫东地区均发现大面积的较厚黄土沉积，以及喜干旱的动物等化石。但同时在这里发现有大面积的河流相堆积，表明这里河网纵横，水域广大。此外，在这地区都发现有象化石，另在豫西的洛阳、嵩山等地也发现多处大象化石地点。从安阳小南海动物群的组成看，其附近曾有大片的森林草原、水牛化石的存在，说明局部地区有河流和沼泽。在这尽管有些干冷，但河湖广阔、森林草原连绵的生态环境，人类不但能够适应而且可以得到充足的食物，还可以使自己的体格得到锻炼。这说明，即使在旧石器时代晚期，黄河中下游地区基本上都是人类喜欢的栖息之地。

刘嘉麟等学者从地质学和生态学的角度对包括蓝田猿人、北京猿人(下、中、上文化层)、大荔人和许家窑人所在的华北黄土—古土壤序列层位的研究表明，古人类化石往往发现在气候环境较好的古土壤发育时期。他们认为："仅目前发掘的具有明确地层年代和环境信息的智人化石，无一例外都与古土壤发育时期的温暖、湿润的森林—草原环境相对应。"实际上，上述西侯度、公王岭蓝田人和陈家窝蓝田人、丁村人和许家窑人的典型文化地层的堆积情况，更进一步支持了这一推论。

而在广袤的黄河中下游地区发现的更新世时期旧石器时代的人类及其文化，不但空间分布地点密集，而且时代连续绵延不断。在陕西省境内除发现蓝田猿人外，还在大荔县境内发现和北京猿人相近的大荔人头骨化石，在靖边无定河两岸和小桥畔附近、榆林的鱼河堡及油坊头、吴堡等地发现与北京猿人文化稍晚的旧石器时代遗址。在大荔县发现大荔人头骨化石及大量的石制品，时代相当于旧石器时代中期。在长武、黄龙和韩城禹门口都发现有旧石器时代人类化石或洞穴遗迹。在山西省境内发现的旧石器时代遗迹居全国之冠，已发现的地点达 300 余处，经正式发掘的近 30 处。如早更新世的西侯度文化遗址，中更新世早期的苗城晤河文化遗址、大同青瓷窑遗址，垣曲南海峪旧石器时代早期洞穴遗址，旧石器时代中期的丁村、许家窑文化遗址，旧石器时代晚期的峙峪遗址、蒲县薛关文化遗址及吉县柿子滩文化遗址，这些文化遗址自成体系，形成了环环相接的旧石器文化发展序列。在河南境内共发现旧石器文化地点约 30 余处。如旧石器时代早期的三门峡水沟和会兴沟旧石器地点，陕县张家湾、赵家湾、侯家坡仙沟、三岔沟旧石器地点，泥池任村及青山村旧石器地点，灵宝朱阳、营里旧石器地点，并发现有旧石器时代早期的南召人、浙川人牙齿化石。旧石器时代中期的有郑州织机洞旧石器时代遗址、灵宝孟村旧石器地点、渑池南村青山旧石器地点、洛阳凯旋

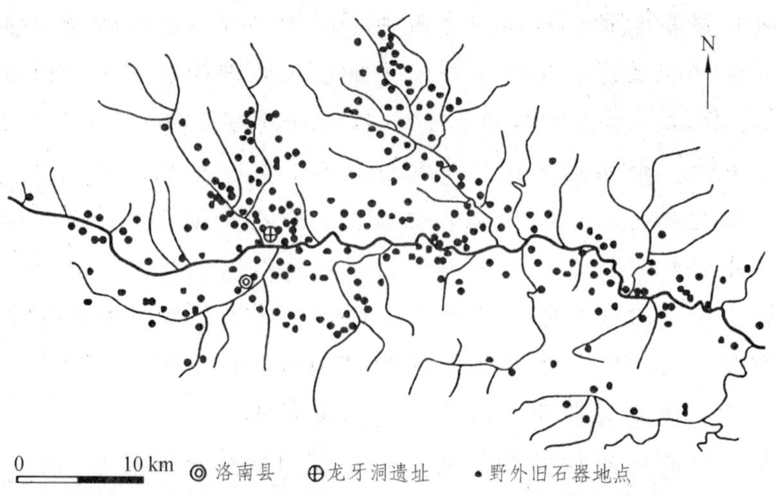

图 3-5　南洛河流域步步上游洛南盆地旧石器遗址分布（据 Wang，2005 修改）

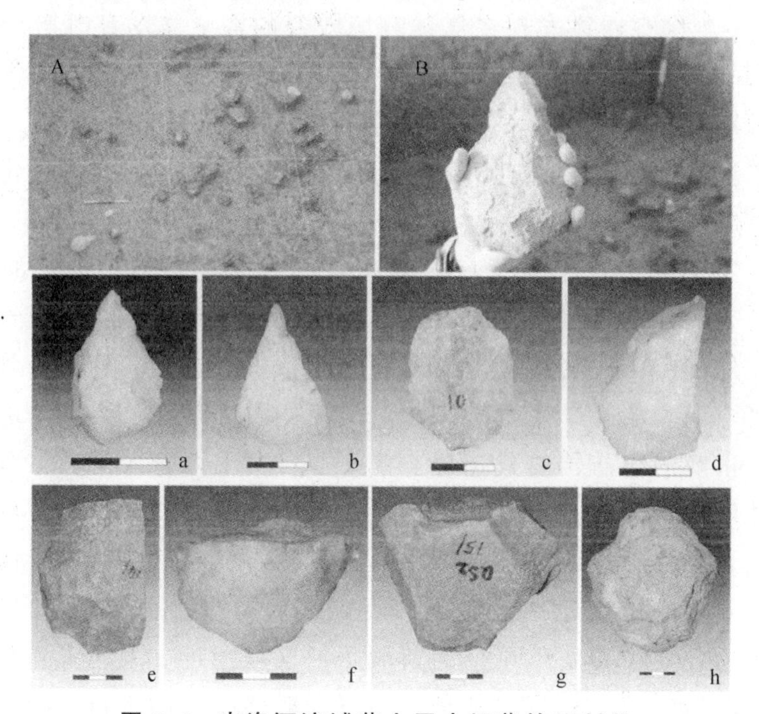

图 3-6　南洛河流域黄土层中埋藏的石制品

A 南洛河上游洛南盆地张豁口旧石器遗址发掘现场（王社江等，2011）；B 张豁口地点出土的手斧（王社江等，2011）；a~h 乔家窑地点发现的旧石器（Lu, et al, 2011a）

路旧石器地点。旧石器时代晚期的有南召小空山遗址、安阳小南海遗址、许昌灵井遗址、舞阳大岗旧石器地点等。在河北省境内的阳原盆地发现旧石器文化地点有几十处，如：小长梁旧石器时代早期文化遗址，东谷沱旧石器早期文化遗址，阳原侯家窑旧石器时代中期遗址，蔚县红崖村旧石器时代晚期地点、兴隆县四方洞旧石器时代晚期的遗址。在山东省境内也发现有旧石器早期的沂源人化石和石器文化遗址，沂水南洼洞、日照丝门北山、秦家官庄旧石器时代早期地点，并发现了沂源上崖洞、沂水湖埠旧石器时代晚期遗存，临沂凤凰岭、马陵山、青峰岭等地的细石器文化遗存。

综上可见，受更新世初期喜马拉雅运动第三幕影响，黄河中下游地区山脉崛起，海水退却，大陆裸露，黄土堆积深厚，气候较前寒冷，为类人猿由树上走向大地并向猿人转化提供了条件。从总体上看，河流纵横，湖泊沼泽密布，森林草原连绵，使众多的动物繁衍有了广阔的空间，也为草本及木本植物的生长提供了适宜的环境。尽管在更新世早、中、晚期的气候也曾出现有冷暖、干湿变化，但由于生态植被良好，水域宽阔，气候四季分明，既无南方地区的酷热潮湿，亦无华北北部和西北地区的严寒干旱，较为适宜人类生存和发展。因此，从距今约 180 万年旧石器时代早期的西侯度人起，经旧石器时代中期直至晚期，黄河中下游地区古人类的活动踪迹不断，并创造了“大石片砍砸器—三棱大尖状器传统”（或称“大石器”系统）和“船头状刮削器一雕刻器传统”（或称“小石器”系统）两大石器文化系统。至于这两大石器系统与人类的生产方式及生态环境的关系，贾兰坡先生曾专门解释道：“大石器可能以采集为主，以狩猎为辅；相反，小石器以狩猎为主，采集为辅。或者可以说小型石器以居住草原为主；而大型石器以居住森林为主。”石器的种类和形制，也从一个重要方面证实了黄河中下游地区森林草原广布的生态环境特征。在这样较为适宜的生态环境中，黄河中下游地区的早期人类可采集到足够的衣食所需的物品，繁衍不息，创造出先进的石器文化。总而言之，由于黄河中下游地区具有良好的生态环境，才使这里自更新世早期开始，一直成为人类活动和石器文化创造的中心地区。

图 3-7　中国新石器文化分区

I 旱地农业经济文化区；II 稻作农业经济文化区；III 狩猎采集经济文化区

（采自严文明：《史前考古论集》，1998 年）

不仅如此，世界上对人类的早期文明具有重要影响的河流包括中国的黄河、长江，非洲的尼罗河，中东的底格里斯河和幼发拉底河，印度的恒河等。一方面，大河流域气候湿润，光热充足，地势平坦，适合人类生存；另一方面，大河上游高山积雪融化导致河水定期泛滥，泛滥的河水为人类提供了充足的水源和肥沃的土壤。大约 5 000 年以前，中国、印度、埃及、两河流域以及地中海的克里特岛几乎同时进入文明社会。古埃及、古巴比伦、古印度和中国四大文明古国都在适合农业耕作的大河流域诞生，其各具特色的文明发展史，构成了灿烂辉煌的大河文明，对整个人类进步作出了伟大贡献。

参考文献

[1] 许洪才，等．浅谈河北省北部大河水系源头的形成与岩浆作用[J]．科技导报，2012（27）：118-119．
[2] 张宗枯．九曲黄河万里沙[M]．北京：清华大学出版社，2000：160．
[3] 朱颜明．环境地理学导论[M]．北京：科学出版社，2002．
[4] 许卓民．古代沧海的变迁[M]．太原：山西经济出版社，1996：53．
[5] 刘嘉麟，等．人类生存与环境演变[J]．第四纪研究，l998，（01）：80-85．
[6] 文物编辑委员会．文物考古工作三十年[M]．北京：文物出版社，1979．
[7] 徐钦琦，等．史前考古学新进展[M]．北京：科学出版社，1999．
[8] 周军，等．河南旧石器[M]．郑州：中州古籍出版社，1992．
[9] 苏秉琦．中国文明起源新探[M]．上海：三联书店，1999．
[10] 严文明．中国史前文化的统一性与多样性[J]．文物，1987（3）．
[11] 宋豫秦．中国文明起源的人地关系简论[M]．北京：科学出版社，2002．

第二篇

大河流域缔造人类文明

史学家常常将原始文明直接称为“大河文明”，因为这一阶段的人类文明聚居地与河流紧紧相连，即便是相对固定的农耕文明，也会随河道的变迁而转移，游牧文明则从远古开始就逐水草而居，并一直延续至今。

人类文明诞生的摇篮——黄河和长江、尼罗河、幼发拉底河和底格里斯河、印度河流域等，通过洪水周期性泛滥和引水灌溉，形成了最早的农业，并诞生了与之适应的科学技术、政治文化和社会分工。而且，通过河流，纷争不已的部落和相互隔膜的族群获得一种标志性的文化认同，并产生了后来被称为民族凝聚力的文化倾向。在此基础上演化和提升的民族精神，形成现代民族国家的本土文化品格和深层意识形态。反过来，这些源于河流或在河流背景下生成的认同和倾向，又进一步赋予河流以一种崇高品格，使河流成为民族文化的象征和传统文化的载体。河流的文化生命就这样产生了，它使人类可以通过河流的故事触摸历史、族群，或者通过历史的故事复活河流、记忆，甚至通过知识、经验和想象将河流和历史抽象成符号，赋予它无限丰富的内涵，使之成为各民族发生、成长和可持续繁衍的文化资源。今天，当我们打开世界地图，现代的繁华都市绝大多数依然在河流、海洋的附近，人类文明的诞生、繁衍和传承从来就没有超越生态环境的限制，没有脱离过自然之水。

第四章　两河浇灌美索不达米亚文明

早在 6 000 年前，古希腊人向东穿越地中海，登陆亚洲大陆西端。那里有两条大河结伴并行，一路奔向东南方的波斯湾。希腊人发现，同埃及的尼罗河一样，这两条河流也是定期泛滥，时涨时落，但同其他地区的河水泛滥造成的灾害不一样，这里的河水泛滥带来的是更多肥沃的冲积土壤及其逐渐形成的冲积平原和三角洲。在这片肥沃的土地上，人们并不需要花费多少劳力就可以获得丰厚的回报。从此，这两条河流在希腊人心中留下了深刻印象。他们把这个“两河之间的地方”叫作“美索不达米亚”，其东抵扎格罗斯山，西到叙利亚沙漠，南迄波斯湾，北及托罗斯山，位于今天的伊拉克境内。而这两条河流便是幼发拉底河和底格里斯河，它们像两条生命之藤，伸展于荒凉干旱和沙漠地区，合力塑造了肥沃的冲积平原和灌溉网络，使两河流域农业发达、商业兴旺、人烟稠密，并孕育出人类历史上最古老的两河流域文明——美索不达米亚文明。由于两河流域的冲积平原从西北伸向东南，状似新月，故又被称为“新月沃土”。而在《圣经》旧约中，这里甚至被视为“天堂”。

第一节　旧日的“伊甸园”

美索不达米亚文明（Mesopotamia culture）又被称为两河流域文明，或为两河文明，是指在底格里斯河（Tigris）和幼发拉底河（Euphrates）之间的美索不达米亚平原（两河流域间的新月沃土）所发展出来的文明，也是西亚最早的文明。这个文明的中心大概在现在的伊拉克首都巴格达一带。两河流域是世界上文化发展最早的地区，为世界发明了第一种文字——楔形文字，建造了第一座城市，编制了第一部法律，发明了第一件制陶器的陶轮，制定了第一个七天的周期，创造了第一篇阐述世界和大洪水的神话，至今为世界遗存了大量的远古文字记载。

一、美索不达米亚文明文化的发展与更替

由于美索不达米亚地处平原，周围缺少天然屏障，在几千年的历史中有多个民族在此经历了接触、入侵、融合的过程，苏美尔人、阿卡德人、阿摩利人、亚述人、埃兰人、喀西特人、胡里特人、迦勒底人等其他民族先后进入美索不达米亚，使两河文明经历了史前的欧贝德、早期的乌鲁克、苏美尔和阿卡德时代后，建立起先进的古巴比伦和庞大的亚述帝国，直到迦勒底人建立的新巴比伦将美索不达米亚古文明推向发展巅峰（公元前 4000 年到公元前 2250 年）。

图 4-1　两河流域地图

图 4-2　美索不达米亚遗址

（一）原始幼发拉底人缔造苏美尔文化

两河流域最早的居民，通常认为是苏美尔人。他们约在公元前 3500 年出现在两河流域的三角洲地带，创造了楔形文字并建立城邦，约在公元前 2350 年发展成帝国。所以，人们常说苏美尔人是两河流域首先创造文明的民族。但现代考古学家们发现了一个比苏美尔人更为古老的民族，这个民族没有留下任何文字记载，名称亦不详，考古学家们只好暂称为“原始幼发拉底人”或“欧贝德人”。原始幼发拉底人主要聚居在幼发拉底河沿岸，凭借两河之水，创造了古老的农业生产组织形式。初步研究结果表明，两河流域的许多地理名称（包括这两条河流在内）均由他们命名。

苏美尔人是两河流域历史上第一个创造文字文明的民族，但他们的祖先迄今为止仍然是个谜。一些考古学家认为，他们来自中国的西藏，另有一些学者则认为，他们可能来自安纳托利亚周围，因为苏美尔人的肌体解剖显示出了其他民族的特征。苏美尔人以农业和畜牧业为主，过定居生活。他们种植谷物，饲养牛羊，兴修水利，建筑房屋和神庙，是两河流域建筑学的先驱。公元前 3000 年前后，这里约有十几个独立的城邦，每个城邦都修建有围墙，郊外是村庄和农田。各城邦居民奉祀各自的神祇，而神庙则是城邦的中心，每个城邦拥有自己的国王。公元前 2800 年前后，基什的统治者埃坦那统一了各城邦，建立了苏美尔王国。

苏美尔文是迄今已知的最古老的书面语言。它最初表示文字的符号是象形文字，继而发展成表音符号和指意符号，最后发展成用芦管写在泥板上的楔形文字，这种用楔形尖木片、竹片和芦管在泥板上书写的泥板书，便是苏美尔人所创造的书写方式。苏美尔语是一种黏着型语言，语音系由 4 个元音和 16 个辅音组成。它保留了完整的词根，通过往词根上加前缀、中缀和后缀，可表示不同的语法变化，名词和动词从词形上看不出区别，只有通过句法和不同的词缀才能看出来。名词不分阴阳性，复数或用几种后缀表示，或用重叠法表示。迄今能见到的最早的苏美尔语文字可追溯到公元前 3100 年前后，苏美尔语的全盛时期是在公元前 3000 年前后。约在公元前 2000 年，苏美尔口语被阿卡德语（亚述—巴比伦语）所取代，但其书写形式却一直使用到阿卡德语几乎消亡为止，即基督纪元开始前后。

比较语言学的研究结果表明，苏美尔语对闪语族中许多语言有着深刻影响。如阿拉伯语中的“阿耶图”一词意思为“奇迹”“标志”，《古兰经》中的“节”源于苏美尔语，发音为“阿亚”，意为太阳，又如阿拉伯语中“法律”一词（发音为伽努努），过去人们一直认为它来源于希腊语，但近年学者通过研究，证实该词源于苏美尔语，其发音为“达努”，意为“法律”“仲裁”“判决”等。类似的例子在闪语族的许多语言中还有很多，由此可见，苏美尔语对美索不达米亚各民族语言的影响极深。

在文学方面，《吉尔伽美什史诗》是人类迄今已知最早的史诗，但其归属问题目前尚无定论，一说是阿卡德人用阿卡德语创作的，一说是苏美尔人用苏美尔语创作的。之所以出现两种观点，乃因现存的残缺泥板上分别用阿卡德语和苏美尔语记录了这部史诗。史诗的语言成就表明，当时美索不达米亚的文化已相当发达。除语言、文学外，苏美尔人还制订了井然有序的城市规划，建立了合理的管理体系和协商会议制度，但协商会议的成员并非选举产生，而是由国王任命或指定阅历丰富且具有一定地位和影响的社会名流或贤达。

（二）多民族共同创造巴比伦文化

公元前 1894 年，阿莫里特人苏姆阿布姆建立了巴比伦第一王朝，至此，苏美尔人对两河流域地区特别是对南美索不达米亚的统治宣告结束，但他们把自己创造的如语言、文学、立法、行政和手工制作等文化留给了闪族继承者。

巴比伦意为“神之门户”，位于美索不达米亚东南部，底格里斯与幼发拉底两河之间，在今巴格达南部 110 千米处，早在上古时代便是美索不达米亚最著名的城市之一。由于它一直是该地区（史称巴比伦尼亚地区）的首都，所以人们通称这一地区的文化为“巴比伦文化”。也就是说，巴比伦文化并非专指哪一个民族创造的文化，而是指早期生活在该地区的各族人民共同创造的文化。历史上美索不达米亚曾先后遭受 3 次闪族人大迁徙的浪潮冲击，这 3 次大迁徙影响并改变了美索不达米亚特别是巴比伦尼亚的历史进程。

第一次迁徙浪潮发生在公元前 2334 年左右，来到这一地区的是阿卡德人。随着他们的到来，一个以闪族文化为特征的历史新时期开始了。阿卡德人建立了自己的王国，与苏美尔王朝分庭抗礼，然后逐步征服一个个苏美尔城邦，最终接管了苏美尔人的国家政权。他们继承了苏美尔文化，用苏美尔文字书写他们的阿卡德语。随着时间的推移，他们的势力范围逐渐扩大到叙利亚、伊朗和小亚细亚。但苏美尔人在阿卡德人出现 140 年之后卷土重来，从阿卡德人手中夺回了这一地区的统治权。苏美尔人东山再起，统治了近 200 年，然后迎来了第二次迁徙浪潮。

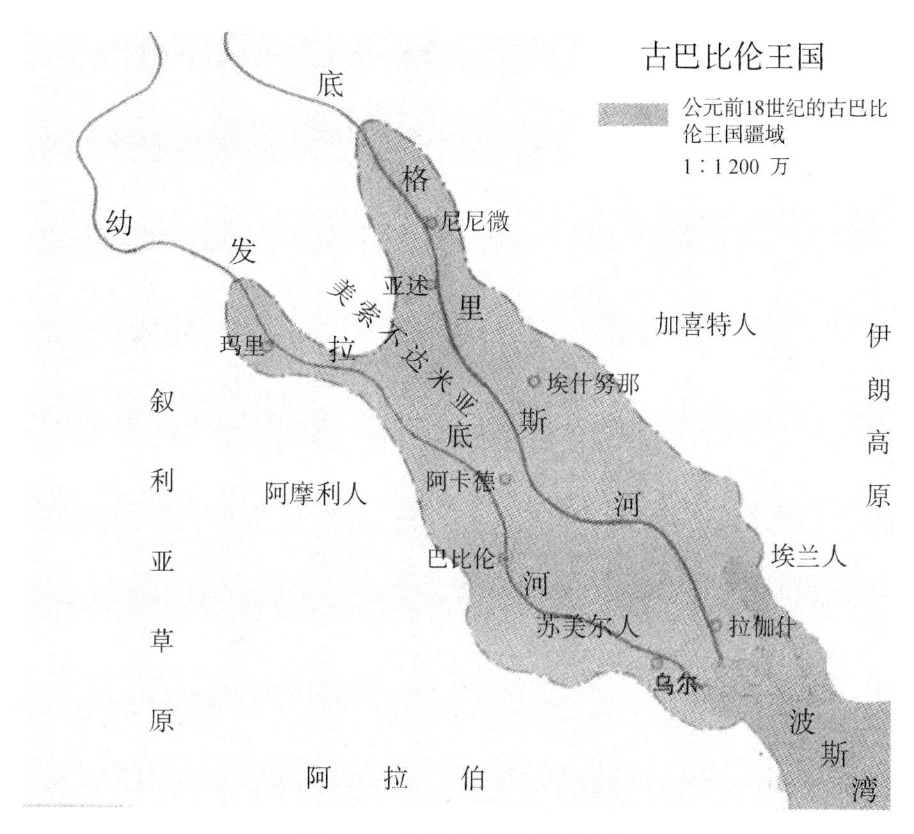

图 4-3　古巴比伦疆域地图

第二次迁徙发生在公元前 2003 年，来到这里的是阿莫里特人。阿莫里特人消灭了苏美尔王朝，彻底结束了苏美尔人在美索不达米亚的统治。公元前 1894 年，阿莫里特人首领苏姆阿布姆在巴比伦建立了巴比伦第一王朝，史称古巴比伦王国。古巴比伦王国存在了 300 年，直到公元前 1595 年被赫梯人所灭。赫梯人废黜了古巴比伦国王萨姆苏地塔那，从此来自巴比伦尼亚东部山区的喀西特人掌握了政权，他们建立的王朝延续了 400 余年。

第三次迁徙发生在公元前 34 年，来到这一地区的是亚述人。亚述人占领巴比伦后，巴比伦几易其主，阿拉米人和边勒底人联合起来同亚述人进行了长期斗争。公元前 9—公元前 7 世纪，巴比伦成为亚述人的藩属。公元前 539 年波斯居鲁士大帝从巴比伦末代国王那波尼德手中夺取了巴比伦尼亚，从此，巴比伦尼亚丧失了独立，成为波斯帝国的一个省。公元前 331 年，亚历山大大帝征服波斯，占领巴比伦尼亚，定都巴比伦。于是，巴比伦成了文明世界的中心。亚历山大大帝去世以后，其部将塞琉西在底格里斯河岸建立了塞琉西王国，由于版图大大扩展，王国遂迁都到黎巴嫩的安塔基亚。塞琉西人放弃巴比伦后，这个历史上最大的帝国从此解体。随着罗马帝国在近东的崛起，美索不达米亚成为罗马帝国与安息帝国相互争夺的地区。公元3世纪—公元7世纪，巴比伦尼亚和整个美索不达米亚变成了东罗马帝国与波斯萨珊王朝之间的战场。公元7世纪，阿拉伯帝国兴起，阿拉伯人对外征服的首选目标便是波斯帝国。公元642年萨珊王朝惨败，阿拉伯人控制了波斯的西部、中部和美索不达米亚，阿拉伯伊斯兰文化以巴格达为中心传播四方，希腊的哲学和科学经典被译成阿拉伯文，源自希腊、波斯和印度的文化在这里交汇融合，使阿拉伯伊斯兰文化在医学、数学、哲学、神学、文学、诗歌等方面突飞猛进，达到了很高的水平。这时的巴格达不仅拥有藏书丰富的图书馆和具有相当水准的天文观象台，而且还发展成为国际贸易中心，从巴格达经印度、锡兰直至中国的海路贸易，以及从小亚细亚、叙利亚、埃及、阿拉伯半岛和波斯汇集到巴格达的陆路贸易都非常繁荣。公元1258年，成吉思汗大军攻陷巴格达，巴格达从此一蹶不振。

二、辉煌的美索不达米亚文明成果

在漫长的历史长河中，美索不达米亚这块神奇的土地曾数度独领风骚，以其长盛不衰的文明之光照亮原始世界。但随着波斯人和希腊人的先后崛起和征服，辉煌了几千年的文字和城市逐步被沙尘掩埋。直到19世纪中期，伴随考古发掘的开始和亚述学的兴起，越来越多的实物被出土，同时楔形文字逐渐被破解，尘封了18个世纪的美索不达米亚古文明才慢慢呈现在世人面前。

（一）史前洪水神话

根据《圣经》记载，上帝将发洪水淹没世界以惩戒罪恶之人，诺亚按照上帝的旨意建造了“诺亚方舟”，在大洪水摧毁世界时拯救家人和地球生命。其实，在《圣经》故事发生的西亚地区，还有一个更加古老的类似传说。

8 000多年前，西亚地区曾经是古代苏美尔人的居留地。当时没有纸笔，所有的事情都用削尖的木棍，以古老的楔形文字刻写在晒干的泥板上。其中，有一套泥板记录了一场古代洪水。这套泥板是考古学家于20世纪初在底格里斯河畔的古城尼尼微附近山中发现的，共有12块，它们记述了一部富有感染力的英雄史诗。

1.《吉尔伽美什史诗》描写世界大洪水

约公元前1100年，乌鲁克的书吏用阿卡德语把英雄吉勒旮美什的多篇苏美尔史诗编撰一部共12块大泥板的长诗——《吉尔伽美什史诗》。它独特的风格和对死亡、对抗、友谊等人性永恒主题的探索使其成为世界文学史上的一部经典。

传说，半人半神的吉尔伽美什曾经会见过许多神灵。在第十一块泥板上，描写了他会见“人类之父”乌特纳庇什廷的情形。天神曾经警告乌特纳庇什廷，大洪水将要把有罪的人类冲洗干净，吩咐他建造一只大船，带领自己一家和各行各业的手艺人逃难。洪水消退后，船搁浅在一座山上。乌特纳庇什廷带领众人下船，重新建造世界，才创造了新的人类，乌特纳庇什廷因此得到了“人类之父”的称号。这是最早的世界大洪水的传说故事。

后来的巴比伦人根据这个泥板故事，发展而成另一个类似的大洪水传说。随着时间的推移，当地出现了古犹太人和《圣经》，其中的“诺亚方舟”故事又从巴比伦人的神话转化而来。吉尔伽美什泥板的大洪水故事，整整比《圣经》“诺亚方舟”故事早 11 ~ 12 个世纪。

2. 巴比伦神话叙述洪水故事

巴比伦神话《智者》(Atrahasis) 叙述了人类的产生和洪水的故事：世界之初只有神存在，大神们享乐，而诸小神们 (Igigi) 承担起繁重的灌溉、汲水等劳动任务。小神们不满的罢工威胁大神的统治地位，叛乱一触即发，于是人类被创造出以替代小神工作。水神恩齐和大母神用神血液混合黏土创造了第一个人，人类从此生生不息。1 200 年后，人的数目和人的欲望开始膨胀，向神要求不该属于他的智慧。愤怒的诸神降下瘟疫和虫害去减少人的数量，但问题没有解决。神王恩利勒决定用洪水灭绝人类。恩齐将洪水的消息透露给舒如帕克国王阿特腊哈西斯。于是，阿特腊哈西斯建造方舟，将家人和各种动物运到船上，逃过了洪水劫难。洪水过后，众神接受阿特腊哈西斯的供奉。恩利勒也宽恕了他，并赐予他永生。他的两个孩子开始传宗接代，成为新人类的祖先。此后，人类再也不会被灭绝，只有罪人受到惩罚，世界的新秩序重新建立。

另一部著名巴比伦神话是《创世纪》(Enuma Elish)，这篇巴比伦祭司创造的神话，编撰了巴比伦城神马尔杜克取代苏美尔神王恩利勒成为至高无上创世者的故事，它在巴比伦一年一度的新年节上被众人吟颂。当巴比伦创世纪神话传到了亚述，亚述人更换了创世的英雄，用本土阿淑尔大神取代马尔杜克作为故事主人公。

《圣经》“创世纪”中的大洪水和诺亚方舟的故事，即来源于两河流域的创世文学。

（二）神奇密码楔形文字

这种“长得”既像图画又像符号的小东西到底是不是文字？它应该从哪个方向读起？是拼音还是……？它的创造者又是什么人？可以想象，最先发现这些砖块的学者们曾经把砖块拿在手中颠来倒去，完全摸不着头脑。但当时，他们已隐隐意识到，足以震惊全人类的两河流域考古大发现，将会循着这些破旧不堪的砖块而源源不断地展开！

楔形文字究竟是怎样起源的，一直是人类文化史上的未解之谜。这个问题，争论了近两世纪。

1.“渔猎生活”说

传统的考古学家和历史学家认为，楔形文字起源于美索不达米亚特殊的渔猎生活方式。这是较为通行的看法，西方的各种百科全书大都持这一观点。

图 4-4 楔形文字

透过宫殿中满是浮雕图案的大窗，当年的那位苏美尔书吏也许可以遥遥望见，水量充沛的幼发拉底河从广阔的大平原上汹涌而过，滋润着岸边青翠的苇荡——书吏手中的书写工具——黏土和芦苇，正是来自河岸的、取之不竭的大自然礼物。任何一种文明的起源和形成都有赖于地理环境的供给，根据地理学家的考证，4 000 年前的美索不达米亚的气候比现在要湿润得多。而当年生长于斯的苏美尔人，则是一类个子不高、有着大眼睛和喜欢蓄大胡子的民族。他们居住于用泥砖砌成的房屋中，学会了制作面包和酿酒，用芦苇做的船只来往于两河当中捕鱼。

2.“陶筹演变”说

另外一种说法是，楔形文字是从陶筹演变而来。早在公元前 8000 年，古代苏美尔人就用河边的黏土捏成一个个小圆球，用来记事或物品交换。随着商业的发展，陶筹变得越来越复杂，上面开始刻有符号或被打洞，而且被放置在一个空心的泥球里长期保存。慢慢地，人们逐渐认识到，泥球表面的芦苇笔印迹本身足以代替陶筹的作用，圆的泥球变成了扁的泥板，文字从而诞生。

而苏美尔人自己神话传说也记录了楔形文字的诞生：为了收集修建神庙

的木材、天青石和金银，一名使者牢记国王的嘱托远赴他国，转述国王的旨意。回来的时候，他又要转述那位国王的答复。反复多次，使者传递的信息越来越多，他的嘴变得越发沉重，在此情况下，一位国王试着将旨意写在了泥板上——文字诞生了，而使者的嘴巴终于得到了解脱。

（三）《汉谟拉比法典》在水中诞生

公元前 2006 年乌尔第三王朝灭亡至公元前 1894 年古巴比伦立国，两河流域一直分裂为伊新、埃什努那、玛里等 6 个国家。各国贵族奴隶主，为争夺奴隶、土地、水流和灌溉网的控制权，割据争霸，兵战不息。水利灌溉遭到破坏，土地荒芜，农商衰敝，严重阻碍了社会生产力的发展。公元前 1757 年，即汉谟拉比执政古巴比伦第三十五年时，他攻陷玛里，结束了长期分裂混战局面，完成了两河流域的统一大业。为巩固国家政权和发展经济，汉谟拉比主导依法治国，他继承和发展了苏美尔和阿卡德时代一些城市的成文法或习惯法，以《乌尔纳姆法典》为范例，结合阿摩利人的氏族部落习惯法，制定了著名的《汉谟拉比法典》，也是迄今世界上最早的一部完整保存下来的成文法典。汉谟拉比从影响两河流域统一的核心问题——水资源分配及水治理入手，通过法律规定将兴修和管理水利工程作为国家掌握和发展经济的重要手段，以及统辖各地区、维持国家统一安定的政治武器。《汉谟拉比法典》从为统一两河流域而生，到围绕解决水资源分布不均而导致不同文明模式冲突的立法，无一不与两河流域独特的水环境、水文化直接相关，并由此影响到法典中关于农业、手工业、商业、金融及社会关系、家庭规范等诸方面法律、法令相关规定。

图 4-5 《汉谟拉比法典》石柱和楔形文字刻写的法典内容

（四）空中花园

从公元前 19 世纪古巴比伦王国统一两河流域到公元前 6 世纪前后，巴比伦一直是西亚最繁华、最壮观的都市。特别是在新巴比伦王国尼布甲尼撒二世（公元前 604—562 年）王朝，新巴比伦城进入鼎盛时期。当时，史无前例的扩建工程使巴比伦以宏伟的城市和豪华的宫殿闻名天下。据史书记载，尼布甲尼撒二世扩建的新巴比伦城呈正方形，每边长约 20 千米，外面有护城河和高大的城墙，主墙每隔 44 米有一座塔楼，全城有 300 多座塔楼，100 个青铜大门，城内有石板铺筑的宽阔通衢，还有 90 多米高的马都克神庙，兼有幼发拉底河穿过城区，上有石墩架设的桥梁，两边有道路和码头，其恢弘壮阔可见一斑。国王的宫殿奢华至极，宫墙都用彩色瓷砖和精美的狮像装饰，宫中还以“空中花园”装点，古称“悬苑”。这座方正的“空中花园”周长 500 多米，建在 23 米高的人造山上，园中遍植珍奇花木，宛如人间仙境。当时，新巴比伦王宫的“空中花园”被列为世界七大奇迹。

图 4-6　古巴比伦空中花园

巴比伦空中花园最令人称奇的应属供水系统，因为巴比伦雨水不多，而空中花园的遗址相信亦远离幼发拉底河，所以研究人员认为空中花园应有大量的输水设备，奴隶不停地推动连紧着齿轮的把手，把地下水运到最高一层的储水池，再经人工河流返回地面。另一个难题，是在保养方面，因为一般的建筑物，要长年抵受河水的侵蚀而不塌下是不可能的，由于美索不达米亚平原没有太多石块，因此研究人员相信空中花园所用的砖块是与别处不同，它们被加入了芦苇、沥青及瓦，更有文献指出石块被加入了一层铅，以防止河水渗入地基。

（五）农业灌溉技术

两河流域土地肥沃，水源丰富，很适宜于农业生产。早在公元前 3000

年，那里的人们就开始引渠灌溉，早期的农业就这样产生和发展起来了。“奔腾咆哮的洪水没有人能跟它相斗，它们摇动了天上的一切，同时使大地发抖，冲走了收获物，当它们刚刚成熟的时候。”这是苏美尔人在泥板上留下的诗句。虽然在公元前 3500 年左右时，苏美尔人在狩猎的同时已经有了比较发达的农业，但是由于幼发拉底河和底格里斯河上游的降雨量大，汛期长，严重影响了农业生产的发展。

与古埃及人在尼罗河上建筑大堤坝和水库不同的是，古巴比伦在洪水治理上采用疏导的方式。公元前 30 世纪中期，阿卡德王国建立之后，立即展开了大规模的洪水治理工程。他们主要靠大规模的挖沟修渠、疏导洪水的流向以分散其流量，给洪水留下出路。这样不仅治理了洪水，而且为农业灌溉提供了便利条件。古巴比伦王国正值古代两河流域经济繁荣时期，当时的统治者已经采取国家法律的形式保障水利设施的合理利用。洪水给古巴比伦带来了威胁，同时也带来了沃土，使两河流域的农业生产得以发展繁荣起来。

第二节　衰落之谜

两河文明的衰落曾经是一个秘密，而地理学和生态学专家对此作出了令人信服的破解：引流灌溉造就了两河文明也湮灭了两河文明。古巴比伦人对森林的破坏，加之地中海的气候因素，致使河道和灌溉沟渠严重淤塞。为此，人们不得不重新开挖新的灌溉渠道，而这些灌溉渠道又重新淤积。如此的恶性循环，使得水越来越难以流入农田。一方面，森林和水系的破坏，导致土地荒漠化、沙化；另一方面，古巴比伦人只知道引水灌溉，不懂得如何排水洗田。由于缺少排水系统，美索不达米亚平原地下水位不断上升，给这片沃土罩上了一层又厚又白的“盐”外套，使淤泥和土地盐渍化。生态的恶化，辅之人类战争的推波助澜，终于使古巴比伦葱绿的原野渐渐褪色，高大的神庙和美丽的花园也随着马其顿征服者的重新建都和人们被迫离开家园而坍塌。如今，在伊拉克境内的古巴比伦遗址尽显满目荒凉。

一、农业生产环境恶化

定居在两河流域的苏美尔人，在公元前 5000 年，就开始排除沼泽的水，利用两河的水，奠定了灌溉农业的基础，到了公元前 4000 年代中期，两河流域已经有了较大规模的灌溉网。但两河流域地理环境对该文明发展产生的影响与当时的古埃及农业生产有很大不同。

两河流域灌溉农业与埃及相比显然有许多不利的地方，大自然对两河流域居民的挑战要比埃及强。第一，尼罗河上游有大湖调节，每年泛滥水量比较稳定，不易成灾；而两河流域因上游雨量变化较大，加之“两河”流程较短，水量也不确定，易于成灾，水害在下游形成大片沼泽。第二，尼罗河的冲积土有大量腐殖质肥料，而两河流域则缺少这种天然肥料。第三，两河对农业致命的影响还是耕地的盐碱化。尼罗河由于先沉积了一层沙砾，然后才盖上埃塞俄比亚流下来的泥土，这就有可能使洪水渗入地下，从地下排到海里去，因此，埃及新土壤的表面大部分不至于沼泽化、盐碱化。而两河流域恰恰相反，地下几乎无法排水，长期汲水灌溉，特别是水渠渗出的水和过分灌溉会造成地下水位的升高和土壤中盐分的积累。美索不达米亚平原的盐碱化很早就成为一个普遍的社会问题。

从公元前 3500 年左右到公元前 2500 年，一千年无组织力量的积累使土壤盐分大大增加。对盐灵敏的小麦平均亩产不断减少，公元前 2400 年小麦每公顷 2 600 千克；到了公元前 2100 年，每公顷降到 1 500 千克；到公元前 1700 年，每公顷只有 1 000 千克了。与此同时，小麦的种植面积更是大幅度减少。大约在公元前 3500 年，美索不达米亚南部小麦和大麦种植面积大致相等，但到了公元前 2500 年，减少到 15%左右。到公元前 2000 年，小麦只剩下 2%。为了对付盐碱化的威胁，古代两河流域农民不得不采用休耕轮作，以及改种耐盐作物等方法，而这只能减慢盐碱化速度而不能克服它。整个两河流域的文明，不得不随着盐碱化向北移动，去占领那些未开垦的土地。未开垦的土地是有限的，迟早整个灌溉的土地要被密密麻麻的盐层所布满。两河流域这块哺育了古代文明，曾被誉为神话中伊甸园的地方，今天百分之八十耕地已盐碱化，其中三分之一已无法耕作，成为一片不毛之地。

二、地理环境变迁

两河流域与外界联系的地理条件，深刻影响了两河流域文明的发展。

频繁的民族迁徙与冲突，使得两河流域国家的政治变迁始终体现为民族交替与王朝更迭。富饶的美索不达米亚，北接亚美尼亚高原，西连叙利亚草原，东面紧邻伊朗高原，三面均无险可守。周围众多的游牧部落，逐鹿于这块新月沃土，一个城市兴起又衰落了，一个部落赶走了另一个部落，一种语言代替了另一种语言，两河流域的历史充满了刀光剑影。据粗略的统计，从苏美尔城邦到公元前539年波斯占领巴比伦，历史上先后就有苏美尔人、阿卡德人、库提人、阿摩利人、加喜特人、赫梯人、亚述人和迎勒底人等称雄于两河流域，先后经历了苏美尔城邦、阿卡德王国、乌尔第三王朝、古巴比伦王国、亚述帝国、新巴比伦王国等主要历史时期。其间还有数以百计的民族、小邦，他们为了争夺领土，争夺霸权而进行无数次的战争。在这样一个群雄逐鹿、烽火连天的地方，哪能有持久稳定的繁荣？但尽管两河流域的政权演变跌宕起伏、腥风血雨，各部族人民在两河流域文明史上都留下了自己的痕迹，可以说，两河流域的文明史是各部族人民共同创造的，而且，它经历了从城邦、王国到帝国的不断演进，从一个侧面反映了古代两河流域“大一统”政治格局的发展脉络。

开放的地理环境，使两河流域的商品经济较早发端和兴盛。两河流域发达的灌溉农业，为农作物的丰产提供了保证。这里盛产大麦、双粒小麦、芝麻、椰枣等，与周边地区的农业生产大不相同，如在地中海东岸狭长的沿海地带，农业生产主要种植葡萄、橄榄、椰枣等经济作物。小亚细亚大部分地区畜牧业比较发达，两河流域的农作物产品与周边地区物产的交换十分频繁。早在苏美尔城邦时代，两河流域就有了手工业生产与商品交换，用作交换的金银货币也随之出现。到了古巴比伦王国时，手工业逐步发展起来，出现了制陶、纺织、冶金、制革、造床、制砖、建筑等行业，进出口的商品有谷物、油类、椰枣、织物、皮革、陶器、金、银、木料、盐、香料等。波斯帝国建立后，广袤的领土，发达的驿道网，为商业的发展提供了良好的环境，币制的改革有力促进了商品的流通。波斯帝国与埃及、中亚、印度等地的贸易往来都比较频繁，境内的巴比伦、苏撒等不少城市十分繁荣。商品经济的发展对社会生活产生了重要的影响。两河流域广泛的商品生产与商品交换加深了社会各阶层的贫富分化，导致了债务奴隶制的形成与发展。与西方古典的奴隶制不同，由于家族血缘关系的影响，两河流域的奴隶制稍显“温和”。奴隶常常有自己的家庭和少量财富，他们有的可以独立地租佃土地，开办手工作坊，经营商业，甚至开设钱庄放高利贷。奴隶能够赎身，对债务奴隶受奴役的年限有时还作了限制。尽管这一“富有弹性”的奴隶制，从根本上没有改变奴隶的社会地位和待遇，但它毕竟或多或少地为奴隶的生产生活提供了一些有利的空间，从而促进了古代两河流域物质文明与精神文明的发展。当然，从长远来看，它又在一定程度上赋予两河流域文明以潜在的“文化惰性”，制约着文明的发展与演进。作为人类文明创造的自然条件，地理环境为每个民族文明的产生发展提供多种可能性和可塑性。地理环境固然不是影响文明产生和发展的决定因素，但在生产力十分低下的时期，由于人类受自然因素较大制约，地理环境对文明的产生和社会形态的发展发挥了不可低估的作用。

三、游牧民族入侵与生活腐化

游牧民族的入侵可以说是古巴比伦古文明消失的人为原因。古巴比伦所拥有的丰富的农作物、堆满谷物的粮仓和令人眼花缭乱的各种奢侈品，就像一块散发着不可抗拒的吸引力的磁铁，深深地吸引着游走在大草原和沙漠地区的饥饿的游牧民。马的驯养和较迟出现的冶铁技术为游牧民族获得了新的作战能力，就目前所知，中东是最早驯养动物的地方，也是最早乘骑动物的地方。而古巴比伦是城居文明，属于集中耕种的农业经济，并不像游牧民族那样因生活习惯的原因更需要马和铁器武器，在公元前第二个千年末期，游牧民族用骑兵作战取代战车进一步提高了战斗力。于是，在公元前 1700 至公元前 1500 年，以及公元前 1200 至公元前 1100 年间，共发生了两次大规模的入侵。入侵者通常都会骑马，用铁制武器作战。除了中东外，各地文明最终均毁于这两次入侵。巴比伦各阶层的人沉溺于淫欲之中，对外族侵占都无心抵抗，最后被波斯人轻易侵占，从而令巴比伦灭亡。但神庙圣妓制度仍然维持，直至罗马统治时才被废除。

两河流域文明持续了 3 000 年之久，在希腊、罗马的古典文明兴起以后才逐渐被历史的洪流所淹没。此后在当地兴起的伊斯兰文化和主要居民阿拉伯人不是两河文明的直接继承者，并不知道这一古老文明的丰富内容，更无法继承和保存这些遗产。由于两河流域当地缺乏坚固的建筑材料，古代两河流域的废弃古城往往成为后来居民重建家园时就地取材的牺牲品。两河文明在人类的不自觉行为中遭到第一次大规模的、旷日持久的严重破坏，残留的文物则被深埋到厚厚的黄沙之下。

伊拉克独立后，国家开始设立博物馆收集文物，其中巴格达考古博物馆以丰富的藏品位列世界第十一大博物馆，成为人类文明的一大重要收藏地。但不幸的是，和这个多灾多难的国家一样，这些人类历史宝藏屡遭战火摧残。长达 8 年的两伊战争给两河流域的文物带来灭顶之灾，而海湾战争中联军地毯式的轰炸又使无数文物古迹灰飞烟灭，战后的内乱和制裁使大量文物流散海外或彻底破坏。2003 年英美联军攻陷伊拉克首都巴格达之后，包括巴格达考古博物馆在内的 28 所博物馆更是遭到歹徒有预谋的洗劫，约 17 万件记载人类文明信息的文物不知去向。一个失落的文明遭到掠夺和践踏的现象，这在历史上屡见不鲜，但还没有一种文明像两河文明一样多灾多难、屡遭浩劫。

参考文献

[1] 李晓丽．神秘的底格里斯河与幼发拉底河[M]．乌鲁木齐：新疆青少年出版社，2009．

[2] 杨言洪．美索不达米亚文化初探[J]．阿拉伯世界，1996（2）．

[3] 刘兴诗．探谜“诺亚方舟”和史前“世界洪水”[J]．大自然探索，2010（11）．

[4] 史若冰．汉谟拉比的历史功绩[J]．河北大学学报，1984（3）．

[5] 严绪陶．汉谟拉比法典与古巴比伦汉谟拉比汉谟拉比王国[J]．青海民族学院学报，1987（2）．

[6] 黄民兴．试论古代两河流域文明对古希腊文化的影响[J]．西北大学学报（哲学社会科学版），1999（4）：71-75．

[7] 张文安．古代两河流域神话的文化功能[J]．西南大学学报（社会科学版），2012（1）：113-117．

[8] 林琳．论上古西亚两河流域文化的两个问题[J]．湖北大学学报（哲学社会科学版），1996（1）：105-110．

[9] 徐凡席．亚述学：研究两河流域文化的科学[J]．上海外国语学院学报，1987（3）：75，76-79．

[10] 宋瑞芝．上古西亚两河流域文化生成断想札记[J]．湖北大学学报（哲学社会科学版），1994（6）：98-103．

[11] 尹晓冬．从古代埃及和两河流域文明，看上古前期自然环境对科学技术发展的影响[J]．北京印刷学院学报，2004（1）：24-27．

[12] 吴宇虹．古代两河流域文明史年代学研究的历史与现状[J]．历史研究，2002（4）：118-136，191．

第五章　尼罗河成就古埃及文明

地球上河流密布，仿佛人的掌纹纵横交错。河流书写民族历史，承载民族命运，滋养民族灵魂。尼罗河作为孕育了世界上最早文明之一——古埃及文明的河流，赠予埃及人民发达的农业文明，赋予法老崇高的地位与权力。尼罗河畔耸立的金字塔、盛产的纸草，以及尼罗河上的古船和神秘莫测的木乃伊等，无不标志着因尼罗河孕育的古埃及科学技术的高度，也记载了因尼罗河推动、形成的古埃及文明发展的历程。

第一节　尼罗河的赠礼

古老的尼罗河，在大约 6 500 万年前就存在了，其源头是布隆迪卡盖拉河。尼罗河贯穿非洲东北部，流经坦桑尼亚、卢旺达、布隆迪、乌干达、埃塞俄比亚、苏丹和埃及等国，最后流入地中海。全长 6 740 千米，是非洲第一大河和世界第二长河，其流域面积 280 万平方千米，相当于非洲大陆面积的 1/10。它与巴西的亚马逊河、中国的长江、美国的密西西比河并称为世界四大长河。尼罗河由青尼罗河、阿特巴拉河和白尼罗河三条河流汇聚而成，白尼罗河发源于非洲东部赤道附近的维多利亚湖，青尼罗河和阿特巴拉河发源于埃塞俄比亚高原，青、白尼罗河在喀土穆汇合形成巨大的洪流流入埃及境内，形成了世界著名的埃及尼罗河。青尼罗河是尼罗河河水的主要供给源，尼罗河流量的 6/7 来自青尼罗河，只有 1/7 来自白尼罗河。之所以称之为青尼罗河是因为青尼罗河流域混合大量的泥沙，水流看起来比较浑浊，而白尼罗河融合赤道地区的降雨和高山融水则较为清澈，所以就有青、白尼罗河之分。流经埃及境内的尼罗河河段虽只有 1 350 千米，却是自然条件最好的一段，平均河宽 800～1 000 米，深 10～12 米，且水流平缓。南部的尼罗河谷地自苏丹到开罗这段狭长的地带被称为上埃及，北部尼罗河三角洲是自开罗到地中海沿岸被称为下埃及。

大约在 1 万年以前，埃及和北非的气候处于湿润温和阶段，降雨充沛，到处都是绿色的草地。此后，随着北非气候越来越干旱，这里广阔的草原变成了沙漠，原始人类只能定居在有水源的尼罗河谷底和尼罗河三角洲，从而使这里成为人类的发祥地之一。

一、“尼罗，尼罗，长比天河”

图 5-1　古埃及文明图示

古埃及文明正是起源于上述尼罗河两岸充满生机的绿色狭长地带。有生命与无生命地区的划分非常清晰，一个人可以一只脚踩在肥沃的黑土地上，与此同时另一只脚则踩在褐色的沙漠上。埃及气候干燥少雨，只有尼罗河水为埃及人提供了生存的可能。“尼罗，尼罗，长比天河”，是苏丹人民赞美尼罗河的谚语。尼罗河最下游分成许多分汊河流注入地中海，这些分汊河流都流在三角洲平原上。三角洲面积约 24 000 平方千米，地势平坦，河渠交织，是古埃及文化的摇篮，也是现代埃及政治、经济、文化中心。

尼罗河河水纵贯古代埃及全境形成的独特地理环境，深刻而持久地影响着古埃及人的农业活动，对上、下古埃及社会历史的发展产生了巨大影响。稳定持久的古埃及文明，产生于约公元前 3000 年。埃及位于亚非大陆交界地区，在与苏美尔人的贸易交往中，深受激励，形成了富有自己特色的文明。尼罗河流域的西面是利比亚沙漠，东面是阿拉伯沙漠，南面是努比亚沙漠和飞流直泻的大瀑布，北面是三角洲地区没有港湾的海岸。在这些自然屏障的怀抱中，古埃及人可以安全地栖息，无须遭受蛮族入侵所带来的恐惧与苦难。

尼罗河有定期泛滥的特点，在苏丹北部通常 5 月即开始涨水，8 月达到最高水位，以后水位逐渐下降，1 至 5 月为低水位。虽然洪水是有规律发生的，但是水量及涨潮的时间变化很大。产生这种现象的原因是，受到季节性暴雨影响的青尼罗河。洪水期青尼罗河占 68%，阿特巴拉河占 22%，白尼罗河占 10%；枯水期白尼罗河占 83%，青尼罗河占 17%。洪水到来时，会淹没两岸农田，洪水退后，又会留下一层厚厚的河泥，形成肥沃的土壤。从表 5-1 中看出，古埃及每年土地增高量在 1 毫米之间。可以想见，4 000 多年前，每年土地增高量还是大于此数的。希腊的历史学家和地理学家希罗多德和斯特拉波早就指出过，埃及的肥沃土壤在很大程度上是尼罗河的冲积土和淤积物造成的。而四五千年前，埃及人就懂得如何掌握洪水的规律和利用两岸肥沃的土地。很久以来，尼罗河河谷一直是棉田连绵、稻花飘香。在撒哈拉沙漠和阿拉伯沙漠的左右夹持中，蜿蜒的尼罗河犹如一条绿色的走廊，充满无限生机。

表 5-1　尼罗河泛滥对河谷耕地的影响

地　区		面积单位/千埃亩	每年冲积物流入量/百万吨	每年土地增高额/毫米
上埃及	汲水灌溉系统	1 128	8.8	1.03
	常年灌溉系统	1 192	2.8	0.31
下埃及	常年灌溉系统	3 230	1.5	0.06

每年 9 月份尼罗河泛滥达到高潮，尼罗河两岸变成一片沼泽地。古代地理学家斯特波伯描绘道："除了人们的居住地——那些坐落在自然形成的山和人为高地上的规模可观的城市和村庄外，整个国家都淹没在水中，成为一个湖，而远远望去，那些城市和村庄就像湖中的岛屿。" 11 月份河水下落，这个过程周而复始，年复一年尼罗河水有规律的上涨、泛滥、下落，每年在尼罗河两岸留下一片黑黝黝的松软、肥沃的泥土，有效地改变了古代埃及的生态环境，有利于人类的生存和活动。古代埃及人在尼罗河两岸随着河水的涨落，有节奏地生活和劳动。

每年 5 月至 9 月，是埃及地区的旱季，炎热干燥，气温高达 50 ~ 70 摄氏度，土壤的湿度只有 3% ~ 4%。尼罗河的洪水褪去后留下的淤泥在干燥的气候下开裂，地面密布各种角度裂缝，纵横交叉，大小不等，土地被切割成形状不规则的大小裂块。裂缝的深度从 0.25 米到 1.50 米不等，有些地方更深。埃及人在尼罗河淹没地区之所以不耕翻土地就可以播种并获得收成，原因就在这里。中国人种地很辛苦，春耕、夏耘、秋收、冬藏，埃及人则不耕不耘，撒种之后便可坐等收获。据希腊史学家希罗多德记载："那里的农夫只需等河水自行泛滥，流到田地上灌溉，灌溉后再退回河床，然后每个人把种子撒在自己的土地上，放猪上去踏进这些种子，以后便只是等待收获了。"

因为尼罗河泛滥而获得良好灌溉的埃及土地，形成了被夹在北非和东非巨大沙漠之间的巨大绿洲。肥沃松软的土壤使尼罗河流域成为古代非洲的农牧业中心之一，并促进古代埃及社会从蒙昧走向文明。公元前 3500 年，古代埃及进入文明时代，尼罗河两岸诞生了几十个早期奴隶制国家。从公元前 4000 年到公元 7 世纪，埃及历经 31 个王朝和近千年的外族统治，留下了丰富的文明遗产。古埃及文明以物质上的高度发达和宗教在各文化领域的渗透为主要特色。从第 1 王朝到第 12 王朝的 800 多年间，埃及没有遭受大规模的外族入侵，政治上的长期统一与稳定，使得中央集权制度得到高度发展，矗立在吉萨高原的金字塔，是王权鼎盛时期的标志；新王国时期，随着帝国的建立与扩张，宗教的大众化、仪式化，王权与神权更为紧密地结合在一起，神庙建筑进入一个辉煌期，那里不仅是神的居所，也是财富的储藏地，是各地经济和文化的中心。

尼罗河孕育了古埃及文明，埃及是尼罗河的赠礼。

二、伊希斯女神泪流成河

尼罗河的适度泛滥赐予埃及人民以沃土、丰收和福祉，但洪水的肆虐又不可避免地带来饥馑、死亡和灾难。在尼罗河喜怒无常的背后，古埃及人似乎感受到一种无形的力量——神的主宰和摆布。在埃及人的眼里，神灵无处不在，山川河流、鱼鸟虫兽、人类祖先等都是他们崇拜的对象。他们没有主体、客体之分，只看到无限的世界，而不能辨别处于无限世界中的有限体。在他们眼中，整个世界都具有魔力和神性，如果被石头绊了一下，他们认为这不是石头的原因，而是魔力在同他们作对。"出现在左边的猫和出现在右边的猫就成了两种不同的动物。早晨从东方升起的太阳和晚上在西方落下的太阳在他们看来也是两个太阳。"进入文明时代后，有一些部落联合而成的小国家都保存图腾，并赋予了象征国家的意义。在部落社会里，每个地区和每个部落都有自己生存的小环境。因此，各部落在自己的地区内有着各自崇拜的动植物神，它们奇形怪状、千姿百态，这便是人类最初的图腾崇拜。当时埃及人崇拜的动物有公牛、狮子、豺、鳄鱼、眼镜蛇、鹰等。各地各州也都有自己崇拜的神祇。随着统一埃及国家的出现，许多原先的州神也都具有了全埃及的意义，如阿拜多斯的奥西里斯神、底比斯的阿蒙神等。因此，埃及宗教的一个特征便是多神信仰和神的地方性，能够确认的神就有多个，个性不明显或存在时间短暂的神更是不计其数。由于古埃及人对自身才智认识的加深，并在应付大自然的过程中逐渐变得精明起来，他们对大自然的畏惧日趋减少，于是倾向于用自身的形象来塑造神祇。古埃及的神也由动物形象过渡到拟人的形象，即诸神被赋予人身兽头或人身鸟头。而随着埃及统一王朝的出现，埃及人开始认为世界万物，如日月星辰、山川河流、飞禽走兽、草木虫鱼，完全是人的模样，但却具有神秘的超乎人类的力量，于是便把这一切当作神灵来崇拜。

古埃及人的灵感在想象世界自由驰骋，创造出许多神灵，编织出无数离奇的神话。于是，埃及成了一个神的国度，尼罗河则成了神话的摇篮。在埃及这个众神之国里，大神小神、主神次神、全国性神和地方神，林林总总，多得难以胜数。

传说在埃及众神中，瑞神是最大的主神。瑞是在宇宙一片黑暗和混沌时期从太古水中诞生出来的。瑞的双眼成了太阳和月亮，而他眼中滴落的泪水则化成了世间的芸芸众生——无数的男男女女。瑞又创造了空气之神苏和雾气女神特夫内特，他们的结合生下了地神盖布和天神努特。盖布与努特联姻，诞下了俄塞里斯和塞特两兄弟，还有伊希斯和理菲西斯两姐妹。他们之间的恩怨情仇所演绎的故事，是埃及尼罗河地区脍炙人口的神话。

俄塞里斯当上了国王，他是一位贤明的国君，深受子民的爱戴。弟弟塞特嫉妒他的威望，千方百计谋害他，以图取而代之。一天，他把哥哥诱骗入一个人形金柜里，投入尼罗河。俄塞里斯的妹妹和妻子伊希斯女神携同她的妹妹（也是塞特的妻子）到处寻找，终于从遥远的比布鲁斯找回了俄塞里斯的遗体。后来，遗体又被塞特偷偷肢解成 14 块，分别抛撒到尼罗河上、下游各处。伊希斯在妹妹的陪同下又踏上千里寻夫的艰难旅程。伊希斯边寻边哭，眼泪落入尼罗河，竟使久旱缺水的大河又开始涨水了。姐妹俩终于找到了 13 块尸块，所缺的生殖器一块，她们塑造了一个新的补上。当她们把这些尸块合成原身后，便扇动自己作为神鸟的羽翼为之增添生命的精气。接着，伊希斯女神变成一只小鸟，伏在俄塞里斯身上，采得他的种子，怀了孕，生下了鹰头人身的何露斯。何露斯长大后打败了塞特，夺回了王位，为父亲报了一箭之仇。俄塞里斯死而复活后，被众神封为冥界之王和复活之神。每年6月17日或18日，埃及人都为此举行盛大欢庆活动，称为“落泪夜”。

在阿拜多斯，古埃及人为俄塞里斯竖立了一座高高的石碑，年年都有成千上万的朝圣者跋山涉水、千里迢迢前来拜谒，以求死后得以复活。但并非人人都能如愿以偿。俄塞里斯端坐在冥国的法堂上审判亡灵。堂前摆着一具天平，受审者的心脏要经过称量，根据死者身前的善恶功过作出判决，确定是否准予复活。

塞特的罪恶行径受到众神与世人的谴责，他被贬为恶神——沙漠风暴之神，只能与魔鬼为伍。

在埃及，除了人所共知的地上的或者说人间的尼罗河之外，还有所谓天上的和阴间的尼罗河！女神萨泰特坐在金船里跟随天狼星在天际航行，她的宝石水壶里源源不断地流出的水形成了天上的尼罗河。至于阴间或冥世的尼罗河，则是每天从西方落下的太阳，夜里随着死魂灵率领的舰队前去东方所航行的河道。随着天狼星的升起，尼罗河的汛期也开始了。这时也正好是埃及人最喜爱的所谓“开年节”（即新年）。这天，人们要向尼罗河献祭、献礼，尼罗河则将帮助人们实现自己的愿望。在阿斯旺北面西里西莱山崖上不大的神庙里，人们向河神哈湃献上莎草纸写的礼品清单、鲜花，以及用陶罐盛着的酒、油或牛奶。

古埃及是古代世界中宗教意识最强烈、最浓厚的文明国家。希罗多德曾在他的《历史》一书中说：“他们比任何民族都更为相信宗教。”古埃及所处的地理环境，对古埃及人宗教观念的形成作用十分显著。古埃及人宗教思维的主要特点是象形，即以具体的图像来表达抽象、复杂的信仰。纵观古埃及宗教可以发现，对它影响最深刻的是两个自然环境因素——太阳和尼罗河。古埃及人视尼罗河为神明，称尼罗河为哈比神，即“泛滥的洪水”。

三、灿烂的水文化遗产走向永恒

古埃及，一个充满神奇和梦幻的国家。每每人们谈起埃及，无不想起金字塔、狮身人面像、莎草纸，以及古船和神秘莫测的木乃伊等。凡此种种代表古埃及文明的符号，无不与尼罗河相关。

（一）天文历法与数学

由于备耕的需要，掌握河水泛滥的确切日期，确定季节就十分重要。早在公元前 3400 多年前，定居在尼罗河谷或徘徊于河谷附近的先民拥有一个巨大的季节时钟——尼罗河河水。尽管太阳在古代埃及的自然环境以及宗教观念中占据主导的地位，但古代埃及人的年代并不根据地球绕太阳旋转的周期而定，而是与谷物的播种、生长和收获相关联。因为尼罗河的泛滥以及泛滥水位的高低直接影响农业生产，古埃及人十分注重观察尼罗河涨落与天象的关系，并以期望和恐惧交织的复杂感情等待泛滥之水。随着每年尼罗河河水的到来，尼罗河河水涨高溢出河岸，然后缓缓地退出河床，水位变得越来越低，一直持续到再一次洪水到来开始新的循环。古埃及人把尼罗河每次泛滥的时间刻在竹竿上，然后加以比较，从中发现两次泛滥之间相隔时间。同时，他们还发现，每当泛滥的尼罗河水涌到今天的开罗附近时，天空中有一颗最亮的星与太阳同时从地平线升起。这颗星叫作天狼星，被古埃及人尊为伊希斯女神，传说尼罗河泛滥是由她的眼泪引起的。

古埃及很早即开始关注尼罗河水泛滥和天象的关系，因此很早便发明了属于自己的历法。古埃及人把一年一度的尼罗河开始泛滥和天狼星呈现的时刻，作为一年的开端，将一年分为 12 个月，一年包含 3 个季节，每个季节有 4 个月。每个月规定为 30 天，年终增加 5 天为节日，这样，一年共计 365 天。年终 5 天的节庆，分别献给奥西里斯家族的 5 位神祇，以庆祝他们的诞生。“阿赫特”是古埃及历法中泛滥季，是一年中的第一个季节，天狼星偕日升是其标志，埃及人称其“sopdu”，古希腊人称“Sothis”。“佩瑞特”是古埃及历法中的播种和农作物生长的季，是一年中的第二个季节，也被认为是古埃及的冬季。“舍茅”是古埃及历法中的收获季，是一年中的第三个季节，也被认为是古埃及的夏季。

公元前 1300 年左右，埃及人便已知一些星座的位置，如大熊星座、小熊星座、天狼星、猎户星、北极星等，在一些国王和官吏的坟墓中，在神庙的天花板上，都绘有星座图。这就是古埃及人根据尼罗河泛滥所制定的太阳历，同时这也是世界上最早的太阳历。不置闰的做法使得这部历法成为天文计算的一个理想工具。

古埃及常年雨量稀少，气候炎热干燥，发展农业生产全靠河水的灌溉。尼罗河在每年七月雨季到来时开始泛滥，但是泛滥时间的早晚，水位的高低，常会带来不同的结果。如果尼罗河增水期水位低，那么仅仅能够泛滥、灌溉到一部分地区，反之增水期水量过大，而到了减水期则耕地里的河水停滞没有排干，耕地也无法进行。这就需要控制尼罗河的水量，并且把平原和三角洲划分为我们所谓的灌溉盆地，在每一盆地周围筑起高大的堤岸，流进来的河水就会把淤泥沉积下来，还必须开凿大的运河，把尼罗河的水引到盆地里来，待淤泥沉积到一定程度时再让河水流出去。所以，古埃及人在历史上十分重视尼罗河水位的测定，以及如何把土地变成盆地和大规模修筑灌溉系统。丈量尼罗河泛滥被冲掉的地界、堤坝的建筑及运河的开凿，促进了古埃及数学的迅速发展，并使古埃及人成为几何学的鼻祖。

（二）木乃伊

尼罗河定期的有规律的泛滥，使古埃及人形成了“来世说观念”：世界是循环往复的，自然万物可以由死到生，人应该也是这样的。这使古埃及人认为人可以死而复生，为了来世能够复活，他们必须好好地保存自己的尸体完整，使灵魂依附于保存完好的肉体上以复活。在古埃及人心中，死亡并不是生命的终结，而是从一个世界来到了另一个世界。埃及人认为尘世是短暂的，而冥世才是永恒的世界，他们为了能在冥世很好地生活，今生就要为来世做好充分的准备，于是他们便纷纷修筑自己的坟墓，并且尽可能多地去装饰自己的坟墓，放置很多物品器物进入坟墓，还会雕刻壁画，刻录铭文，等等。而木乃伊的制作则是能够在来世更好生存最重要的一项准备工作，其主要目的是保存尸体不烂，因为尸体是死者灵魂的安息之地。古埃及人认为人死后灵魂离开肉体是暂时性的，他还将重新返回直到永恒。而灵魂能否顺利平安返回，要看他的肉体保存得是否完好无缺。所以埃及人特别重视保存遗体的完整性，并最早掌握了制作木乃伊的技术。考古学家在吉萨的埃及第 4 王朝希太普赫累斯王后的墓室里发现了储藏人体内脏的容器，这是古埃及人用人工方法保存尸体最早的例子。

从现代医学角度讲，制作木乃伊的过程实际就是对人体的解剖过程。古埃及的医生们经过长期的解剖尸体的历练，已经初步掌握了关于解剖学的知识，了解了人体内部结构，内脏的大小、位置、形态等，古埃及人能够精心制作木乃伊也说明了古埃及人已经初步了解了物理、化学、生物学的知识。经现代科学分析，泡碱是由碳酸氢钠、碳酸钠、盐和硫化钠组成的。木乃伊的制作技术不仅说明了古埃及人的来世观念，而且也为古埃及的医学做出了不朽的贡献。古王国时期，古埃及的医生已经分得很细化了，希罗多德说：“……在他们那里，医术分工很细，每个医生只治一种病，有治眼睛的、治头的、治牙齿的、治肚子的，还有治疗各种隐疾的。”这段话印证了这一观点。到了新王国时期，古埃及出现了关于血液循环的医书，十八王朝时期留下了治疗创伤的残留手稿，特别是治疗骨裂口和鼻内腔损伤，这部手稿的阐述在科学上是非常严谨的。这一切足以证明古代埃及文明在医学上取得的辉煌成就。

图 5-2 棺椁中保存完好的木乃伊

（三）金字塔、神庙与建筑艺术

尼罗河谷地的另一个地形地貌特征恰恰与古埃及人的心理特征相符合，那就是地形的对称性。尼罗河穿越埃及全境。在河流的两岸遍布着肥沃的土地，东岸与西岸完全对应。与两岸河谷的黑土毗邻的就是沙漠，在河流两岸黑土地与沙漠的交界处分别耸立着两座山脉。西部沙漠与东部沙漠完全对应。依赖黑土地生存的人们在晴朗的天空下呼吸着清新的空气，河流两岸几乎相同的景色尽收眼底。如果他们花费一天的行程去南方或花费两天的行程去北方，他们将发现南北景色几乎是一样的。土地宽阔而平坦，树木稀少而矮小，一眼望去，没有任何事物可以阻断你的视线，除非一些人造的庙宇。两岸山地的边缘便是埃及的边界线。在宽阔平坦的三角洲，地形的一致性表现得更为明显。这里单调平坦的土地一望无际，没有丝毫的变化。埃及地形的主要特征就是它的一致性和对称性。这使古埃及人刻意追求讲究对称、和谐、永恒，并在金字塔、神庙与建筑艺术等方面表现突出。

太阳从东方升起，从西方落下，每日如此。与此相应，古埃及人便居住在尼罗河东岸，而将墓地选在西岸。因此，卡尔纳克、卢克梭等神庙都位于东岸，而金字塔则建于西岸。这正体现了古代埃及人希望生命也能像太阳一样往复循环的信念。

图 5-3　古埃及墓室壁画设计图

金字塔是埃及建筑艺术的典型代表，也是在国家控制下的埃及劳工最著名的集体劳动成果。金字塔是法老的陵墓，底座呈四方形，越往上越狭窄，至于塔端成为尖顶，形似汉字的“金”字，故中文译为金字塔。在欧洲各国语言里，通常称之为“庇拉米斯”（如英文为 pyramid），据说在古埃及文中，“庇拉米斯”是“高”的意思。埃及境内现有金字塔七八十座，最为人们所熟悉的是尼罗河下游西岸，吉萨一带的金字塔，此地离埃及首都开罗只有十多千米。其中最大的第四王朝法老胡夫（约公元前 2590—公元前 2568 年在位）的金字塔，是古代世界七大奇观中唯一现存的古迹。

图 5-4 胡夫金字塔——狮身人面像

除金字塔之外，埃及的神庙、殿堂等建筑也颇为宏伟壮观。相形之下，埃及的人物雕像显得呆板冷漠，埃及的木乃伊文化令外人难以理解。总之，埃及文化的特点是神王合一，追求永恒，显得比较单一、稳定而保守。相对而言，埃及百姓的生活平庸而满足。与此相应的是，埃及工匠制造奢侈品的技术举世公认。埃及人最早发明了美容品，发展了制造美容品的技术。

美国埃及文史专家威尔逊认为，著名的古代埃及国王的坟墓——金字塔的建筑美学与埃及的自然环境有密切关系。尼罗河在两条狭长的土地之间，在岩石与无垠沙漠几近对称中流淌，这一自然中的对称，成为埃及理想中智慧与艺术原则，即追求平衡对称与艺术二元性的美感。古埃及金字塔和神庙等建筑无不严格依此原则而建造，久稳的日照和粗阔的阴影则导致金字塔相应的单纯、朴素。金字塔的形式直接来源于原始宗教对永恒不变的“山”的崇拜。在早期建筑中，尼罗河边盛产的纸莎草被捆束起来作为支撑重量很大的房柱，这种捆束的纸莎草样式后来成为埃及大型石质建筑柱式的典型样式。

（四）纸　草

尼罗河对手工业的影响主要体现在纸草上，纸莎草的应用对古埃及文明的传承具有重大意义。纸莎草是尼罗河一种自然的水生植物，整个根部完全在水下，它生长在三角洲地区，曾被称为“来自尼罗河的植物”并成为下埃及的象征。纸莎草用处很多，它的纤维为古埃及人用来制作垫子、篮子和其他容器，纸莎草广泛应用于家具、衣服、绳索、船、凉鞋、屋顶构造等方面。

古埃及人还用纸莎草编制船只，航行于尼罗河上。当然，纸莎草最大的意义在于莎草纸的应用。古埃及的许多文献都记录在莎草纸上，从而使古埃及文明得以传承。起初莎草纸记录最多的是宗教文献，后来逐渐应用于更多方面。现存著名的纸草文献有法国人普利斯于埃及的底比斯发现的“普利斯纸草文献”，以英国人哈里斯的名字命名的“哈里斯大纸莎草”，存于都灵的“都灵审判纸草”，以英国首都伦敦命名的“伦敦纸草”。

莎草纸比中国蔡伦发明的纸还早 1 000 多年。

图 5-5　古埃及莎草纸

第二节　水与法老政权

在君主专制政体之下，埃及法老是全国土地的最高所有者，土地所有权掌握在法老那里。而与土地收成关系最为密切的是尼罗河的水利灌溉，纵贯古代埃及全境的尼罗河是一切生命的源泉。没有这条河，埃及就会成为不毛之地。有了这条河，埃及成为古代世界中最为富裕的国家之一。尼罗河的泛滥给埃及人的生产和生活带来了希望，也带来灾难。所以，管理尼罗河就成为当权者的一项重要任务。但是，古埃及国家的专制主义的产生和治水或水利灌溉工程没有直接的因果关系。治水工程并不决定专制主义的产生，而专制主义政权对治水工程的发展却起着重要的促进作用。

一、治理灌溉

古代埃及的水利灌溉既有尼罗河定期泛滥而形成的自然灌溉，也有人工基础上修建的堤坝、开凿的沟渠等水利灌溉。人工灌溉包括规模较小的局部性盆地灌溉和规模较大的政府主持的灌溉网络系统等。自前王朝后期起，古代埃及的水利灌溉开始起步，历经法老时期的发展，至托勒密时期取得显著的成就，水利灌溉对古代埃及的经济、政治发展产生了深远的影响。

公元前 4500—4100 年，尼罗河流域的人们为了生活，从事农业生产，必须防御洪水泛滥，在泛滥平原规划、建设堤防或水路。虽然法老作为神之子，其权力被神化，古埃及的所有都属于法老个人，但在古王国时代，我们还没有足够的证据证明，中央政府统一规划和管理水利建设工程。恰恰相反，有不少资料证明，在古王国末期和第一中间期，地方政府和州的统治者负责进行水利灌溉工程的建设。阿西尤特州的凯悌铭文曾讲到了他通过安装水闸，引水上“山”，开拓耕地。所以，至少在第 12 王朝以前，水利灌溉工程是地方政府的事情。事实上，古埃及并不是一个水权专制的国家。为了使尼罗河水更好地灌溉农业，法老将人工灌溉的权限下放到每个州，由各州政府根据当地情况修筑水利灌溉措施。

迄今为止，作为灌溉农业的最早证据，就是前王朝末期（约公元前 31 年）的蝎王权杖头。在蝎王权杖头图刻上，表现了法老在一个重大仪式上，手持鹤咀锄开凿河渠，面前有一“小人”形象，随员手持篮子，弯着腰，似乎要把挖掘出来的土石装上，另一名随员手持扫帚站在前一随员的身后，似乎等待最后的清理。在图刻的下栏即法老脚下的底层，刻画有几条流动的波纹形象的弯曲的河渠，在其右侧立有两人，手持同样的锄头在挖掘或疏通水流。蝎王是前王朝末朝希拉康坡里之王，因此，蝎王权杖头图刻表现了作为国家的王主持本邦的人工灌溉的工作。

图 5-6　蝎王权杖头图

但是，涉及河渠堤坝建设的最早的文献记载，来自古典作家希罗多德的记载：米恩是埃及的第一位国王，他第一个修筑了一道堤坝把孟斐斯和尼罗河隔开。……但当这第一位国王米恩修堤而使这个地方成为干地的时候，他就第一个在那里建立了现在称为孟斐斯的一座城池，并在它的北部和西部引出河水而挖掘了一个“湖”。这里所讲的，显然是第一王朝的米恩，通常看成是美尼斯，为了建城而筑坝，可以看出，人们已经能够利用河渠排水或人工湖调节河水。

著名的帕勒摩石碑，作为古埃及最早的年代记录，记载了从前王朝至古王国第5王朝为止的诸王统治时期的重大事件，其中就有每年尼罗河涨水的高度。仅有一处提到了第一王朝开凿“‘众神御座’庄园之湖”，可能是寺庙的圣湖。古王国时代，在吉萨和阿布·西尔之间的沙漠边缘上，凿石护岸，建筑大防波堤和广大的人工池塘，尽管这种河渠建设连接了附近的胡夫、哈夫拉和孟考拉的河谷庙与金字塔，最初必定服务于大规模的建筑石材的运输和装卸，但是作为人工灌溉的间接证据也是同样重要的。

古王国第3、4王朝之际的《梅腾墓铭文》，曾提到了“被建立的居地”，其意为“人工建成的”。这篇传记铭文是有关人工灌溉工程建设的重要文献，在这里讲到了阿西尤特州的高地的人工灌溉工程，通过安装水闸，引水绕“山”、开辟耕地。

中王国时代，埃及的治水工程建设日益加强。《遇难水手的故事》反映了第12王朝开采西奈矿山而进行的海上运输，其中，埃及的大船在首都（利希特附近）和红海南部之间的往返，可以推测出一条水路运河把尼罗河和红海连接起来。作为政府管理的，较大规模的河渠网道的建设，或许最早可以追溯到中王国第12王朝的法尤姆，也只有法尤姆地区适合于放射形的运河系统或渠道网的建设。

第12王朝以前，法尤姆的大部分是沼泽，12王朝之后开始开发法尤姆地区。尽管13王朝之后，法尤姆已经开发起来，但是，法尤姆的开发在古埃及的水利灌溉工程发展中的地位却存在着不同的评价。特别是中王国时代的法尤姆是否已经形成了复杂的渠道网络灌溉系统还是令人怀疑的。对于托勒密埃及王朝来说，法尤姆的开发具有的重要意义，还在于安置了一批希腊移民，尤其是希腊、马其顿的老兵。

在古王国甚至更早的时期，尼罗河周边已建立起了很多水利工程，即灌溉系统。早期灌溉系统建设，主要为了解决迅速增长的人口粮食供应问题。彼时，灌溉系统的修建与维护是以一个庞大的国家体系作为前提的。当国家政权衰落的时候，就不再有这样的力量维持灌溉系统。古埃及经历了古王国，第一中间期，中王国，第二中间期，新王国，尽管中间有过灌溉系统的维修间断，但是新王国以后就再没出现过强有力的统一埃及政权，以致尼罗河灌溉系统的破坏愈演愈烈，这也成为古埃及逐渐衰亡的重要因素。

二、兴修运河

古埃及北临地中海，东濒红海，尼罗河自南至北贯穿全境，在开罗以南构成一条狭长的肥沃河谷，开罗以北，尼罗河分成支流注入地中海。大约在1万年前，古埃及人利用这个独特的自然条件，用纸草茎做船，在内河和沿海航行、捕鱼。约7 000年前，开始兴修水利，进入定居的农牧生活，随着生产的发展，埃及与西亚、东非、地中海东岸国家之间来往逐渐增多，并产生了用水道连接红海与地中海沟通双边贸易往来的需求。

在长期的生产实践与战争中，人们逐步掌握了尼罗河下游的水文地质情况，终于成功开凿了世界上第一条人工运河。运河的开凿情况迄今未见有文字记载。据传，最早提出挖河的是第12王朝法老阿美涅姆黑特一世，当时他设想在红海与地中海之间修建一条水道，以便运输兵马粮草，镇压西奈图尔山洞人的反抗。历史学家一般认为，同一王朝的法老谢努塞尔特三世于公元前1887年首次凿成运河，后人称之为法老运河或西佐特里斯运河，这是苏伊士运河最古老的先驱。

尼罗河—红海运河在早王朝和古王国时期是尼罗河的一条天然支流，通过这条支流古埃及人可以从首都孟菲斯直接到达红海，这使他们很早开始就对西奈半岛上的矿产资源进行开发和利用，同时加强了与蓬特等地的贸易与联系。伴随着古王国时期尼罗河水位的下降以及尼罗河淤泥的沉积，到古王国后期，最迟是在珀辟二世时期，这条支流已经不能通向大海。第12王朝时期，尼罗河水位回升，塞索斯特里斯二世顺势而为，进行了大量的水利工程建设，其中就包括疏通尼罗河通向红海的这条运河。通过这条运河，埃及对西奈半岛矿产开发达到空前的程度。塞索斯特里斯三世对红海沿岸地区进行了征伐，埃及恢复了与红海沿岸等地的贸易。新王国时期，尼罗河—红海运河即使是在洪水期可以通向大海，它大概也是荒废的。第26王朝法老尼科二世试图重新开凿这条运河，但终究没有完成。波斯国王大流士最终完成了运河的开凿。

彼时，大、小苦湖通称卡姆奥里特湖，与红海相通，尼罗河在三角洲分成七条支流倾入地中海。运河设计者巧妙利用这一地理特点，选择最东的比

鲁齐支流（取自古代塞得港附近的一座已湮灭的城市名）上的城镇布佩斯特（今扎加济格附近）为起点，往东至塔哈（今艾布苏维尔地区），接通苦湖，南下直达红海口的克利斯马（今苏伊士港）。这是一条通过尼罗河支流间接沟通两海的淡水运河，全长约 150 千米，宽 25 米以上，水深 3 ~ 4 米，适合于当时多桨帆船航行。据说，现在苏伊士港以北 20 多千米处吉奈法的一段淡水渠，便是当年古运河航道遗址。上埃及洛克索神庙至今保存着一幅壁画，记载着第 18 王朝女王哈特谢普苏特（公元前 1486—1468 年在位）派 5 艘帆船，每船 80 人，从首都洛克索出发，经开罗，通过古运河，入红海，抵达索马里交换黄金、香料和稀有动物。这是证明这条古运河存在的重要历史依据。

在漫长的岁月里，由于运河两岸植被少，沙石多，加上河水挟带的泥沙经常淤积河床，运河几经堵塞和疏浚。公元前 610 年，第 26 王朝法老尼科二世（公元前 619—公元前 595 年在位）下令清除运河和苦湖之间淤泥，但未能疏通苦湖与红海之间的水道。波斯人入侵埃及后，出于同本国联系的需要，大流士一世曾再次疏通运河，但未能有效清除苦湖与红海之间沉积物。他只能在尼罗河泛滥期间，让帆船通过一些小水渠驰入红海。

希腊马其顿的亚历山大大帝的部将托勒密，于公元前 305 年在埃及建立了托勒密王朝。公元前 285 年，托勒密二世终于下令清除了苦湖与红海间的障碍物，使法老运河再次全线通航，历史上称之为希腊运河。但到王朝末期（公元前 45 年），运河又遭淤滞。罗马帝国取代托勒密王朝在埃及的统治后，罗马皇帝图拉真于公元 98 年开凿了一条以他名字命名的支航道，西起开罗附近，东止阿巴塞村（位于扎加济格以东），与古运河相通，这条航道被叫作罗马运河。到公元 400 年左右的拜占庭统治时期，运河再度淤塞。

阿拉伯人进入埃及后，阿拉伯远征军大将阿慕尔·本·阿斯于公元 642 年恢复了开罗到克利斯马运河的通航，取名为“信士们的埃米尔”运河。阿慕尔曾设想由苦湖往北，经过稍稍起伏的平原，开凿一条直抵地中海的运河。他可能是历史上第一个提出不经尼罗河开凿运河以沟通两海的人。但是，他的主张遭到哈里发·欧默尔的反对，哈里发认为红海水位高于地中海，运河凿成后将会淹没三角洲平原。“信士们的埃米尔”运河通航了一百多年，对于巩固新兴的阿拉伯帝国、传播伊斯兰教、发展东西方贸易立下了汗马功劳。

公元 767 年（一说 776 年）哈里发贾法尔·曼苏尔为阻止麦加和麦地那的叛教者利用运河输送武器物资，下令在苏伊士港附近填没运河。从此，这一航海要道中断了 11 个世纪，其间，东方的物资包括中国的丝绸、瓷器运至苏伊士港后，要由骆驼队通过沙漠转到开罗，再装船经马哈茂迪耶支流到亚历山大城，然后运往欧洲。1820 年埃及总督穆罕默德·阿里下令治理阿巴塞至盖萨辛一段运河，以灌溉农田。1860 年为供应开凿现代苏伊士运河所需的淡水，在上述运河的基础上挖掘了伊斯梅利亚淡水渠（不能通航），将尼罗河水从扎加济格附近输送到伊斯梅利亚和苏伊士港。伊斯梅利亚水渠大体上与古运河平行，但略微偏北。

表 5-2　古典作家关于运河记载的对照表

法老＼作家	希罗多德（约公元前 484—前 425 年）	亚里士多德（公元前 384—前 322 年）	狄奥多拉斯（生活在公元前 1 世纪前期）	斯特拉波（约公元前 60—约公元 20 年）	普林尼（公元 23—79 年）
塞索斯特里斯二世		据说塞索斯特里斯第一个挖掘这条河	疏通从孟菲斯到大海的几条尼罗河支流	第一个开通运河	第一个挖掘运河
尼科二世	第一个挖掘运河，未完成	重新挖掘运河	第一个挖掘运河，未完成	指出有些人认为尼科第一次挖掘运河，未完成	
大流士一世	第一个开通运河	接着挖掘运河，未完成	接着挖掘运河，未完成	接着挖掘运河，未完成	接着挖掘运河，未完成
托勒密二世			第一个开通运河	开通运河	接着挖掘运河，未完成

古苏伊士运河虽然湮没了，但它绵延 4 000 年，也是见证古埃及文明兴衰的重要侧面。

三、发展航海业

以法老王的名义，宏伟的船队踏上远征海洋之旅，去往充满宝藏的神秘之地庞特——在埃及最古老庙宇的石墙上精细雕刻的这一场景，究竟是神话还是事实？庞特真的存在吗？古埃及人真的能够建造远洋船吗？

大约 4 500 年前，胡夫法老开始在吉萨高原建造他的大金字塔，也是世界上最大规模的陵墓之一，大斯芬克斯（狮身人面像）正位于此地。吉萨大金字塔南边一个地下室中发现的一艘法老船（也称太阳船）。这艘船已经隐藏了 4 500 年，是胡夫法老死后埋在他的陵墓——大金字塔附近的两艘仪式船之一。目前展出于大金字塔附近的太阳船博物馆。

然而为何会在金字塔旁发现这两艘船？古埃及人建造它们的目的是什

么？经过防腐处理后的胡夫木乃伊，是否由这两艘船中的一艘运入大金字塔？为什么会有两艘船？最重要的是，为什么古埃及人要先把船造好，然后又拆掉它们？考古学家认为，法老船并非用于运载胡夫的遗体，而是具有象征意义的仪式船，也称太阳船。古埃及人相信，太阳乘坐“昼船”——较大的太阳船从东方旅行到西方，再乘坐“夜船”——较小的太阳船返回阴间。

根据胡夫船的启发和古埃及铭文，早在 4 500 年前的旧王国时期，埃及已经开始与其他文明进行活跃的贸易：从黎巴嫩进口木材，从地中海东部进口酒和橄榄油。说到古埃及人的远洋成就，直接的证据现在已很难获取，但仍然有一些法老遗迹留下耐人寻味的线索。在人们为女法老哈特谢普苏特（公元前 1500 年前后在位）建造的神庙石壁上，刻画着五艘巨大海船从红海起航，最终满载货物返航的场景。这样史诗般的远航，对于巩固法老统治尤其是一个女法老的权威来说意义非凡。

在位于卢克索的哈特谢普苏特神庙，这座庙宇建于吉萨大金字塔群之后大约 1 000 年。虽然历经 3 500 年的风化，石墙上的浮雕至今依然清晰可辨，其中多个浮雕以惊人的细节刻画了大型帆船在海上航行的情景，包括船上人员、索具和货物。造船专家一眼就看出，这些船没有浮华的装饰，也不见彩带和旗帜，却是真正的海船。根据石刻文字，这些船是被哈特谢普苏特法老派遣的，目的地是庞特。

在卢克索大庙群东北大约 160 千米的红海岸边一个叫作梅萨·加瓦西斯的沙漠遗址，考古学家终于发现了能反映古埃及航海能力的惊人证据——保存完好的石锚和船绳遗迹，其年代距今大约 3 800 年。考古学家还在附近发现了更惊人的证据：一堆 3 800 年前的木箱，其中一个木箱上刻着“庞特珍品”，这无疑是哈特谢普苏特的船队当年从庞特运回的货物。不过，最令考古学家感到惊喜的，是在现场发现的几块船壳板。在这些船壳板上有不少谜一般的小洞，它们不是用工具凿出来的，而是被船蛆啃出来的。船蛆是一种咸水软体动物，只生活在海洋中，喜欢在海底沉木上打洞。这就意味着，这些厚厚的船壳板一定来自于法老海船。可以想象，当年法老海船在大海上经历狂风暴雨，但它最终挺过风暴，向着既定方向继续行驶，或许只要一个月就能抵达庞特。回程的时间可能要长一点，因为是逆风行船，或许只能划船回来，或许以相反的方向绕红海海岸转一圈。但无论是哪一种方式，法老海船都能挺过难关，顺利返回。法老海船证明，古埃及人不仅是名不虚传的“尼罗河之王”，也是名副其实的“海上航行家”。

作为帝王，女法老的统治是出色的。翻开埃及的历史，我们可以看到，处在帝国时期的大多数帝王十分热衷于扩张战争。在埃及版图扩大的同时，无数埃及人的生命也随之消失。特别是哈特谢普苏特统治前后的两任帝王，更是将扩张战争推向了高峰。她的父亲通过武力征战，奠定了埃及大帝国的基石。而在她之后上台的图特摩斯三世则通过战争，建立起埃及历史上空前绝后的大帝国。处在前后两任热衷于战争的帝王中间的哈特谢普苏特，在其统治期间，人们很少看到金戈铁马的血腥场面，女帝王把主要精力放在发展经济贸易和文化建设方面。其间，女法老加快了埃及帝国经济建设的步伐。她筹建起一支由 8 艘大船组成的贸易船队，向海外进行广泛的商业贸易。船队沿红海南下，在靠近亚非交界处的曼汇海峡登上了庞特国土地，友好开展贸易交换。史书记载："神圣之国的各种木材、成堆的香料树脂和绿色的活香料树苗、黑檀木和白象牙、黄金和白银……还有狒狒、长尾猿……再加上皮肤漆黑的土人以及他们的黑孩子。没有任何一个居住在北方的法老能运回过这样多的货物。"这次贸易成功，在埃及历史上影响巨大。

埃及自古以来就出产石料而缺少木材，大量的优质木材的进口，繁荣了埃及的土木建筑业和木雕艺术。特别是活的香料树的成功引入，更是令埃及人精神振奋。埃及女法老亲手把这棵树苗栽种在首都郊外，精心培育。因为香料树脂是古代埃及人制造"木乃伊"的重要用料，而古代埃及在此之前，国内还没有这种树脂的来源。法老的重视，显示出王室对树脂的青睐，也表现出女法老的眼光长远。至于此次远航带回的具有异国情调的黑种土著人及那些珍奇动物，大大开阔了埃及人的眼界，使他们对埃及之外的世界有了形象具体的了解。女法老组织的这次大规模的商业贸易，它不仅开通了埃及与海外联系的通道，也为埃及经济的发展、艺术的繁荣、医学事业的辉煌创造了条件。"埃及女法老船队"已经作为一个专用术语名垂青史。这样的商业贸易，在女法老统治时期频繁上演，彼时埃及同小亚细亚、红海南岸、希腊、爱琴海岛屿均有贸易往来。兴盛的对外贸易，为女法老统治奠定了坚实的物质基础。哈特谢普苏特偏重经济发展的统治策略，使埃及经济处于鼎盛的黄金时代。

参考文献

[1] 赵克仁．尼罗河环境与古埃及艺术风格[J]．西亚非洲，2009，01：34-38+80．

[2] 朱艳凤．古代埃及的尼罗河神崇拜[D]．东北师范大学，2014．

[3] 李海荣．试论地理环境对古埃及文明的影响[D]．山西大学，2008．

[4] 李卫星．尼罗河与古埃及文明[J]．长江职工大学学报，2002，02：53-55．

[5] 李玉香．古代埃及的水利灌溉[D]．吉林大学，2007．

[6] 华兹，郭晓勇，艾间游．沿尼罗河探寻古埃及文明[J]．今日中国（中文版），2008，05：50-53．

[7] 刘文鹏．“治水专制主义”的模式对古埃及历史的扭曲[J]．史学理论研究，1993，03：18-35．

[8] 刘文鹏，令狐若明．论古埃及文明的特性[J]．史学理论研究，2000，01：92-104．

[9] 郭子林．中国埃及学研究三十年综述[J]．西亚非洲，2009，06：66-71

[10] 谢振玲．论尼罗河对古代埃及经济的影响[J]．农业考古，2010，01：107-110

[11] 王士清，田明．埃及法老时期的尼罗河—红海运河[J]．内蒙古民族大学学报（社会科学版），2011，03：57-61．

[12] 吴德成．古苏伊士运河[J]．阿拉伯世界，1983，02：104-106．

[13] 梁宏军．法老的船队（上篇）[J]．大自然探索，2011，11：68-73．

第六章　流域变迁伴随古印度文明涅槃

在尼罗河文明和两河文明之外，20世纪的考古学家们惊异地发现了公元前2500年的另一处伟大的古老文明——她的领域甚至超过了古埃及与巴比伦、亚述之总和，这就是神秘的古印度河文明。她的谜团迄今未能完全揭开。早在4 000多年前，印度河流域就进入了以农业为主、牧业与手工业为辅的高度发达的城市文明阶段。然而如此发达的文明，仿佛在一夜之间消失。民众放弃豪华城市而不明去向，仅留给后人无尽的遐思。现今对印度河文明的了解，主要来自于对位于印度河下游的摩亨佐·达罗遗址和上游的哈拉帕遗址两个中心遗址以及周边小城镇遗址的考古发掘。虽然关于这个源远流长的古老文明一直没有古文字记载，但透过无数残破的砖块，我们仍可聆听到古印度文明诉说往日的辉煌。

第一节　印度古文明曙光

古代印度指古代南亚地区包括现在的印度、巴基斯坦、尼泊尔、孟加拉、斯里兰卡、马尔代夫、不丹以及古印度王朝的大片疆域。波斯人和古希腊人称印度河以东地区为印度，我国的《史记》和《后汉书》称之为“天竺”，玄奘在《大唐西域记》中从印度河的名称引申而始称其为“印度”。

和其他古文明一样，印度河、恒河孕育了古印度文明，随后从河流向内陆扩展。恒河、印度河将印次大陆分裂为很多小国、众多信仰，然而古印度从未统一过，战争时期远多于和平时期，外族入侵也是古印度长期存在的。古印度以其强大的包容力，吸收和融合多种民族的文明，形成了多种族多宗教的古印度文明。古印度文明以其异常丰富、玄奥和神奇深深地吸引着世人，并对亚洲诸国包括中国产生过深远影响。

印度河发源于中国境内的冈底斯山西侧，上游一段成狮泉河和葛尔河，进入印度后先向西北流经克什米尔，再向西南纵贯今巴基斯坦，最后注入阿拉伯海。印度河全长3 180千米，流域面积96万平方千米。印度河流域是印度古代文明的摇篮。

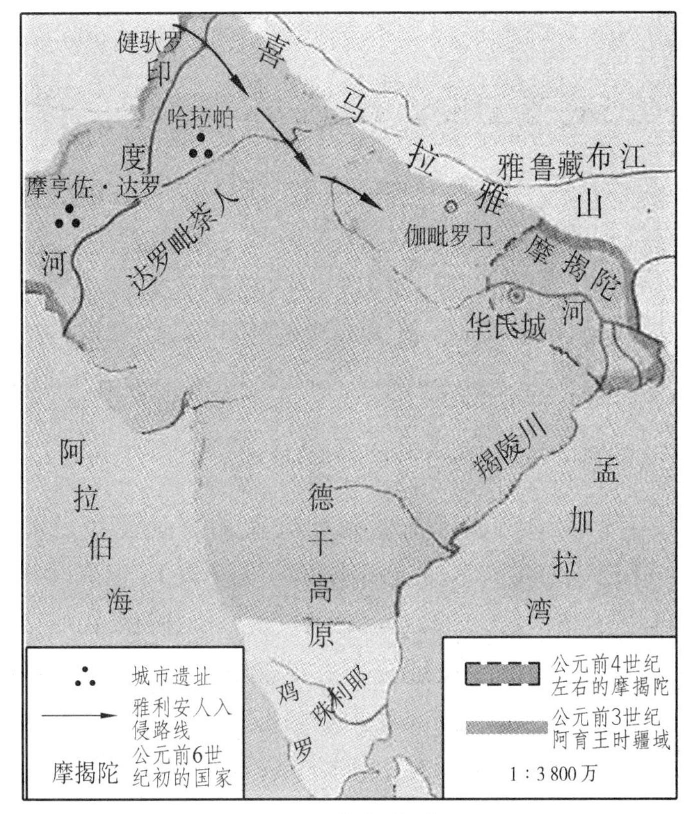

图 6-1　古印度地图

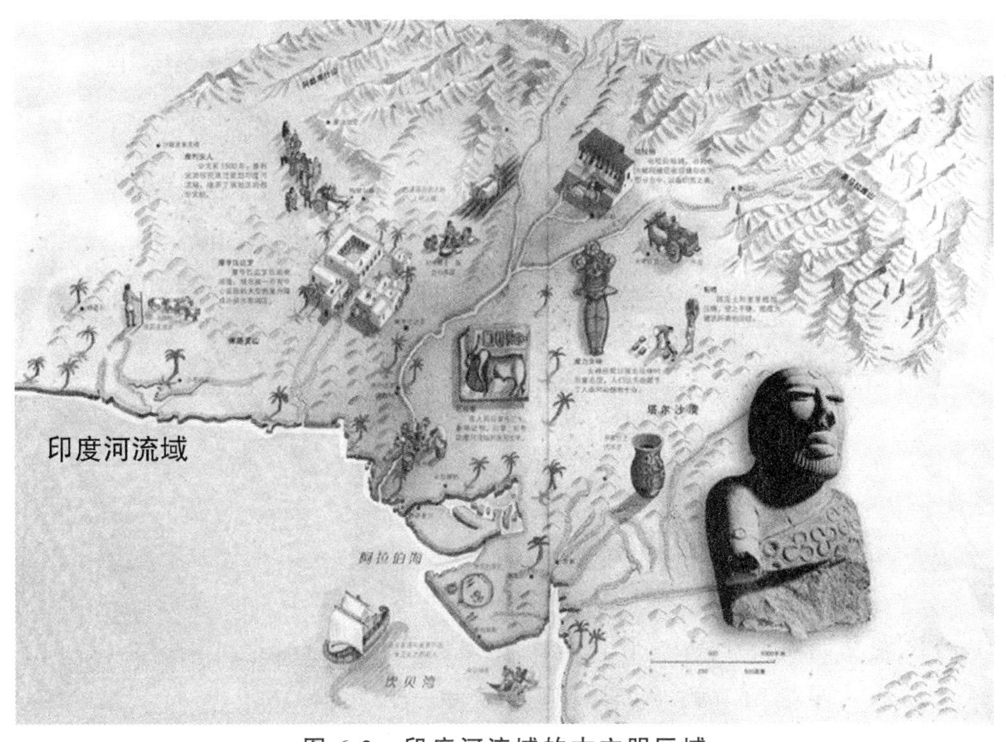

图 6-2　印度河流域的古文明区域

在古代印度，曾先后出现过几个文明。大约距今 4 000 多年之前，以印度河流域为中心，方圆 50 万平方千米的土地上，兴起了一个高度发展的文明，大量用火砖盖起的房屋，规划严整的城市建设，先进的供水系统和排水系统，2 500 多枚刻有文字图形和其他图形的印章……一切都在向后人昭示，这是一个代表着当时世界发展最高水平的文明。这就是被印度学专家称为印度文明“第一道曙光”的哈拉帕文化。

哈拉帕文明从何起源是个谜，目前发掘的城市遗址包括卡利班甘、哈拉帕和摩亨佐·达罗这三处主要遗址，证明它们在公元前 3300 年就已经很有规模了。

一、河谷里的城市文明——哈拉帕文化

截至 2008 年，人们所发现的哈拉帕文明的遗址总量已经增加到 1 022 个，其中 406 个在巴基斯坦，616 个在印度（图 6-3）。但其中只有 97 个进行了考古发掘。哈拉帕文明覆盖的区域相当广大，大概面积在 68 万平方千米到 80 万平方千米之间。这些遗址分布在阿富汗、旁遮普、信德、俾路支，还有巴基斯坦的西北部边境，印度境内有查谟（Jammu）、旁遮普邦、哈里亚纳邦、拉贾斯坦邦、古吉拉特邦以及北方邦西部。

图 6-3　哈拉帕文明

哈拉帕文明实际上是一个非常漫长、复杂的文明演进过程，至少可以分为 3 个阶段：早期哈拉帕（公元前 3300 年—公元前 2600 年），成熟哈拉帕（公元前 2600 年—公元前 1900 年），晚期哈拉帕。早期哈拉帕是城市的雏形

阶段；成熟哈拉帕才是真正的城市发达阶段，是哈拉帕文明羽翼丰满、大放异彩的阶段；晚期哈拉帕则是城市渐渐衰亡的文明末期。

哈拉帕遗迹

印度河流域考古挖掘出的哈拉帕残留的土墙，它们大部分是建在3 500年前土墩上的。

图 6-4 哈拉帕文明遗址

根据考古学断定，哈拉帕文化大致在公元前 3000 至公元前 1750 年，具体地说，其中心地区约为公元前 2300 至公元前 2000 年，周边地区约为公元前 2200 至公元前 1700 年。哈拉帕文化的主要经济是农业，已发现的有镰刀等农具，以及当时的大麦、小麦等多种栽培作物。除田间作物以外，椰枣、果品也是人们常用的食物。当时人们已经能够驯养牛、山羊等动物及各种家禽。哈拉帕文化遗址中虽然有许多石器，但也发现了大量铜器。人们还掌握了对金银等金属加工的技术，从出土的各种美奂绝伦的手工艺品和奢侈品中，可以想象当时工匠的精巧技艺。制陶和纺织是哈拉帕文化的两个重要部分，遗址中染缸的发现，表明当时已掌握纺织品染色技术，纺织业与车船制造业等也已高度发达。

城市繁荣使哈拉帕文化的商业兴盛一时，不仅国内贸易活跃，国际贸易亦特别频繁。在大量古迹遗存的发掘中，都发现了它与伊朗、中亚、两河流域、阿富汗，甚至缅甸、中国等贸易的佐证。罗塔尔海港遗址的发现，反映了当地与苏美尔的海外商业已经常态化。

二、印度河古文明符号

（一）城市供、排水系统

哈拉帕（Harrapa）和摩亨佐·达罗（Mohenjo-daro）两座古城约建于公元前 2000 年，是基于井然有序的城市规划所建成，城内不但有水井和下水道等供水与排水设施，甚至有冲水厕所与垃圾桶。印度河文明时期的居民享受着高水平的洗浴、卫生设施。城市是用火烧砖建造起来的，房屋大多两层或以上，而且多数占地面积较大。几乎每家每户都有水井、下水道和浴室。主要的街道都很宽，良好的排水系统把雨水排走，还有一些污水坑用来排放污物。而且城中出现了地势较高的城堡区（卫城）和较低的居住区的差别，标志着统治者和国家机器已经诞生。一些学者根据城堡内的大浴池，猜测“印度河的统治阶级以宗教作为统治的手段，用沐浴这样的宗教礼仪来加强他们的地位。这个文明可能是由祭司们以和平的宗教方式进行统治的”。

图 6-5　水井（上）与排水沟（下）

图 6-6　朵拉薇拉蓄水池（左）和水井、排水沟（右）

图 6-7　摩亨佐·达罗大浴场

图 6-8　哈拉帕的厕所

（二）交通、商贸发达

古印度次大陆的土地潮湿而布满了森林，印度河沿岸土壤肥沃，供水充裕，利用河川交通便捷。已发掘出的城市大都建筑在印度河河边，并开凿运河、建造码头，证明这些城市仰赖河川运输的程度。

印度河文明和两河流域文明，在公元前3000年到公元前2000年期间进行大规模的、有组织的贸易。而贸易的很大一部分是通过波斯湾的巴林岛为中转站完成的。遗址出土文物中有许多天青石打造的装饰品，而天青石矿石在印度河流域比较匮乏。天青石从何而来？答案可以在阿富汗山区的一些属于哈拉帕文明的居民点中找到。绍图盖遗址中出土的制作工具及天青石矿石，表明哈拉帕遗址的天青石可能来自于阿富汗地区，而且在印度河文明时期，两地就有了广泛的交流。更令人惊讶的发现在阿拉伯海对面的阿曼，出土了大量的来自印度河文明的红玉髓珠子、青铜武器和哈拉帕陶器。紧接着丹麦考古队在波斯湾巴林岛发现类似摩亨佐·达罗的砝码以及印章。

（三）宗教、艺术繁盛

遗址的城塞内建有人工祭坛、大型谷仓、神殿与会议设施。印度河文明时期，原始崇拜以及一些简单的仪式已经存在。出土印章中的独角兽、公牛、树木等图案，也许正是印度河文明崇拜的图腾。另一些图案则告诉我们，在公元前2500年左右的印度河流域，很流行对“母神”的崇拜。在民居中还发现许多丰乳肥臀、着精致头饰、束华美腰带的母亲女神的小雕像。而在摩亨佐·达罗遗址中除了类似的母亲女神外，还有一个男性神印章，他被描绘成进行瑜伽的坐式，周围有一些动物。他有三面看得见的脸，高耸的头饰两边有着两只角。此外，遗址中还出土了身披三叶草图案披肩的男子像，披肩包住左肩，露出右肩，极似印度佛教“偏袒右肩”的着装法。这都提醒我们，后来的吠陀文明、婆罗门教——印度教文化，并非雅利安人独创，而是与土著文化相结合的产物。

图6-9　母亲女神雕像

三、印度河古文明消失

根据考古学家提供的放射性碳的数据，哈拉帕文明在延续了8个世纪之久后，在公元前1800—公元前1750年消亡了。哈拉帕文明消亡的原因一直是学界争论的话题，考古学家、人类学家和历史学家对此谜团的探索一直在进行。但可以肯定的是哈拉帕晚期之后城市与城市中心慢慢消退，印章和铭文也从文化场景中完全消失。城市在一个世纪之后才在次大陆上再次出现，但大多数却分布在恒河流域。

摩亨佐·达罗城在公元前2200年开始衰退，到公元前2000年城市彻底消亡。另外，有些城市的文明遗址持续到公元前1800年。除了城市消亡的年代不同，它们消亡的方式也很不相同。摩亨佐·达罗和朵拉薇拉是缓慢衰落的，但是卡利班甘和版纳瓦利的城市生活却因为不明原因在某个时间戛然而止。早期有关于哈拉帕城市文明灭亡的推测认为是雅利安人入侵导致的，也有学者从《梨俱吠陀》的记载中推测，各方面的综合因素导致了哈拉帕文明的灭亡——其中包括战争、雅利安人入侵的可能，地质改变导致的洪水、某些地区的干旱、贸易的衰落、滥用自然资源等等。也有一批学者拒不认同雅利安人入侵学说，因为考古过程中没有发现任何可以构成战争武器与屠杀的痕迹，仅靠《梨俱吠陀》这本年代太过久远的书籍不能充分说明情况。但关于哈拉帕文明消亡的任何一种推测都因为缺乏足够的证据而不足以成为真正说服所有人的原因，这依然是一个未解之谜。

（一）"外族入侵"说

持此说的学者都一致认为，大约在公元前1750年，印度河流域的一些城市遭到了很大的破坏，特别明显的是摩亨佐·达罗的毁灭。而且在这座城市的街巷和房屋里留下了不少像是被杀戮的男女老幼的遗骨。

例如，在下城南部的一所房屋里，发现有13个遇害成年男女和儿童的骨骼横躺竖卧，杂乱无序。同时，被杀的人中还有一个头盖骨上有148毫米深的刀痕，大概是被入侵者用剑砍杀而死的。此外，大街头井旁都发现有尸骨，有些尸骨上留有刀痕，有的四肢呈痛苦的挣扎状。

在下城北部的街巷中，还发现有另一骨骼群，在他们附近还有两根象牙，这一切似乎表明象牙雕刻匠人一家的不幸遭遇。持此说者认为，摩亨佐·达罗经过一次大规模的入侵，居民东奔西逃，从此古城荒凉了。同样的，哈拉帕文化区的其他城镇也遭到了或轻或重的破坏。

在哈拉帕卫城上层更有明显的衰落迹象，特别要提到的是，在这里人们发现有新的陶器类型与哈拉帕文化并存。这一切说明有新的入侵者占据了哈拉帕文化区域。但疑问也随之而来：这些新的入侵者是谁？过去很多学者把他们同吠陀时期的印度——雅利安人联系起来。可是据史书记载，吠陀时期印度——雅利安人的入侵年代要晚得多，他们与哈拉帕文化的毁灭整整相隔有几个世纪。

（二）“地质生态变化”说

持此说的学者主要根据印度河床的改造、地震以及由此而引起的水灾来证明这一切都会给古印度河文化带来巨大的破坏。洪水泛滥带来农耕必需的肥沃土地，但是当洪水摧毁城市却能令整个文明动摇。摩亨佐·达罗古城就至少受到三次大洪水侵袭，城市几乎成为废墟，这些洪荒的故事可以由城市遗迹内厚达30至70厘米的堆积土层得知。同时，河水的泛滥，沙漠的侵害，海水的后退也都会引起生态的巨大变化。不过古城文化毁灭的原因，可能因地而异。例如海水的后退对沿海的港口城市会带来很大的破坏。而且有的学者还认为，《百道梵书》所记载的当洪水毁灭世界之时，只有人类的始祖摩奴一人在神鱼的启示和帮助下造船得救，也许，这可能就是对印度河文明毁灭的一个回忆。

（三）“城市乡村化”论

有水利学者的研究显示，当时季风所带来的洪水泛滥面积较今日为广，因此当时似乎依靠洪水而能持续大丰收。在远离河川的地方则建筑堤防以留住雨水沉淀后的沉淀土，用以农耕。泛滥农耕是季节性的耕作，对城市来说能确保耕地的大小及收获量，同时也不必开辟灌溉水路或进行大规模水利建设。但是河道却经常改变，农耕地点屡屡变动，使得村落需要迁徙或仰赖邻近村落提供粮食。与此同时，当印度河流域人口发展到印度河地区生态系统的最大限度，随着人口的增加，采用无灌溉、无深耕的耕作方式已无法供养如此多的民众，所以城市中的人民纷纷开始从东北部向朱木拿河和恒河方向发展，从东南部向古吉拉特地区进展。在移民过程中，城市居民丢掉了不再有用的城市文化，转向村落和游牧文化。

晚期哈拉帕主要的特征就是城市网络的解体和乡村地区的扩大。哈拉帕城市由于种种原因解体后，人口向东南方向迁徙，古吉拉特邦、马哈拉施特拉邦北部人口与聚居区明显增多。城市解体了，乡村却在不断发展壮大，农业甚至在晚期哈拉帕还有了一定的发展，比如俾路支平原就开始有了一年两熟的种植技术。卡奇平原上的居住区相当多，种植农作物品种也多，灌溉系统成熟。古吉拉特邦和马哈拉施特拉邦种植了很多种粟米作为夏季作物。另外，棉花、扁桃树、胡桃、鹰嘴豆、绿豆、豌豆、红豆、小扁豆等多种农作物品种都得到了种植。农业的发展和乡村的壮大是孕育城市的重要因素，城市并不会就此在印度次大陆上永远消失不见，一种全新的城市文明正在酝酿之中。

第二节 吠陀文明重生

印度次大陆位于亚非、亚欧大陆之间，古代印度的疆域曾覆盖印度次大陆的大部分地区，包括今印度共和国、巴基斯坦、孟加拉国、阿富汗南部部分地区和尼泊尔、斯里兰卡，这些地区有很多城市与港口是陆上与海上丝绸之路的重要节点。公元前 2 世纪到公元 1 世纪之间，中国汉朝相继开拓海上与陆上丝绸之路，贸易路线一路绵延向西。与此同时，印度次大陆上深刻的社会变化正在发生——雅利安人与原住民共同建立的吠陀文化和恒河文明已经繁荣昌盛，强大的奴隶制孔雀王朝在阿育王期间统一了北印全境，其后的北印统治者古典贵霜帝国和封建制笈多王朝时期，佛教在统治者的倡导下长盛不衰，随着朝圣者与布道者的脚步四处传播，甚至越过国境，传入东南亚各国与中国。印度本土的佛教圣城与佛学中心繁荣兴盛，丝绸之路使得印度次大陆境内的贸易与世界联成整体，这一切都带来了城市必然的发展，印度的第二次城市文明——吠陀文明就在这样的背景下拉开了序幕。

一、古印度流域文化迁移

经过哈拉帕文化神秘消失后短暂的“黑暗时期”，一批批自西北方涌入次大陆的雅利安人成了这块土地上的主人。这些白皮肤的“高贵人”（雅利安一词的原意），在征服了黑皮肤的当地土著居民后，创造了一个与哈拉帕文化并无承袭关系的新文明体系——吠陀文明。从绝对发展水平看，吠陀文明带有明显的原始文化色彩。然而它很快就加速度发展，并进入高水平的成熟期——婆罗门教文明。吠陀文明和婆罗门教文明是前后相承的一个整体，产生了今日印度人民视为自身文明之源的成果——吠陀经典、历史史诗、梵文、种姓制度……许多有形的和无形的文化一直延续至今。从考古发掘中我们可以看出，当时古印度文明的文化水平很高，远不是身为游牧民族的雅利安人所能超越的。所以，当雅利安人侵入印度之时，他们也一并继承了印度文明，与原居民协同进步，使农业和手工业高度发展，社会分工也逐渐明确，商品经济则突飞猛进。到公元前五六世纪时，印度已经步入铁器时代。随后，印度文明的发展一直沿着这条路走下去，中世纪和近现代，伊斯兰文明、西方文明又先后扎根次大陆，不断输送新的营养，最终铸造出印度文明多元性、包容性和丰富性的特点。因此我们说，现代印度文明由于古印度文明从印度河流域向恒河流域迁徙而获得永恒涅槃。

吠陀文化是从西北而来的雅利安人入侵者带来的新的文化体系，得名于其文化圣典——《吠陀经》(Veda)，是古典印度文化的起源。雅利安人是游牧民族，早期吠陀时代的历史几乎没有任何考古遗址可以查证，同时由于雅利安人的文字发展较晚，自印度河流域那个尚未破解的书写系统消失后，在公元前 3 世纪，文字首度被引进印度，《梨俱吠陀》一书是有记载的最早的印度历史，从中可得到关于这一时期社会形态描述。之后又有被称为“后期吠陀”的《沙摩吠陀》《耶柔吠陀》和《阿闼婆吠陀》等经典产生，并称《吠陀经》(Veda)。公元前 1000 年前期至公元前 1000 年中叶，印度雅利安人又从印度河流域向东迁移至恒河、朱木那河流域平原之间，印度的社会政治和文化中心也由印度河流域转移到恒河流域。

恒河位于印度北部，全长 2 580 千米，包括支流的流域面积共计有 170 万平方千米，以喜马拉雅山脉中部南麓的冰河融水为源头，横穿肥沃广阔的恒河平原，最后注入孟加拉湾。它是南亚最长、流域面积最广的河流。恒河在印度语中也是喜马拉雅山雪山神女的名字。恒河所经之处雨水丰足，沃野千里，是印度婆罗门教、佛教的文化中心，留有丰富的历史遗迹。

二、第二次城市文明剪影

(一) 多宗教诞生

由于喜马拉雅山脉成为印度次大陆与亚洲大陆间天然屏障，加上印度另三侧分别是阿拉伯海、孟加拉海湾以及印度洋，构成了印度相对封闭的自然环境。雄伟的山脉、浩瀚的海洋、奔腾的江河与茂密的森林表现出自然的强大力量，而人却显得异常渺小。生活在古代独特地理环境下的印度人民，对自然怀着与生俱来的敬畏之心，将无法理解与解释自然现象归因于超自然力量，因此在史前时代，自然神崇拜和巫术在印度已经深入人心，这成为后世印度众多宗教的起因。同时，由于自然环境的相对封闭，印度成为众多宗教诞生的摇篮。世界上几个大宗教如婆罗门教、印度教、佛教和地区性的耆那教、锡克教等都发源于印度。

(二) 圣河洗礼

在印度的神话传说中，恒河是银河下凡到人间的河流。远古有一个名叫斯格罗的国王，他有两个妻子，可是没有儿子，这使他很着急，担心他的王位后继无人。于是，他带着他的两个妻子到喜马拉雅山的冈底斯山去修苦行。

冈底斯山是湿婆居住的地方，他是一个能够满足苦行者要求的大神。果然，在他们苦修到一定程度时，湿婆大神高兴了，问他们有什么要求，斯格罗把求子的愿望告诉了他。湿婆大神满口答应说："你的一个妻子将生六万个儿子，而另一个妻子则将生一个儿子，这个儿子会为你传宗接代。"听到湿婆大神的许诺，斯格罗国王千恩万谢，然后高高兴兴地带着两个妻子回去了。不久，斯格罗的两个妻子都怀了孕。一年以后，一个妻子生了一个儿子，另一个妻子则生下了一个血肉模糊像一根苦瓜似的东西。斯格罗感到好像湿婆大神骗了他，准备把这个怪物扔掉。这时，从天上传下来的天音说："大王，这是湿婆大神赐给你的，你怎么可以把它丢掉呢？现在你可以把里面的瓜子掏出来，分别放在六万个装有热酥油的容器里，你将得到六万个儿子。"斯格罗照办了。结果，每个容器里出现了一个孩子，这样他就真的得到了六万个儿子。这些儿子长大后个个力大无穷，可是却到处惹是生非，为非作歹，使三界都得不到安宁。斯格罗国王为了扩大自己的声威，举行了马祭。他把一匹战马放了出去，看是否有其他的国王接受挑战。如果马被其他某一国君拘留，那就意味着接受了挑战，双方将大动一番干戈，来争取霸主的地位。可是，当他把马放出去不久，马就不见了。斯格罗派了他的六万个儿子去找。他们发现了那匹马站在一个修道士的身边。他们不知道这个修道士的厉害，冒冒失失地指责他偷了马，从而得罪了他。这个修道士一气之下，睁开双眼，喷出两道神火，把他们全都烧成灰烬。斯格罗又派他的孙子阿修曼去找马，他对阿修曼说："现在你的六万个叔叔都被烧成灰了，而你的父亲也由于到处横行霸道，被我赶走了，只剩下你。你快把马给我找回来，好让我完成马祭。"阿修曼找到了修道士，看见马就在他的身边。他向修道士顶礼膜拜，恳求让他把马牵走。修道士答应了，还对他说："要想让你的叔叔们升入天堂，除非把天上的银河请下凡来净化他们的灵魂才行。"斯格罗完成了马祭，这时他已经很老了，于是他把王位传给了孙子阿修曼。阿修曼后来又把王位传给自己的儿子，再传给孙子帕吉拉特。帕吉拉特即位后，想到自己的叔曾祖们的不幸遭遇，他们的灵魂受着折磨而不能升入天堂，心里很难过。于是，他把朝政委托给大臣，自己到喜马拉雅山去修苦行。他修苦行的目的就是要把天上的银河请下凡来，净化他列祖的灵魂。在经历了极为困难的苦行，忍受了一切难言的痛苦后，银河女神显灵了，问他有什么要求，于是他把他列祖遭遇和自己的心愿原原本本地告诉女神。银河女神说："我可以答应你的要求，不过我下来的水势太大，冲到大地上，不是会把大地全冲毁了吗？除非你求湿婆大神，要是他答应承受我的水势，那我就应你的要求下凡来。"

于是帕吉拉特又继续他的苦行，经过许多年月，湿婆大神终于答应了他的要求。之后银河自九天而降，那无边无际奔腾浩瀚的河水倾泻到湿婆大神的头上，然后沿着头发分成若干细流，缓缓地从喜马拉雅山的山谷流出。帕吉拉特引导银河水，流到他列祖化成灰烬的地方。列祖们得到了净化，灵魂解脱，升入天堂。这条河就是后来的恒河，她哺育着帕吉拉特的后代臣民，被称为圣河。而恒河能净化人的灵魂也由此而来。

自古以来，印度人一直将和神有关的地方视为圣地，以最虔诚的心顶礼膜拜。而这些圣地多在濒临河流的地区，尤其是在河流发源地和支流汇合处。恒河正是印度人心目中最神圣的河流，是通往天堂的水路。据印度教徒的说法，恒河是世界上无与伦比的圣河。教徒们深信在恒河水中沐浴身体，必可洗净在俗世所犯的一切罪孽。信徒们一面赞美神一面膜拜，以祈求上天赐予死后的重生。在印度教义中，肉体只不过是包裹着灵魂的一层外衣，如同已磨损的老旧衣裳需要换新，灵魂也需要离开肉体，获得新的躯体而复苏。老旧的“衣裳”被置于河岸烧毁，遗留下的骨灰则撒入河中随波逐流，这是印度教徒终生的心愿。

流淌千年的恒河一直是印度教徒心中的圣河，而位于恒河边上的瓦拉纳西则为圣城。公元前 4 世纪至今，从印度教诞生之日起至今，在印度教信徒心中，人生四大乐趣分别是：结交圣人、饮恒河水、敬湿婆神、住瓦拉纳西。而这四大乐趣都离不开恒河，每位信徒都能在恒河边完成这四大乐趣，所以恒河边永远都有很多人在这里，或坐或卧或站。至今，瓦拉纳西仍保留着上千年的传统习俗，在这里找不到时间留下的痕迹，千年如一日。生活中再普通不过的沐浴、饮水，一旦在恒河中发生，都成为一种神圣、庄严的仪式。

每天早晨，太阳还未升起，来自印度各地的善男信女，提着水壶，带着祭品，扶老携幼地从一条条蜿蜒曲折的小巷中涌出，迈下一级级厚实的石阶，在瓦拉纳西绵延六七千米的河岸边散布开来，开始一天中最盛大的活动——恒河晨浴。信徒们缓缓步入圣河，在初升太阳的照耀下，进行晨浴仪式：将水撒过头顶 3 次，然后全身没入水中 3 次，这样就算完成一次净化。站在没过腰际的河水中，信徒们虔诚的忏悔、祈祷、沐浴和饮水，向神灵倾吐内心的苦闷和喜悦，用圣水洗去今生的罪孽。而每位信徒在恒河沐浴、饮水后，离开时总会带上恒河水返家，这是给家人最好的礼物。岸边的高台上，苦行僧摆开架势，冥想、修炼。石阶上，不同信仰的男女在喧闹的人群中闭目祷告。

对于印度信徒而言，恒河不仅仅是他们的母亲河，更是通往天国的水道。他们相信，在圣河边火葬，将骨灰撒入圣河，灵魂便可免受轮回转世之苦，直接升入天堂。而且由于印度信徒相信生死轮回，所以在葬礼的整个过程中，没有人哭泣，大家都很平静，而且他们相信如果在葬礼上哭泣，会阻碍亡灵升入天国的进程。所以印度人对死亡看得很洒脱，他们认为死亡是解脱，是受苦的结束，有些时候人们还会为亲人的去世而欢欣鼓舞，认为亲人是结束人世的苦难，到天堂去快乐了。

（三）种姓制度盛行

婆罗门教与印度教在其建立和发展过程中逐渐确立和巩固了社会不平等的等级制度。种姓是以职业世袭、内部通婚和不准外人参加为特征的社会等级集团。在后吠陀时期，印度社会所独有的种姓制度开始定型。种姓制度把社会中的人分成四个等级：婆罗门、刹帝利、吠舍和首陀罗。其中婆罗门是精通吠陀圣典、掌管宗教事务的僧侣，是种姓制度的最高等级；刹帝利是掌握政权和兵权的王室贵族及武士，是种姓制度的第二等级；吠舍是占人口大多数的农民、手工业者和商人，是种姓制度的第三等级；首陀罗是被视为不洁，专服贱役的人，是种姓制度的最低等级。前三等级可以再参加一定的宗教仪式后获得“再生”，首陀罗则没有这种资格。在雅利安人进入印度后的最初时期是没有种姓制度的，那时只有两个阶级：高贵的、白皮肤的雅利安人和被征服的、黑皮肤的土著奴隶“达萨”。渐渐的雅利安人内部出现了阶级区分。由于祭祀时用的吠陀梵语在俗常生活中日见废弃，而祭祀仪式日趋复杂，普通人已无法自行祭祀，非请专门研究圣典，精通祭祀仪节的人代庖不可，这就产生了一个专职的婆罗门僧侣阶级。随着雅利安人的定居和扩张，以及众多王国的出现，战争频繁，规模也在扩大，这就为军事贵族的产生创造了条件。在这四个等级形成之初，等级分化没有后世这么明显，一个吠舍，只要从事了相应的工作，就可以成为婆罗门或刹帝利，同时前三个等级之间也可以互相通婚，乃至与首陀罗结合。然而随着社会发展，种姓之间的界限变得分明起来，高级种姓为维护自己的特权而编造的种姓起源说也出现了。从而逐渐形成了后世的等级森严的种姓制度。

对于一个雅利安再生者来说，一生要经历四个阶段，称四行期，这四个阶段为：梵行期、家居期、林栖期、遁世期。梵行期为 5 ~ 8 岁开始，到 25 岁，主要任务是学习，这时是一个体力和精神的养成期；家居期为 25 ~ 50 岁，主要任务是回家，开始家庭生活，履行社会义务，这是一个典型的世俗生活期；林栖期为 50 ~ 75 岁，在完成家庭和社会责任后，离开家庭和自己的村庄，到森林里去居住，在此期间一般仅以蔬菜和水果为生，注重个人精神力的修行，获得控制自我的能力，这是谋求最后解脱的预备期；遁世期则为 75 岁以后，在这个阶段人完全回归最原始的状态，穿树皮或兽皮、吃野果或根茎，将在自己感官的感受能力限制到最低程度，这是对人世彻底冷漠，只待最后解脱的阶段。经过这四个阶段，雅利安人追求的是自身灵魂与梵的合一，肉体可以消灭而灵魂不会死亡，它要附着在另外的肉体上进行永无休止的轮回，而来世命运又取决于现世的行为，这就是所谓业报。只要认识到梵我合一的境界，就能超出轮回，摆脱生死，达到解脱。这些思想加上日渐僵化的种姓理论，构成了这一时期产生的婆罗门教的基本精神。

（四）梵文及其文学著作产生

梵文是印欧语系中最古老的文字之一，也是世界上最古老的一种文字，起源于古印度（约公元前 1500—1000 年），盛行于公元中世纪时代。古印度梵文，一般泛指吠陀梵文和古典梵文。吠陀梵文主要流行于婆罗门教的祭祀仪轨形式中。古典梵文是后期约公元前 1000 年到公元中世纪时，经过文法加工提炼和规范化的古印度文。吠陀梵文和古典梵文的主要区别在于年代的先后、文法体系的完整与否和文字的表达功能。现存印度最早的梵语文献是四部吠陀本集，其中最古老的是《黎俱吠陀》(Rikaveda རིཀབེདཿ རིས་བརྗོད་ཀྱི་རིག་བྱེད།)，之后又有被称为“后期吠陀”的《沙摩吠陀》《耶柔吠陀》和《阿闼婆吠陀》等经典产生，并称《吠陀经》(Veda)。这四部吠陀经主要是诗体，是婆罗门祭司为了适应祭祀仪式的需要而加以编写的。通常所说的吠陀文献除了这四部之外，还包括阐述或解释这四部文献的各种著作，即各种《梵书》《森林书》和《奥义书》，共 100 多种，大多是用散文体写成的。以上这些都是梵文的最早文献，使用的语言是由吠陀语演变而成的古梵语。

梵文及其文学著作是古代印度文化中的杰出成就。但在几个世纪中，梵文书写似乎主要只局限于商业事务方面，少量用于思想文化。甚至佛教的教规，在公元前 3 世纪也没有形成文字。在一个相当长的时期内，印度古典文化是靠传诵、记忆而得以保存。在印度的古典文化中，与吠陀圣典同居重要地位的是《摩诃婆罗多》(又名《大战诗》)和《罗摩衍那》两部史诗。

《摩诃婆罗多》其间穿插许多神话和传说，包含宗教、伦理、哲学、法治以及人伦等许多方面的问题，因此有古典印度文化百科全书之称。这部史诗在叙述伟大战役间隙，插入了一部分哲理性的对话，这就是世界文学中最伟大的哲学诗篇——《薄伽梵歌》，意译即“神之歌”。它受崇敬的程度仅次于“吠陀圣典”，被比喻为印度的“新约”，并且像《圣经》和《古兰经》一样，在法庭里被用以监誓，是之后印度教的重要圣典。

《罗摩衍那》的修辞优美，是辞藻华丽的古典梵语文学先驱。这部史诗较短，约五万行。根据印度的民间传说和本诗首尾部分的介绍，它是受神的启示，由诗圣蚁垤仙人编写而成。这部史诗的结构严谨，主要描写神化了的英雄罗摩及其远征锡兰的故事，反映了雅利安人国家如何向南扩张的情景，更为重要的是这部史诗将罗摩作为毗湿奴的化身而加以崇拜，对印度教的发展有很大影响。两大史诗对于后世印度文化的影响几乎是难以估量的。

梵文的影响深入中亚及远东的许多国家，特别是佛教在亚洲各国的影响，对这些国家的文化发展起了很大的作用。在西方社会文化学术界中的新兴学科，如比较语言学、比较神话学、比较宗教学、比较文学等的建立，都与梵文的研究工作分不开。在文化方面，梵文对藏族传统文化体系的建立与发展影响很大。

元 音

अ आ इ ई । उ ऊ ऋ ॠ ।

ཨ་ཨཱ་ཨི་ཨཱི། ཨུ་ཨཱུ་རྀ་རཱྀ།

a ā i ī u ū ṛi ṛī

辅 音

क ख ग घ ङ । च छ ज झ ञ ।

ཀ་ཁ་ག་གྷ་ང་། ཙ་ཚ་ཛ་ཛྷ་ཉ།

ka kha ga gha ṅa ca cha ja jha ña

图 6-10 梵文与藏文对照图

（五）天文学、数学、医学因宗教而生

天文学在印度发端久远，公元前 2000 年，印度就有了天文记述，吠陀时代后期（公元前 1200 年）印度已有关于太阳、月亮及历法的记载，公元 500 年前后，又有了大量数学计算的日、月以及水、金、火、木、土星的位置，包括计算日长、日食、太阳升降时刻等。天文学是出于祭典的需要，即祭典需正确测定季节的需要而产生的。数学也起源于祭祀的需要，并且和天文学有密切的关系。古代印度人对数目的看法，大都带有宗教哲学意义。“数论”哲学派别的存在，正好说明了这一点。

印度人特别重视祭礼，对祭坛的形式大小都有严格的限制。由于需要精确计算不同面积的正方形、圆形、三角形等的数值，促进了几何学的产生和发展。然而，在算术和代数方面，印度则是比较先进的。

后世的伟大建筑“粉红之都”斋普尔、琥珀堡、泰姬陵都是建筑、宗教文化艺术和科学的成就见证。

印度的医学可追溯到吠陀时代。当时，引起疾病的原因被认为是恶魔作祟，所以念咒文是“最有效”的治疗法。但是另一方面，一些基本的医学常识已开始逐步为人所了解。

在印度思想文化史上，宗教唯心主义经常处于主导的地位，但是唯物主义的传统自古到今也一直没有中断。

参考文献

[1] 吴天恩.破译哈拉巴铭文——印度河文化的遥远回声[J].知识就是力量，2003，08：51-53.

[2] 刘安武．关于印度恒河的神话[J]．南亚研究，1981，Z1：138-142.

[3] 曾榛.瓦腊纳西的恒河 天堂的入口[J].南方人物周刊，2010，15:84-85.

[4] 张永秀．论古印度文明的特性[J]．潍坊学院学报，2011，01：86-89.

[5] 王锡惠．印度早期城市发展初探[D]．南京工业大学，2015.

[6] 肖福林，潘莉．古印度的建筑空间和城市文明——以摩亨焦达罗和哈拉巴古城遗址为分析样本[J]．建筑与文化，2012，05：101-105.

[7] 于冰沁，王向荣．浅析古文明的兴衰与自然生态环境的关系[J]．辽宁行政学院学报，2008，09：246-247.

[8] 公权.《失落的文明：古印度》打开往昔文化之门[N]．中国新闻出版报，2003-04-23.

[9] 刘安武．关于印度恒河的神话[J]．南亚研究，1981，Z1：138-142.

[10] 桑德.略论古印度梵语文化对藏族传统文化的影响[J].中国藏学，2005，04：92-101.

[11] 张同标．论古印度佛像影响中国的三次浪潮[D]．上海大学，2012.

第七章　黄河、长江传承华夏文明

人类文明的曙光在世界不同的地区分别绽放，呈现多元化的基本特征。早期的文明几乎都产生在大河流域：有的河流在泛滥之后，留下肥沃的土壤滋养植物生长；有的河流被人类驯服，洪水得到某种程度上的控制，用于灌溉农田。一方水土养一方人，那些早期人类与河流不同的关系派生出文明的独特性格。早在公元前 4300—公元前 3500 年，苏美尔人在被称为“新月沃土”的美索不达米亚南部，创建了我们现在已知的第一个文明。正当苏美尔人在两河流域的南端创造自己的文明时，在北非的尼罗河畔另一朵文明奇葩开始绽开，这就是古埃及文明。从尼罗河、两河流域一路往东越过伊朗高原就进入到现在所谓的远东地区，这里的两条大河——黄河与长江差不多在同一时期孕育了人类另一个最悠久的古文明，这就是中华文明。

中华文明在许多方面与古埃及文明和美索不达米亚文明相似，比如都从事农业活动，都有自己的文字系统，都摸索出自己的历法，发展贸易，建立城市，有成熟的政府管理机构。不过，它们又有各自不同的鲜明特点。距今 300 万年前新生代第四纪的造山运动，奠定了东亚大陆相对封闭、西高东低的地貌特征，以及中华文明发展的原生性和独立性。中华文明从最早的时候到现在一直保持不间断的连续性，由此数千年形成的思想观念、思维方式、传统习俗等根深蒂固地保留下来，造就和孕育了辉煌灿烂而独具特色的中华文化。

第一节　多元的文化起源

关于中华文明的起源，历来有种种猜想与说法。近现代大量研究与考古发掘不断证明：中华文明与中华民族起源，具有鲜明的多元起源、多区域不平衡发展的特点。中国的农业从起源时期起就呈现出南、北不同，最近十余年的考古发现证明：中国南、北农业起源均可追溯至距今 10 000 年左右，与世界农业起源最早的各地区大体同步。

一、中华文明的曙光

追溯中华文明的起源要从史前时代说起。我们习惯上将文字出现以前的历史叫作“史前时代”(prehistoric age)，人类活动的极大部分时间处于这个阶段。这个时代没有确切文字记录，我们不知道那个时代任何人的姓名，不知道那个时代实际发生了哪些事件，甚至不知道那个时代的人讲何种语言，所以我们说那个时代还没有严格意义上的历史。然而，先人大量的文化遗存，那些石器、壁画、陶罐、刀具，甚至是遗骸都已经显露出文明时代到来前喷薄出的曙光。对于人类来说，这是一个非常重要的时代，它的重要性不仅在于时间的漫长，更在于在这一时代，中国的早期文化经历了许多关键的进步：工具的使用、语言的产生、艺术的萌芽、农业的发明、社会组织的出现……当最终发明了文字，建立了城市后，中国始跨入文明殿堂。

大约距今 5 000 至 4 000 年的新石器时代晚期，揭开了中华五千年文明史的序幕。彼时，在新石器文化的基础上，作为文明主要标志的文字、金属工具、城市、礼仪性建筑等出现且得到了初步的发展，人类社会生活开始从野蛮走向文明。

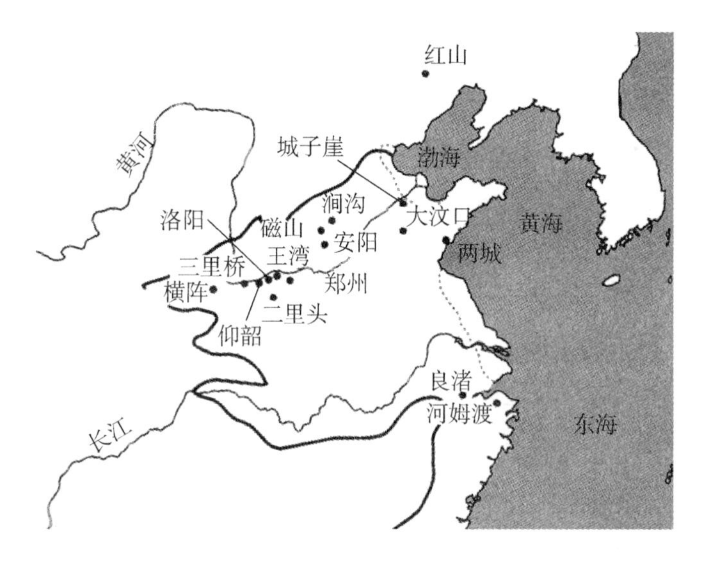

图 7-1　新石器时代晚期的文化分布

第一，这一时期黄河流域龙山文化遗址出土的陶片和长江中下游良渚文化出土的黑陶罐等出土物，都已经出现了不同于以前简单刻画符号的原始文字。正如有学者所指出：“这些成熟的多字刻文的发现，可以证明当时已存在用来记录语句乃至故事的文字，为此，我们称中国的良渚时代、龙山时代为‘中国的原文字时代’。”

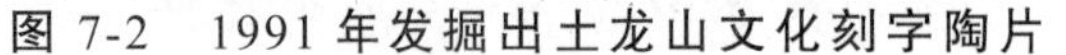

图 7-2　1991 年发掘出土龙山文化刻字陶片

图 7-3　良渚文化刻符黑陶罐

第二，新石器时代晚期的龙山时代铜器冶炼有了一定程度的发展。铜器出土地点的分布区域广大，东起山东，西达甘青，北抵内蒙古，南至湖北，发现有早期铜的遗址已超过 25 处。学界通常把冶金术的发明看成是人类社会进入文明时代的一大标志。

第三，城市的出现是社会发展的重要里程碑，也是文明社会到来的重要标志。它的出现意味着社会财富的积累和争夺人口、财富的战争都发展到一定程度。这一时期黄河和长江流域发掘已知的城市多达二十多座，可以说，距今 5 000 ~ 4 000 年前的龙山时代，在黄河、长江的中下游地区已陆续形成了邦国林立的局面，这种状况同文献记载中夏代之前颛顼—尧—舜—禹时期“万国”并存的传说相吻合。

第四，礼仪性建筑的建造。文明起源的标志不仅包括物质层次，还包括制度和精神层次的内容，包括当时人们的信仰、习俗与理性思维形态等。良渚文化遗址发现的瑶山祭坛等礼仪性建筑，佐证了新石器时代晚期人们的信仰、礼制等方面的思维形态已初步达到文明社会的发展阶段。

新石器时代晚期在考古学上大体相当龙山文化期向青铜器时代过渡；在社会发展方面，是从无阶级社会向有阶级社会过渡；在文化发展方面，是从无文字向有文字文明过渡；在国家和民族发展方面，是从部落联盟向国家和民族形成过渡；在中国文献记载方面，是从黄帝至尧舜的五帝向夏商周过渡。这一时期的发明创造和文化成就为中华文明的形成奠定了初步的基础。

尽管在商以前还没有发现确凿的文字材料，关于夏朝的历史多少还有些传说的成分，然近几十年来，在传说的夏王朝活动区域，考古发现了多数与古文献记载相符的文化遗存，夏朝的历史得到印证。我们有理由肯定，夏朝是中国的第一个王朝，也标志着中华文明的初步形成。

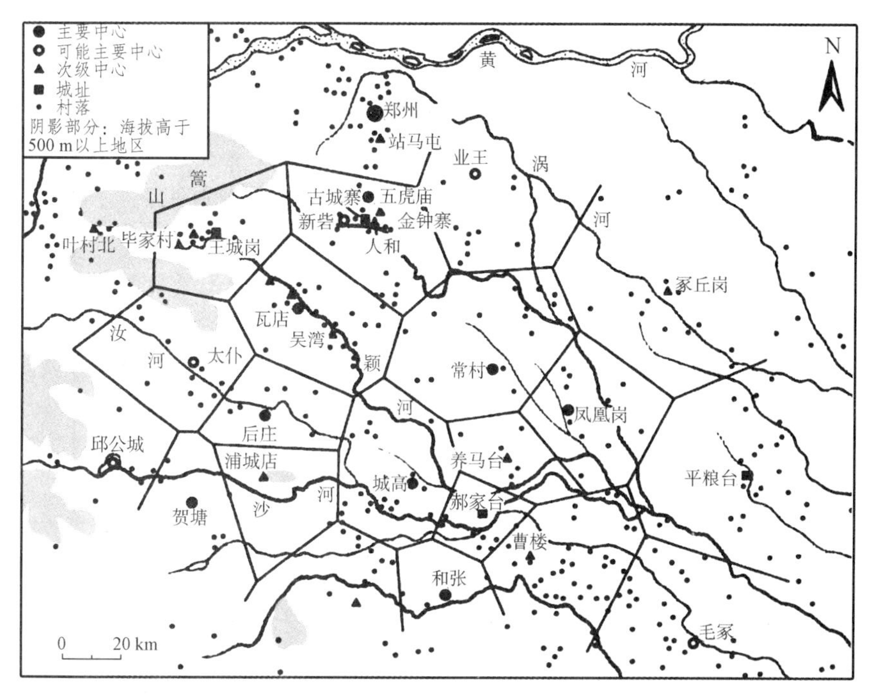

图 7-4 龙山时代晚期以各小流域为单元邦国林立

夏朝的历史从公元前 2070 年至公元前 1600 年，约四五百年。考古发现中的二里头文化便是夏文化的典型代表。对于夏朝的历史，后人有零星记载，《吕氏春秋·用民》说：“当禹之时，天下万国，至于汤而三千余国。”可以认为这是从部落联盟向国家的过渡状态。夏的统治者也从“伯”（如伯禹）的称谓转向“后”（如后启），后期出现“王”的称谓。夏朝的许多制度、礼仪、文化对后世也有深刻影响。孔子曾说“夏礼，吾能言之，杞不足征也”（《论语·八佾》），以自己懂得夏礼为荣。相传夏朝还曾经出现以“韶”命名的乐舞，孔子时还有耳闻。他曾说：“在齐闻韶，三月不知肉味。”（《论语·述而》）夏朝也有历法，称为“夏令”或“夏时”，孔子曾主张“行夏之时”（《论语·卫灵公》）。据传说，造车、造酒等技术也都是夏朝时期所发明。从这些典籍记载中，我们可以看到夏朝在政治制度、思想文化和艺术方面所具有的文明成就。中华文明经过数千年的萌芽发展，以第一个早期国家的确立为标志得以正式形成。

图 7-5 瑶山祭坛发掘区全景

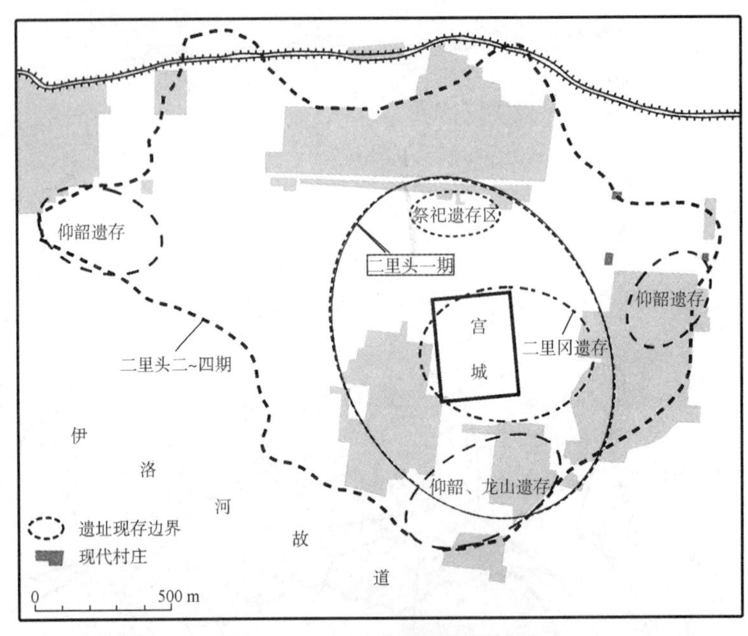

图 7-6　二里头聚落的变迁

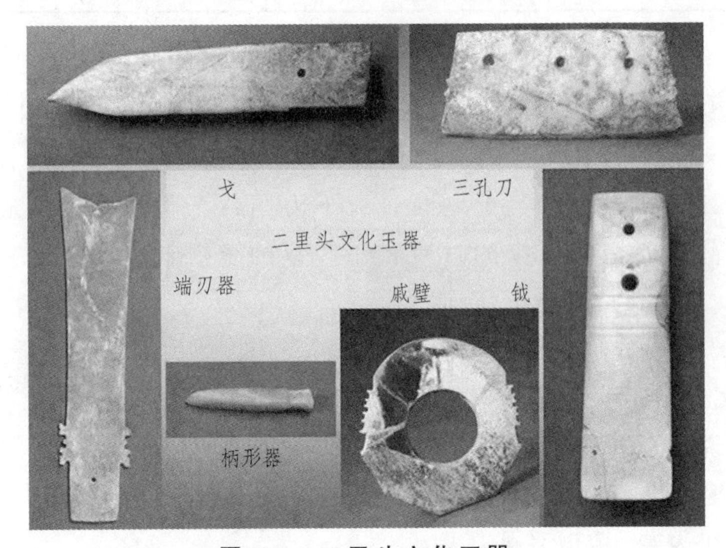

图 7-7　二里头文化玉器

二、长江、黄河多中心发展

关于中国人及其文化的来源，长期存在外来说和本土说、一元论与多元论的争辩。以往由于受到当时政治背景和流行学说的局限，科学发现也不充分，因而很难得到有说服力的认识。如关于中华文明的种种西方起源说，就带有明显的虚构、编撰和假想成分。而且，从 18 世纪的法国人约瑟夫·德·古尼（甚至更早的 17 世纪）开始，止于 20 世纪初叶的安特生之前，所有西方起源说的立论都是站在西方文化中心论的立场之上（包括古埃及文明中心说

和西亚古文明中心说等）。当前，中国境内古人类学的材料已相当丰富和系统，旧、新石器时代的考古发现在中华大地上已是“遍地开花”。这些系统而又丰富的发现，文化性质明确，内涵清楚，相互关系也易于得到证明，用来与中国文献记述的远古神话传说互相印证，已经充分证明了中华文明起源具有鲜明的本土性和多元性，以及新石器时代以来由多元向一体发展的特点。

中华文明是独立起源的，是世界几个独立文明起源之一。从地理环境来看，中国有三大阶梯，也有三个自然区。一是青藏高寒区，这一地区尽管纬度不高但地势很高，温度较低，在相当长的时期里没有农业，主要是狩猎、采集等，人口也不多。二是西北干旱区，这一地区地势比较高，距离海洋比较远，纬度比较高，比较干燥，雨量稀少。在相当长的时期里，成为中国主要牧区，人口不太多，农业发生得比较晚，所以这里没有最早文明起源的条件。三是东亚季风区，这一地区雨量丰富，是中国的主要农业区，当前中国的人口大多聚居于此，经济中心也在这里。但在文明起源时期，东北地区纬度较高，冬季时间长，植物生长季节短，所以在相当长的一个时期，它也是以狩猎、采集为主。五岭以南、两广地区接近热带，长夏无冬，动植物资源非常丰富，用不着发展农业。中间有两条大河，即长江和黄河，就当前来说黄河流域是我国旱地农业的主要区域，长江流域是我国水田农业的主要区域。经长期的考古发现，这两个地区正是中国文明起源的中心。

表 7-1　考古遗址及其年代对照表

分布区域	遗址名称	考古学文化	绝对年代（BC）
西辽河流域	内蒙古敖汉兴隆沟第三地点	夏家店下层	2000—1500
	内蒙古松山三座店	夏家店下层	2000—1500
黄河下游	山东临淄桐林	龙山和岳石	2300—1500
	山东牟平照格庄	岳石	1800—1500
黄河中游	河南灵宝西坡	仰韶晚期	2900—2500
	山西襄汾陶寺	龙山	2300—1800
	河南登封王城岗遗址	龙山、二里头、二里岗	2300—1500
	河南新密新砦	龙山、二里头	2300—1600
	陕西扶风周原	龙山和先周	2300—1500
黄河上游	甘肃武威磨咀子	马厂	2300—2000
	青海民和喇家	齐家	2300—1900
长江下游	浙江余杭卞家山	良渚晚期	2500—2300
	浙江湖州钱山漾	钱山漾类型	2300—2000
长江中游	湖北孝感叶家庙	屈家岭	3200—2600
	湖南澧县鸡叫城	石家河	2300—1800

从中国新石器文化的区系及目前已知的金石并用时期长江流域与黄河流域一系列古城看，中华文明初曙时期有6个中心：即长江上中游的成都平原、中游的江汉及洞庭湖平原、下游的杭嘉湖平原；黄河流域上中游的泾渭关中平原、中游的涑汾河洛平原和下游的古河济之间。从古城年代及文化内涵看，两大母亲河6个中心地区文明因素水平相近，各具特点，而长江流域似略早于黄河流域。然而中国最早的王朝出现在黄河中游，长江流域最早的礼乐文化萌芽都汇聚到黄河流域，在夏商周礼乐文明中得到了反映。在夏至唐中叶以前，中国的经济重心长期在黄河流域，晚唐至两宋以后才重心南移，而政治中心一直在黄河流域。总之，中华文明的起源及早期发展模式的多元化，造就了不同地理区域各自的文化特点。

（一）中原文化区——仰韶文化

仰韶文化分布在中原地区，这个中原是广义上的中原，包括河南、河北、陕西、山西、湖北等地区。在陕西灵宝出现了的聚落群，年代大约在仰韶文化的中期，即公元前3500年—公元前3000年，这些地区有较大的房子，有些房子地面是彩色的，周围有壕沟，壕沟后面有墓地。墓地内有二层台，上面搭了很多木板，墓中人身边有玉钺，墓中的器物在一般遗址中见不到。这个钺是中国最早使用的玉钺，钺是中国第一个专门性的武器。在钺出现以前，有些武器是和工具联系在一起的。玉钺的出现标志着中心聚落与其他聚落已出现分化，贵族已出现。仰韶文化中期是个短扩张期，比前期发达的多。这一时期仰韶文化向四周扩张，有战争。一些考古资料表明：仰韶文化后期，已出现手工作坊，不是单独制作而是大规模生产。如陕西阳关寨发现的陶器制作作坊。大规模的生产就会出现交换，交换中就会有不平等的现象发生，有些人通过交换积累了财富，社会出现了分化。此外在甘肃大丁湾遗址和甘肃沁阳遗址等，也有类似的情况。

图7-8　仰韶文化（复原图）

（二）山东文化区——大汶口文化

大汶口文化遗址在挖掘时发现了很多墓葬，墓葬里埋了很多器物，大部分很高级，如玉钺、白陶、彩陶、象牙器等，说明在大汶口在这个时期已经分化了。在早期同样的遗址中，发现也有钺等器物，这说明在大汶口早期就已经分化了。大汶口文化覆盖全省。安徽、江苏、辽东半岛也有一部分地区是一种强势的文化，在这个范围里不但有中心聚落，还有次中心聚落。墓地里有几百件器物，有的陶器上还刻有符号。有人认为这是远古文字，大汶口文化同仰韶文化相比，手工业更加发达。

图 7-9　大汶口彩陶背壶

（三）燕辽地区——红山文化

红山文化是北方的一种新石器文化，农业和畜牧业并重，首先在喀左发现了东山嘴遗址，通过考古发现是一处祭祀遗址。此后经过寻找和发掘，找到了牛河梁遗址，在牛河梁遗址中发现了坛、庙和积石冢，计有 40 多处 50 多平方千米。在一处女神庙中发现了泥塑人像，从制作来看是一种仿真并没有夸大。除人像外还有动物，如猪、鸟等，建筑为半地穴，墙上有彩绘，其规格很高。虽然庙中的人像是否都为女性，是否都为神还不能判定，庙是否还有其他用途，有待进一步考察，但是肯定与祭祀有关。红山文化是在同时期文化中人体雕像最多、制作最好的。牛河梁 40 多处遗址中大部分为积石冢，其中 2 号积石冢有 5 个冢址，有中心大墓，周围砌满石头，砌了两层，石头的外面摆了彩陶等器物，上面堆了很多石头和土，形成了三层台阶。通过考古发现，牛河梁应该是一个宗教活动中心或者是祭祀中心。墓地中发现很多玉器，但不是工具也不是

图 7-10　红山文化女神头像

装饰品，很多应该是与宗教和祭祀活动有关。红山文化中没有发现在仰韶文化和大汶口文化中出现的玉钺，说明红山文化不强调军事，更强调宗教，这也说明不同的文化有不同的模式。

（四）江浙地区——良渚文化

在良渚文化前还出现了梁家滩文化，这一文化的发展水平也很高。考古学家在张家港发现了一个大的墓地，中间是居住区，一边是贵族墓地，一边是贫民墓地，由此可见当时社会分化非常严重。在贵族墓中发现了玉钺和石钺。在安徽的梁家滩发现了一个贵族墓，等级分化也很明显。墓中随葬的玉鹰、玉龟、玉板等 300 多件玉器。良渚文化遗址是一个遗址群，有 40 多平方千米，有 135 个遗址点非常集中。中间是一座莫角山，莫角山有 30 多平方千米，周围有一座城。这座城大约 300 万平方米，城墙最宽达 80 米，山头上有祭坛，祭坛附近有很多大墓，多为贵族墓，墓里有很多玉器，还有漆器，可见良渚文化手工业水平已经很高。墓中还发现很多黑陶，花纹非常细腻。良渚文化的特点是工程量很大，手工业极发达。此外，良渚文化时期的武器也非常发达，在当时的贵族大墓中发现石钺 200 多件，说明当时良渚文化也是强调战争的。

图 7-11 莫角山遗址

（五）湘鄂文化区——屈家岭、石家河文化

石家河文化遗址出现了早期的城，城内有居住区、祭祀区等多个区。在遗址墓挖掘中发现很多人和动物的陶塑，这些陶塑很有可能是当时宗教祭祀

的一种道具。在一个婴儿墓中发现 56 件随葬玉器，一个婴儿不可能有什么财富，很显然当时社会已出现贵族阶层和贫民阶层。

图 7-12　石家河文化遗址发掘

比较以上几种文化形态，可以看出，中原地区和山东地区没有什么大的工程，也没有非常明显的宗教祭祀场景。只看到当时的社会分化。而良渚地区出现了大量的工程，如人工造的城、祭坛等，而且手工业也极其发达。另外，在良渚文化的小墓中也发现了一定数量的陪葬品，说明这一地区的经济水平是很高的。但由于良渚文化工程量浩大，战争较多，社会财富消耗量也很大，这也是良渚文化最后走入低谷的重要原因。燕辽地区的红山文化看不到战争的迹象，但是其工程量也很大，经济基础较弱。由于工程很多，国力消耗也很大，后期也走入低谷。石家河地区工程量也比较大，也强调宗教，再加上这一地区的战争较多，最后也走向低谷。只有中原地区的仰韶文化和大汶口文化继续发展，形成后期的龙山文化。

传统史观认为，中华民族是从黄河中下游最先发端，而后扩散到边疆各地，于是有了边裔民族。司马迁综合春秋、战国诸说，在《史记·五帝本纪》中这样表述：由于共工、欢兜、三苗、鲧有罪，“于是舜归言于帝，请流共工于幽陵，以变北狄；放欢兜于崇山，以变南蛮；迁三苗于三危，以变西戎；殛鲧于羽山，以变东夷”。这种史观影响甚大，直至近现代也还有一些学者相信中华民族与中华文明仅起源于黄河中下游。过去史家总是用“礼失求诸野”的观点来推测区域间文化发展变化的关系，把当时的政治、经济中心当作中华文明起源的中心。这就是本土起源说中的“一元说”。

一元说的论点已被半个多世纪以来的考古发现所推倒，中华文明不是从黄河中下游单源扩散至四方，而是呈现多元区域性不平衡发展，又互相渗透，反复汇聚与辐射，最终形成中华文明。1927 年，蒙文通先生首先将古代民族分为江汉、河洛和海岱三大系统，其部落、姓氏、地域各不一样，经济文化也各具特征。傅斯年继之于1930年和1934年提出“夷夏东西”说，认定中华文明来源的两大系统。1941年，徐旭生先生将中国古代民族概括为华夏集团、东夷集团和苗蛮集团三大“古代部族集团”。

众多的考古发现，以及考古学文化区系类型的研究成果昭示：中华文明起源有多个中心，长江、黄河都是中华文明的发祥地。中华大地上的远古居民，分散活动于四面八方，适应各区域不同的自然环境，创造着历史与文化。旧石器时代已显出来的区域特点的萌芽，到新石器时代更发展为不同的区系，各区系中又有不同类型与发展中心。而神话传说中，远古各部落所奉祀的天帝与祖神及崇拜的图腾也有明显的区域特点。考古文化与神话传说相互印证，揭示了远古各部落集团的存在。

迄今为止，中国已发现的新石器时代的遗址有7 000余处。7 000年前的考古学文化几乎已是遍布全国各地，如辽河流域的查海文化、兴隆洼文化，山东泰沂地区的后李文化，关中地区的大地湾和老官台文化，中原地区的裴李岗和磁山文化，长江下游的河姆渡文化，长江中游的彭头山文化、城背溪文化和石皂文化等等，这些新的发现进一步印证了中华民族起源的多元特点。

考古发现和人类学研究表明：中华民族起源、形成、发展的历史，其族群结构与文化发展是以“多元起源，多区域不平衡发展，反复汇聚与辐射”的方式作“多元”与“一体”辩证运动的。中华民族的远古先祖无疑是一个庞大的群体。民族首领先前只称做某某氏，唯独伏羲、神农、女娲被尊为“三皇”，而姬姓之轩辕氏融合姜姓之炎氏而传承下来的氏族部落首领，自轩辕氏为“黄帝”，下续颛顼、帝喾、唐尧、虞舜，则被奉为“五帝”。这与其说是远古人们以始祖崇拜为主导模式的图腾文化合乎某种逻辑的演绎，倒不如说是后世关乎民族起源的文化认同。

第二节　农业文明神话

古代文明的起源不是一场翻天覆地的革命，而是一个逐渐演化的过程。在漫长的古代文明形成过程中，各种文明要素相继出现和不断完善，最终形成灿烂辉煌的古代文明。两河流域的古巴比伦文明，尼罗河流域的古埃及文明，印度河流域的古印度文明，黄河、长江流域的中华文明，四大古代文明

显著的共同点，在于文明形成过程都是建立在以农业生产为特点的经济基础之上。

距今170万年前至1万年前，已有脱离动物界的原始人类生活在辽阔的中华大地上。彼时尚未产生农业，原始人类依靠采集和渔猎为生，史称旧石器时代，相当于中国古代传说中的有巢氏"构木为巢"、燧人氏"钻燧取火"和伏羲氏"以佃以渔"的时代。燧人氏、伏羲氏、神农氏创造发明了人工取火技术、原始畜牧业和原始农业，拉开了华夏文明发展的序幕。然而，随着人口的增长和采集渔猎的强化，人类常常面临饥饿的威胁，如何获得稳定而可靠的食物来源成了农业起源的动力。

广东英德牛栏洞、江西万年仙人洞、湖南道县玉蟾岩等出土的稻谷遗存，证明中国的农业起源于距今1万年左右。新石器时代，生活在中华大地的先民与世界农业起源最早的各地区，同步创始了农业采集活动、狩猎活动，由此孕育了原始的种植业、畜牧业。中华文明最早的农业因黄河流域、长江流域水丰、土肥、人众及气候适宜应运而生，并自它产生的第一天起就南、北不同，多姿多彩。多元起源与体系间互补的农业文明特色，导致中华文明多元起源又一体发展，成就了古老文明唯一绵延不断的历史神话。

一、母亲河的馈赠

黄河与长江流域的中下游地区，地处中国东部的湿润带，气温与雨量适中，土地肥沃，为原始农业的发展提供了良好的条件，也是适合古人类生活的理想沃土。大量考古研究证明，黄河、长江中下游大致在同一时期进入农耕时代。

黄河发源于巴颜喀拉山脉北麓的约古宗列盆地，从青海高原奔腾而下，经青海、四川、甘肃、宁夏、内蒙古、陕西、山西、河南、山东九省区，汇入渤海，流经5 000多千米，在黄河的中下游地区形成宽广、美丽而富饶的冲积大平原。这里的黄土质地疏松、细软，具有良好的保水与供水性能，土壤中蕴含较高的自然肥力，适合于农作物的种植，而且对于石器时代以石、木、骨等较为简单、粗糙、实用的农具进行耕作，虽然黄土地带气候干旱，年降水量较少，但雨水集中在夏季，有利于耐旱作物的生长。这些条件，使得在这里种植粟、稷谷物容易获得较高的收成，所以，种植业首先在黄河中下游达到较高水平。考古学资料表明，黄河中游的磁山文化和裴李岗文化距今已有8 000年历史。遗址中发现大量粟类作物，有的窖穴堆积达2米以上。

从出土工具看，不仅有石斧、石刀、石铲、石镰等种、管、收农具，还有石磨盘和石磨棒等粮食加工工具。此外，还发现猪、狗、鸡的遗骸，说明当时已经形成农牧混合型农业经济。其后的仰韶文化以及黄河上游马家窑文化、齐家文化和下游的大汶口文化、龙山文化等，均表明黄河流域是我国农业起源最早地区之一。

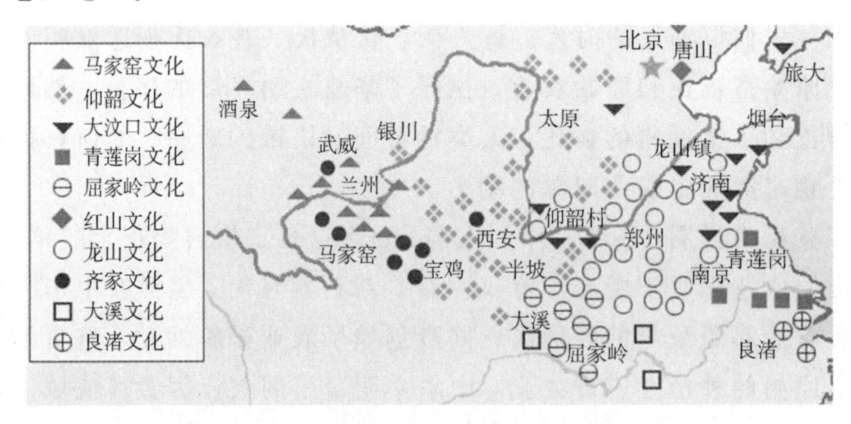

图 7-13　新石器时代考古遗址分布图

相比之下，长江流域气候温暖湿润、雨量充沛，为以水稻种植为特色的原始水田农业的发展创造了条件。长江流域土壤黏结，不像黄土那么疏松，因此对农具硬度的要求高一些，而且，水稻的种植要求也比较高，所以，到秦汉时期，长江流域的农业基本还停留在原始的火耕阶段。后来，随着铁制农具和牛耕的普及，长江流域的土地得以开辟和熟化，而中原地区农耕人口的南迁，又给长江流域带来先进的农耕技术和大量劳动力。这些因素使长江流域迅速演进为农产丰盛的耕作区。隋唐以后，长江中下游成为长安、洛阳、开封、北京等历朝京师粮食和布帛的主要供应地。

黄河与长江，都是从中国西部的青海发源，自西向东奔流而入大海。黄河位于长江之北，是中国第二大河。它善淤、善决、善徙，是世界上变化最复杂的河流。长江位于黄河之南，是中国第一大河，世界第三大河，仅次于亚马孙河和尼罗河。约公元前四五千年，中国南北两个农业体系形成。在黄河流域的北方地区，是以种粟和黍这两种小米为主的农业体系。这一农业体系中还种有桑、麻、豆子等，有些地方也种稻子，以后又从西方引进了小麦、大麦。家畜以猪为主，同时还产生了对应的耕作制度和农业工具，总体构成了一个农业体系。在长江流域的南方地区，形成了以稻作农业为主的农业体系。在这个农业体系里家畜也是以猪为主，但同时有水牛。

长江流域与黄河流域珠联璧合，创造了南、北各异的两种农业体系的多区域发源。中华文明的多元化起源就这样在黄河流域、长江流域两个地理格局颇有差异的大区段上同时展开。

二、典型的农耕文化遗存

中国农耕时代的遗址分布非常广泛，其中比较典型的是位于黄河流域的半坡遗址，以及位于长江流域的河姆渡遗址。半坡遗址位于陕西西安附近的半坡村，再现了距今约六千多年的北方半干旱地区的特征。半坡氏族已掌握房屋建筑技术，过上了定居生活。粟是半坡人在农业方面最重要的发明，说明我国是世界上最早种植粟的国家之一。半坡人以农业为主，还兼有饲养等其他行业，他们普遍使用磨制石器，标志着生产力的巨大进步。河姆渡遗址位于浙江余姚河姆渡村东北，揭示了距今约 7 000 年的南方湿润炎热地区农耕文化的特征。河姆渡原始居民也已使用磨制石器，用耒、耜耕地，主要种植的农作物是水稻，住着干栏式的房子，过着定居生活。这一时期，我国南北共同发展，共同构筑了远古中华农业文明的基础。

1. 半坡遗址——北方农耕文化典型

“半坡遗址”是新石器时期“仰韶文化”的代表，距今 6 000 多年前，渭河的支流河水畔，有一座古老的氏族部落——半坡。这里东依白鹿终南山，可常年进山打猎。北边是开阔的平原地带，适合于发展农业。河之水流经这里，为半坡人提供了大量的水产资源，也是一个绝佳的捕鱼场所。半坡人日出而作，日落而息，使用石头制作的工具，在女性首领的带领下过着宁静而勤劳的生活。他们用自己聪明智慧的头脑和灵巧勤劳的双手，在半坡这片神奇的土地上，构建了五彩缤纷的活动舞台，浓墨重彩地上演了一幕幕史前文明剧。在长期的劳动中，半坡人不断积累经验，许多发明创造都显示出农业文明的特征。

图 7-14　打磨精细的石斧

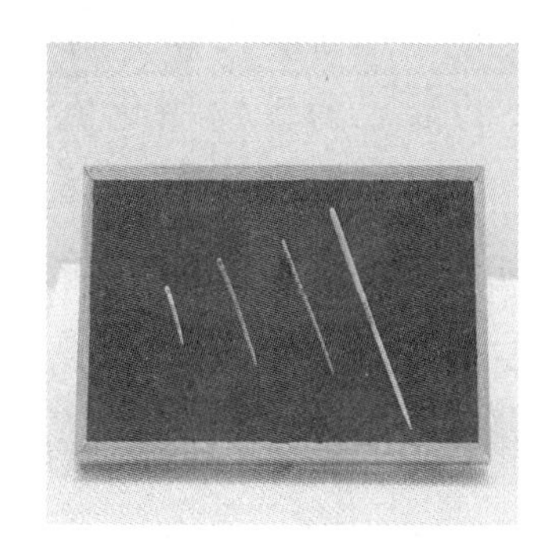

图 7-15　骨　针

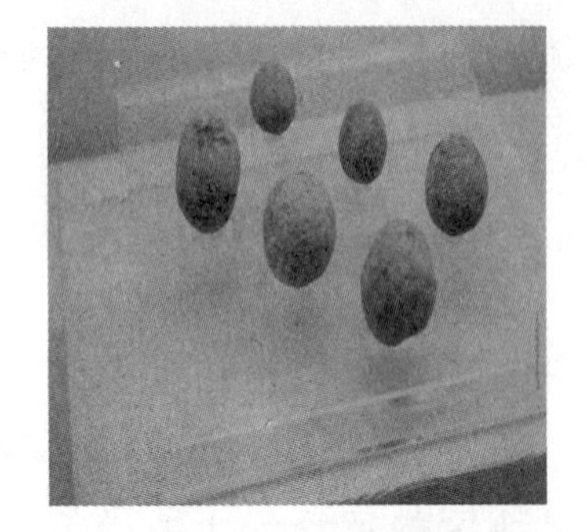

图 7-16　石　球

图 7-17　猪下颚骨

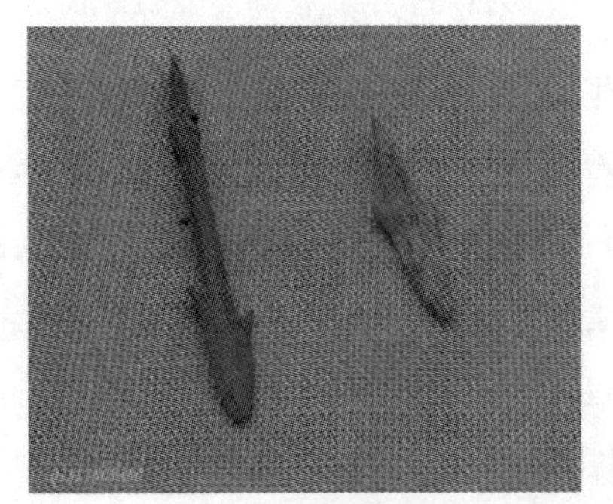

图 7-18　骨鱼叉

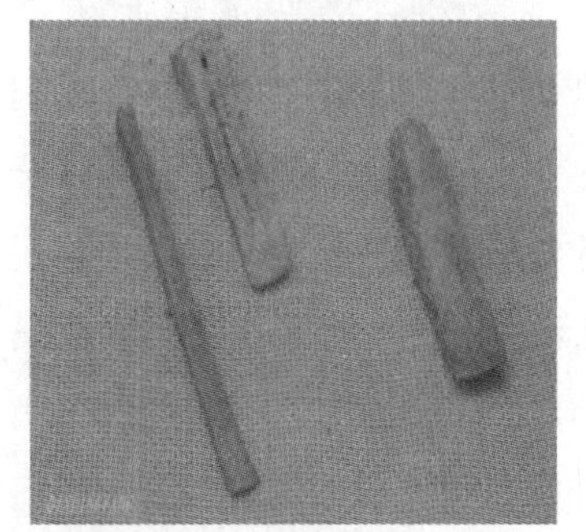

图 7-19　骨铲、角铲

图 7-20　粟、菜籽

在半坡遗址中不仅能发现狩猎用的工具，同时也发现了渔猎用的鱼鳔、鱼叉，生产用的石刀、石斧、石铲等农用工具，当时的人们就是用打磨得光滑、锋利的石刀、锋利的石斧、石铲，在火烧出的荒地上平整土地，种植五谷和蔬菜等，经营着刀耕火种的原始农业。半坡人在此期间，还学会了把狩猎带回来的活着的动物驯化成家畜，如猪、狗、牛、羊等较为温顺的动物大都是这一时期驯化的。原始农业和畜牧业的发展，为早期人类提供了可靠的食物保障，同时，固定的原始人群的聚落正是国家文明产生的雏形。

2. 河姆渡遗址——南方农耕文化典型

距今 7 000 年前，河姆渡地区已开始栽培和种植水稻。在河姆渡遗址中，可以看到丰富的稻作遗存。建筑遗迹范围内，废墟灰烬及烧焦木屑残渣中、炊煮釜底残留锅巴中都有稻谷和炭化米粒。考古发掘表明，长江流域是我国栽培稻谷的发源地。

在河姆渡遗址中，除了发现大量的稻谷堆积外，还出土了大批有代表性耕作农具——骨耜。骨耜大部分取材于大型偶蹄类哺乳动物如牛、鹿的肩胛骨，制造工艺复杂，使用时需安装竖直的木柄，用绳索捆绑固定成T形，但操作方便、省力。

河姆渡人用骨耜翻耕土地，稍加平整后即可播种。在水稻生长期内实施排水和灌水措施。中途适当中耕除草，等待时机使用骨镰收割。这种骨镰用兽类的肋骨制作，一侧错磨成锯齿形，犹如江浙一带使用的铁制小镰刀，使用时，后端绑上一个小木柄就可操作。它采用鹿、水牛的肩胛骨加工制成，肩臼处一般穿凿横銎，骨质较薄者则无銎而将肩臼部分修磨成半月形，在耜冠正面中部刻挖竖槽并在其两侧各凿一孔。在考古发掘中，还发现了安装在骨耜上的木柄，下端嵌入槽内，横銎里穿绕多圈藤条以缚紧，顶端做成丁字形或等边三角形。此外，还有很少的木耜、穿孔石斧、双孔石刀和长近1米的舂米木杵等。河姆渡人饲养的家畜主要有猪、狗。遗址中破碎的猪骨和牙齿到处可见，并发现体态肥胖的陶猪和方口陶钵上刻的猪纹。有一件陶盆上还刻画着稻穗猪纹图像，应该是家畜饲养依附于农业的反映。

图 7-21　河姆渡遗址稻谷遗存

图 7-22　骨　耜

参考文献

[1] 严文明．中华文明起源[A]．赤峰市人民政府第五届红山文化高峰论坛论文集[C]．赤峰市人民政府，2010：6．

[2] 赵辉．“多元一体”一个关于中华文明特征的根本认识[J]．中国文化遗产，2012，04：47-51．

[3] 覃德清．从多元起源到一体结构的演进律则——兼论中华民族凝聚力的考古文化渊源[J]．东南文化，1993，01：22-29．

[4] 陈连开．论中华文明起源及其早期发展的基本特点[J]．中央民族大学学报，2000，05：22-34．
[5] 方启．中华文明起源的特征[J]．历史教学，2011，08：10-14．
[6] 单霁翔．谈谈中华文明的几个特点[J]．求是，2009，14：55-57．
[7] 郑重．中国文明起源的多角度思索[J]．寻根，1995，(06)：4-6．
[8] 佚名．为什么黄河、长江被誉为中华文明的摇篮[J]．河南水利与南水北调，2015(11)：15-15．
[9] 朱利民，朱昭．中国文明起源形成与黄帝华胥文化类型问题研究[J]．西北大学学报(哲学社会科学版)，2014(6)：77-82．
[10] 方修琦，葛全胜，郑景云．环境演变对中华文明影响研究的进展与展望[J]．古地理学报，2004，01：85-94．
[11] 李先登．夏文化与中国古代文明起源[J]．中原文物，2001，03：11-17．
[12] 施劲松．中国古代文明的起源及早期发展国际学术讨论会纪要[J]．考古，2001，12：80-87．
[13] 王东．中华文明的文化基因与现代传承(专题讨论)中华文明的五次辉煌与文化基因中的五大核心理念[J]．河北学刊，2003，05：130-134+147．
[14] 叶舒宪．物的叙事：中华文明探源的四重证据法[J]．兰州大学学报(社会科学版)，2010，06：1-8．
[15] 赵春青．中国文明起源研究的回顾与思考[J]．东南文化，2012，03：25-30．
[16] 袁靖．中华文明探源工程十年回顾：中华文明起源与早期发展过程中的技术与生业研究[J]．南方文物，2012，04：5-12．
[17] 易中天．中华文明的根基[J]．西安交通大学学报(社会科学版)，2014，05：1-3．
[18] 叶万松．中国文明起源“原生型”辩正[J]．中原文物，2011，02：10-34．
[19] 白云翔，顾智界．中国文明起源研讨会纪要[J]．考古，1992，06：526-549．
[20] 丁新．中国文明的起源与诸夏认同的产生[D]．南京大学，2015．
[21] 赵志军．中华文明形成时期的农业经济发展特点[J]．中国国家博物馆馆刊，2011，01：19-31．
[22] 佚名．两大农业体系支撑起中华文明[J]．理论与当代，2009(3)：53-53．
[23] 蒋明智．“熊龙”辨——兼谈龙的起源与稻作文明[J]．黄河文明与可持续发展，2013(1)．
[24] http：//www.ccrnews.com.cn/index.php/Zhuanlanzhuankan/content/id/54346.html
[25] http：//tieba.baidu.com/p/2769975494

第三篇

中华传统文化构筑独特水民俗、水思想

原始文明是人类被动地依附于水的文明。远古时代，文明古国的悠久历史总与著名的河流相伴而行。长江、黄河、尼罗河、印度河、底格里斯河与幼发拉底河，都是人类文明的摇篮，人类尊之为“母亲河”，与她们相对应的古代文明，也成为人类智慧和力量的代名词。同样，古罗马文明、古希腊文明、波斯文明、希伯来文明、阿拉伯文明、拜占庭文明，以及古代美洲文明等，同样跳跃着水的身影，充斥着大河的喧嚣。

河流纵横密布在地球的每一个角落，书写不同民族的历史，承载不同民族的命运，滋养不同民族的灵魂。长江、黄河流域，由于具有多元一体化的文明发源特质，使中华文明在“和而不同”中形成了独特的水民俗、水思想。

第八章　上古神话衍生神秘水文化

水的文化是人类最古老的文化，在《希伯来圣经·创世纪》(《旧约圣经·创世纪》) 以及伊斯兰教的《古兰经》中分别有关于大洪水与诺亚方舟的人类文明故事。在美索不达米亚文明中，也有与《创世纪》平行记载的洪水故事。不同流域地区的地理环境，造就了不同文明的水文化。在华夏文明中，最早的历史文献《尚书·尧典》篇载“汤汤洪水方割，荡荡怀山襄陵，浩浩滔天，下民其咨”，第一部纪传体通史《史记》已经有五帝时代尧舜禹治水的原始文明记载。远古时期，世界各地分别有消除水患、水旱的习俗和关于水的图腾崇拜。《山海经》最早记载了龙王作为水崇拜的图腾，佛教《十善业道经》等多部经典专讲龙王。不仅如此，中国在有文字记载以前的上古神话也充满了水的文化，神话中的主角往往与原始水崇拜直接相关。

第一节　盘古开天地，血液凝江河

中国盘古开天地的神话是原始人解释宇宙万物最初来源的故事，这种神话很早就出现于中国各民族神话传说。其流传历经三国、南北朝。之后，关于盘古开天地神话异式的流传，又经过五代、宋代、明代，将实物命名黏附于盘古神话，以至近现代发展为题材丰富、篇幅不一、风格多样且各具地方特色的盘古开天地神话。中国盘古开天地神话属于民间文学、民俗学、神话学和人类学上的“宇宙起源神话”，是中华文明独有的创世故事。

由于盘古神话是史前的文化，在出现文字记载之前，只是通过口述代代相传。直到三国东吴人徐整著《三五历纪》和《五运历年纪》，才有佚文传下：

天地混沌如鸡子，盘古生其中。万八千岁，天地开辟，阳清为天，阴浊为地。盘古在其中，一日九变，神于天，圣于地。天日高一丈，地日厚一丈，盘古日长一丈，如此万八千岁。天数极高，地数极深，盘古极长。后乃有三皇。(唐欧阳询《艺文类聚》卷一引《三五历纪》)

首生盘古，垂死化身。气成风云，声为雷霆，左眼为日，右眼为月，四肢五体为四极五岳，血液为江河，筋脉为地理，肌肉为田土，发髭为星辰，皮毛为草木，齿骨为金石，精髓为珠玉，汗流为雨泽，身之诸虫，因风感化为黎甿。（清马骕《绎史》卷一引《五运历年纪》）

远古时没有天地，也没有世界，混混沌沌的宇宙浑然像一个大蛋。伟大的盘古就孕育在这个大蛋里，一直睡了一万八千年，醒来时已长成巨人。盘古慢慢地睁开眼睛，这可是人类第一次睁开眼睛！第一次睁开眼睛看到了什么？只有厚重黏稠的黑，浑无边际。他站起身，举起长臂，蹬直双腿，使出浑身力气打了一个威力无比的哈欠，打过哈欠的盘古再次睁开眼睛，却发现厚重黏稠的黑暗竟被他“啊”出一道缝隙。盘古高兴了，接连打了三个哈欠。哈欠打到第三个时，只听轰隆一声巨响，大蛋裂开，一片光亮透进来。他怕被撑开的黑暗再合上，就伸直胳膊挺直腿使劲往外撑。奇迹出现了：盘古手推的部分慢慢往上长，一天长高一丈；盘古脚登的部分渐渐往下沉，一天增厚一丈；盘古在中间，一天长高一丈。

图 8-1　盘古开天地

又经历一万八千年，上升的部分极高极高了，下沉的部分极厚极厚了，中间的盘古极长极长了。上升的部分，人们叫它清气，也说它是蛋清，它就是现在的天，所以天总是澄澈透亮。下沉的部分，人们叫它浊气，也说它是蛋黄，它成了今天的地，所以地总是朴厚浑黄。天地相距九万里，也说九重天。

盘古开天辟地，耗尽了心血，流尽了汗水。在睡梦中他还想着：光有蓝天、大地不行，还得在天地间造个日月山川、人类万物。可是他已经累倒了，再不能亲手造这些了。最后，他想：把我的身体留给世间吧。

于是，盘古的身体使宇宙具有了形状，同时也使宇宙中有了物质。盘古的头变了东山，他的脚变成了西山，他的身躯变成了中山，他的左臂变成了南山，他的右臂变成了北山。左眼，变成了又圆又大又明亮的太阳，高挂天上，日夜给大地送暖。右眼变成了光光的月亮，给大地照明。他的头发和眉毛，变成了天上的星星，洒满夜空，伴着月亮走，跟着月亮行。

盘古嘴里呼出来的气，变成了春风、云雾，使得万物生长。他的声音变成了雷霆闪电。他的肌肉变成了大地的土壤，筋脉变成了道路。他的手足四肢，变成了高山峻岭，骨头牙齿变成了埋藏在地下的金银铜铁、玉石宝藏。他的血液变成了滚滚的江河，汗水变成了雨和露。他的汗毛，变成了花草树木。他的精灵，变成了鸟兽鱼虫。

神话中最初的盘古是一位舍生取义的英雄，当他生命的血液化作江河湖海，汗流化为雨泽，水已不再是自然现象而被视为生命之源的精神象征时，盘古完成了作为神的嬗变，并成为远古先民最早崇拜的神，赋予中华文明最原始的信仰。

第二节　共工怒撞不周山，女娲炼石补青天

盘古担心天地会重新合拢，于是用自己的身躯撑在天地之间，不让两者合拢。久而久之，他的身躯就变成了一根擎天大柱——不周山。这个故事延续到中国另一创世神话《女娲补天》："昔者共工与颛顼争为帝，怒而触不周之山，天柱折、地维绝，天倾西北，故日月星辰移焉；地不满东南，故水潦尘埃归焉。"（《淮南子·天文训》）于是，女娲"炼五色石以补苍天，断鳌足以立四极，杀黑龙以济冀州，积芦灰以止淫水，苍天补，四极正，淫水涸，冀州平，狡虫死"。（《淮南子·览冥训》）通过女娲的不懈努力，终于使倾斜的天空得到纠正、止住了滔滔洪水。

水神共工氏姓姜，是炎帝的后代。传说他人首蛇身，满头赤发，有两条龙做他的坐骑，他的部落位于现今的河南北部。他在农耕、水利实践中，发明了筑堤蓄水的方法。那时，人类主要从事农业生产，水的利用至关重要。共工氏是继神农氏以后，又一个为发展远古农业做出杰出贡献的代表。

话说共工有个儿子叫后土，对农业也很精通。为了发展农业、兴修水利，父子俩对部落的土地进行了勘查。他们发现有的地方地势太高，田地灌溉困难；有的地方地势太低，容易被积水淹没，如此非常不利于农业生产。因此共工氏制订了一个计划，把土地的高处的土运去垫高低地，认为下洼地垫高可以扩大耕种面积，高地去平利于水利灌溉。颛顼部不赞成共工氏的做法。

颛顼认为，在部族中至高无上的权威是自己，整个部族应当只听从他一个人的号令，共工氏是不能自作主张的。他以这样做会让上天发怒为理由，反对共工氏实施水利计划。于是，颛顼与共工氏之间发生了一场十分激烈的斗争。表面上是对治土、治水的争论，实际上是对部族领导权的争夺。

愤怒的共工氏驾起飞龙，来到半空，猛地一下撞向不周山。不周山被共工氏猛然一撞，立即拦腰折断，整个山体轰隆隆地崩塌下来。天塌东北，地陷西南，洪水汹涌而下，女娲和弟弟伏羲躲在一只巨鳌腹中才躲过这场灾难。

女娲和伏羲从巨鳌口中钻出来时，天还没有长好，到处都是裂缝，洪水还没有消尽，滔滔奔流。女娲在弟弟的帮助下，着手炼石补天。天补好了，姐弟俩长大了。因为洪水毁灭了万物生灵，遍天下不见一个人影儿。那只搭救他们的巨鳌又出现了，劝说女娲和伏羲姐弟俩结为夫妻，生儿育女。

一天，女娲来到河边，抓起泥巴照着自己的影子捏了一个泥人，对着泥人吹了一口气，然后放到地上，泥人竟然活了，欢欢实实地跑起来。女娲好感动，好高兴，蹲到地上飞快地捏起来。她又让伏羲和自己一起照着对方的样子捏。女娲捏出来的全是男人，伏羲捏出来的全是女人，男女双双婚配，从此人类得以繁衍不息。女娲仍然觉得人烟稀少，于是把藤条的一头系在水边的大树上，另一头扎进泥浆，用劲摆动，飞溅的泥浆也变成了人。

图 8-2　共工怒撞不周山

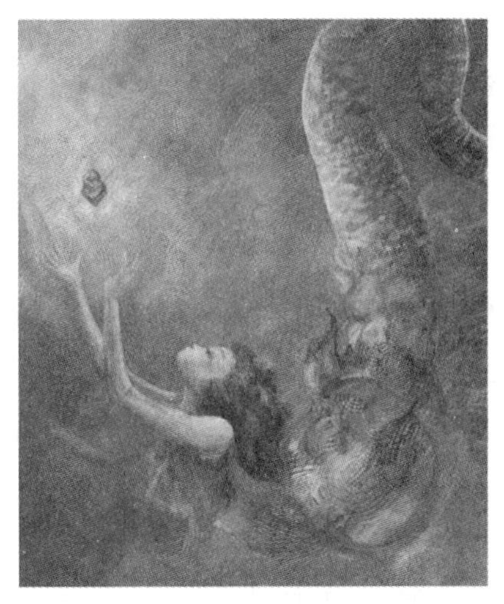

图 8-3　女娲炼石补青天

透视这个上古神话，可以看到：共工的水利计划是对统治者的“藐视”，因为远古时代的水权就是统治权。而“补天”是原始先民们对地震、洪水等自然灾害以原始思维方式认识的实迹。女娲“炼五色石以补苍天”，“断鳌足”以平息地震，“杀黑龙”以祈祷天晴雨停，“积芦灰以止淫水”以治水，都是原始先民祭祀天地的巫术活动。另据考证，共工是指供奉、祭祀龙的神职人员，共工氏世代作为供奉龙的巫神，一面祈求龙的庇佑，一面修护防水堤防，开展治水工程建设。而女娲因炼石补天，堵住了洪水，被后世作为水神崇拜。《山海经·大荒西经》有郭璞注："女娲，古神女而帝者，人面蛇身，一日中七十变。"直到汉代祈雨时，还把女娲作为水神进行祭祀，有《论衡·顺鼓》载："雨不雾，祭女娲。"同时，又有董仲舒在《春秋繁露》称，当时民间春旱祈雨，要用八条活鱼祭祀共工。由此，远古人类因水而生的图腾、先祖、神、宗教祭祀活动，以及人类对水的敬畏与崇拜等等尽收眼底。

第三节　精卫衔微木，将以填沧海

"精卫填海"文字记载首见于《山海经·北山经》："又北二百里，曰发鸠之山，其上多枯木，有鸟焉，其状如乌，文首，白喙，赤足，名曰'精卫'，其鸣自詨。是炎帝之少女，名曰女娃。女娃游于东海，溺而不返，故为精卫，常衔西山之木石，以堙于东海。漳水出焉，东流注于河。"

东晋张华《博物志》卷三"异鸟"又将其摘抄书中："有鸟如乌，文首、白喙、赤足，名曰精卫。昔赤帝之女名女娃，往游于东海，溺死而不返，其神化为精卫。故精卫常衔西山之木石，以填东海。"此后，郭璞注《山海经》时写的《山海经图赞》则有"精卫"专条："炎帝之女，化为精卫。沉形东海，灵爽西迈。乃衔木石，以填攸害。"陶渊明《读山海经十三首》："精卫衔微木，将以填沧海。刑天舞干戚，猛志固常在。"南朝任昉《述异记》卷上再次提到此神话时，与《山海经》相比，差距很大，增加了精卫与海燕"通婚"、溺水处及精卫别称的内容，可见"精卫填海"神话有异文流传。后来"精卫填海"虽不断征引，皆不出《山海经》《博物志》《述异记》等书。

精卫填海的神话是古人关注海洋、认识海洋的一种表达方式。考古学文化表明，自古以来，从北到南长达 1.8 万千米的海岸线把中华民族的先民紧紧地与大海联系在一起，中华民族的古老文明中很早就孕育着海洋文化的基因。远古时代，由于生产力发展水平和历史条件的限制，人类对海洋和海洋与陆地的关系认识十分肤浅，海洋对于当时的主流文化而言，是"化外之域"。

在古人看来，海洋是一个充满黑暗、令人恐惧的地方。他们认为地下世界的黄泉之水同围绕九州陆地的海水相联为一体，所以《释名》训海为"晦"，

“主引秽浊，其水黑而晦”；张华《博物志》则说“天地四方，皆海水相通，地在其中，盖无几也”。既然地底的大水与地四周的海水是相通的，那么阴间的两大特征——黑暗不明与无边大水——也就同时属于海了。张华《博物志》也说：“海之言，晦昏无所睹也。”所谓晦，是指月朔或日暮，昏暗之意。与此同时，中国人视海洋为灾难之源，是凶险和荒蛮的代名词。由此，有了“苦海”，把北方西伯利亚荒凉不毛之地称之为北海，把茫茫沙漠称之为瀚海，等等。“海夷不扬波”成为天下清平的象征。成语中的“海晏河清”，更是把平静的海洋与水清的黄河作为一种理想的生存条件。

图 8-4 精卫填海

古人认为，中国四面临海，“四海之齐谓中央之国”（《列子·周穆王》），《尔雅·释地第九》解释：“九夷、八狄、七戎、六蛮，谓之四海。”以中国为海内中心，荒远之地即谓“海”。据《山海经》等文献记载，北海之神禺强（是中国最早出现的海洋神），其形象十分凶恶，且地处幽暗，掌管生杀予夺，实际上又是一位死神。《山海经》中记载的大量海外世界的异国奇民的神话，比如“灌头国”“长脚国”“大人国”等的生活情况，充满了奇诡怪诞。这些神话折射出远古先民对海洋的认识——海洋是强大、凶险和变化莫测以及不可知的。精卫填海更是体现了中国古人心目中的海洋观——海洋是阴森可怖的死亡之所，人类对大水泛滥充满忧虑，因之填海以消除水患。

参考文献

[1] 蔡萍．中国上古神话思维与审美意识发生[D]．陕西师范大学，2002．
[2] 郭芳．中国上古神话与民族文化精神[J]．管子学刊，2000，01：72-76．

[3] 李佩瑶．出土上古文献的神话传说研究[D]．济南大学，2012．
[4] 张华．《史记》中的上古神话传说研究[D]．陕西师范大学，2009．
[5] 谭达先．“盘古开天地”型神话流传史[J]．文化遗产，2008，01：91-97．
[6] 郑土有．创世神话“盘古开天地”的现代启示[N]．解放日报，2015-10-18（007）．
[7] 李道和．女娲补天神话的本相及其宇宙论意义[J]．文艺研究，1997，05：100-108．
[8] 王金寿．关于女娲补天神话文化的思考[J]．甘肃教育学院学报（社会科学版），2000，02：40-44．
[9] 林美茂．神话“精卫填海”之“女娃遊于东海”文化原型考略[J]．中国人民大学学报，2014，01：134-144．
[10] 高朋，李静．“精卫填海”神话的文化内涵解析[J]．淮阴工学院学报，2012，04：64-68．
[11] 文忠祥．神话与现实——由精卫填海神话谈中国人的海洋观[J]．青海社会科学，2012，05：204-209．
[12] 于成宝，曹丙燕．从“精卫填海”与“黄帝擒蚩尤”看上古部落的冲突与融合[J]．中国海洋大学学报（社会科学版），2015，01：66-70．

第九章 水崇拜主导传统民俗文化

水崇拜最初表现为对水的神秘力量的崇拜，后来发展到对司水之神的崇拜，意即赋予水以人格和神灵，使之具有与人类似或相同的思想、情感、行为等，甚至还赋予水以超自然的力量，成为无所不能的神灵，便形成了水神。水神主要有动物水神和人物水神。前者大多数是事实存在的动物，与水都有某种联系，也有幻想出来的，如龙神。后者多是由动物水神演化而来，也有神话传说和历史中确实存在的治水英雄等。

水崇拜是人类最早产生并延续持久的自然崇拜。中国上下五千年的文明史一直以农耕经济为主，农业对水的倚重，使中国人对水的崇拜有增无减，愈演愈烈，形成了千奇百怪、无以数计的水崇拜衍变形式，并影响渗透到中国人物质生活和精神生活的各个层面。研究水的崇拜，不仅可以揭示种种与水相关的民俗背景，更可以探究中国传统精神文化现象的形成与价值。

第一节 中国水崇拜渊源

在殷商的甲骨卜辞中，多有对河流神虔诚奉敬及隆重祭祀的记载，其中有关黄河神祭祀的不下五百条。在祭祀中，人们常常把大量牛、羊等物沉入河中，甚至用人作祭品，以示诚意。除黄河外，流经殷都及其附近的洹水、漳水、淇水、渴水等河流，也是殷人祭祀的对象，只是受祭的规模与次数远不如黄河神。周代出现了所谓“四渎”的说法，具体指长江、黄河、淮水、济水四条著名河流，官方主要祭祀它们，民间一般只祭祀自己居住区附近的河流神。这一礼俗到汉代成为定制，此后，一直为历代所继承，甚至列入祀典。据《史记·河渠书》记载，汉武帝时，黄河瓠子决口改道，屡塞屡坏，于是汉武帝便亲临黄河祭祀河神。

中国历朝都把祭祀各种司水神灵列为重要的政事活动。天旱祭祀祈雨，水涝祭祀祈晴，平时定期祭祀则祈求风调雨顺。这些活动，不仅有各级官吏的参与，而且有最高统治者的主持与倡导。一些朝代还把对某些司水神灵的祭祀，列为国家祀典，设专职管理，还一再为这些神灵加封晋爵。

殷商时代，祭祀之风已极盛。《礼记·表记》说："殷人尊神，率民以事神，先鬼而后礼。"殷王朝为求雨曾遍祀诸种自然神灵。至周朝，祭祀活动渐趋正规化、制度化，国家明确规定了上自天子，下至诸侯的不同的祭祀祈雨对象。秦朝主祭黄河、长江、汉水、济水、淮水、湫水等，各条名川都有朝廷官府设立的祠庙供祭祀水神之用。汉代，雩祀成为官方祭祀祈雨的主要仪式，并被纳入国家的礼仪制度。国家对雩祀的规模大小有明确规定，大雩即为国家祀典。自唐代，官方的雩祀对象主要为龙。宋代，朝廷广建五龙祠，每年春、秋两季，由官方组织大规模祭龙活动。到清代，雩祀仍然盛行。据康熙本人说："京师初夏，每少雨泽，朕临御五十七年，约有五十年祈雨。"祭祀祈雨几乎成了为政者的第一要事。

一、水崇拜原始形态及其产生

水崇拜起源于原始社会，是最典型的早期原始自然崇拜。远古人类因水而生、沿河而居，一方面，水给予人类生命、生活，另一方面，水害又给人类带来灭顶之灾，引发无穷恐惧，水带给人类的祸福远远超过了其他自然物。中国南部、西南部广为流传的洪水灭绝人烟的神话，即保留了远古人类恐惧水的记忆。对水的依赖和恐惧，终于导致对水的乞求、膜拜。

原始初民的水崇拜，在很长一段时间直接表现为对水体本身的崇拜。迄今可见，最早水体崇拜痕迹应是史前文化遗址中的陶器刻纹。如在西安半坡所见的鱼纹彩陶和陕西临潼、姜寨出土的彩陶鱼及人体钵等，都明显地见有《山海经·大荒西经》所描述的偏枯之人面鱼身图像，我们认为这种偏枯人面鱼，正是古代活动于这一带的夏民族信奉的水神。另外，仰韶文化、细石器文化、印纹陶文化、大溪文化、屈家岭文化等史前文化遗址出土的陶器上，绘有大量的条纹、涡纹、三角涡纹、水波纹、漩纹、曲软、漩涡纹等代表水的饰纹，是远古先民对水的信仰和乞求的直接佐证。原始初民水崇拜的对象一直是水本身，没有像后世那样依附于其他物象之

图 9-1　出土陶器绘有典型水饰纹

上。最早的水体崇拜，在一些传统节日和生活习俗中，仍然可以找到它的遗存。如新疆北部维尔族的锡水节，藏族的沐浴节，阿昌族的浇花水节，湖南、江西交界处的万山石一带汉族的敬水节，水族的洗澡节，等等，把水称为甘泉、甘露、神水，或跪拜或焚香，或饮用或洗浴，表达对水的虔敬崇拜之意。

原始水崇拜第一个目的是乞求适量的雨水，促使植物尤其是农作物生长，以获取生存的生活资料。在以采集为生的原始社会时期，原始初民已体验到雨水与植物生长的关系。只有雨水充沛，植物生长旺盛，人们才能从植物中采集到较多的叶、茎、果实和根块。进入农耕时代后，原始农业的丰收几乎完全建立在风调雨顺的基础上。在距今七千年的河姆渡文化遗址中，发掘出一种称之为骨耜的农具。宋兆麟考证说，这既是翻地的农具，又是水利工具。说明当时人们已经懂得引水灌溉农田。对水的依赖，必然导致对水的祈求，因为干旱和少雨是经常发生的。殷商甲骨文中，卜雨之辞占了很大的比例，而且有些卜辞把卜雨与祈丰年直接联系起来。对于原始先民来说，祈雨、求丰收是关系到人类生存的头等要事，因而应是先民水崇拜最重要、最古老的目的之一。尽管后世水崇拜在内容和形式上发生了一系列变化，而这一要义却始终没有消失。

原始水崇拜第二个目的，就是乞求人类自身的生殖繁衍。从多个民族的创世史诗和后世典籍可以看出，原始人认为人是从水中来。云南乌蒙山彝族的彝文典籍《六祖史诗》说："人祖来自水，我祖水中生。"在原始先民眼里，不仅人从水生，而且天地万物皆从水生。《管子·水地篇》曰："水者，何也？万物之本原，诸生之宗室也，……万物莫不尽其几，反其常者，水之内度适也。"这种水生人、生万物的观念，并非后世的杜撰，而是原始观念的延续。少数民族的创世神话形象地表现了这种原始观念。哈尼族创世神话说："相传，远古年代，世间只有一团混沌的雾，这团雾无声无息地翻腾了不知多少年代，才变成无边无际的汪洋大海，从当中生出一条看不清首尾的大鱼。大鱼见世间上无天，下无地，空荡荡，冷清清，便把右鳍往上甩，变成天，把左鳍向下甩，变成地，把身子一摆，从脊背里送出来七对神和一对人。世间这才有了天和地，有了神和人。"藏族创世神话说："天地未形成时，什么也没有，后来逐渐出现了大海……在海面上漂浮着一层蒙蒙的雾气，四面八方刮着大风。慢慢地，大风和雾气才使大海中积起了许多硬块，这些硬块又聚在一起成了大地。"景颇族创世神话说："远古时代，世界是一片蒸腾的雾气，没有天，没有地，整个世界都是混混沌沌的……不知过了多少年，雾气升腾……世界朦朦胧胧的，有了一些光亮，开始显现出不太明显的轮廓。"上述创世神话虽然掺进了不同时代的因素，但其中水对天、地、人的形成均起着决定性作用。因此，原始先民必然向水祈求生殖力量，使人类得以繁衍。

二、水崇拜的文化影响

水崇拜对中国古代文化的发展，无论是民俗、宗教、文学等都起着重要的影响。

在民俗文化方面，如：诞生礼俗中的洗礼、送水礼、冷水浴婴；婚俗中的泼水、喷床、喝子茶；巫俗中的符水禁咒等，无不深深烙印着水崇拜痕迹。而耳熟能详的端午节，则是一个包含更多水崇拜内容的传统民俗节日。民间关于端午节的起源，有几种说法：一是龙的节日说。古代吴越族以龙为图腾，端午节是古代吴越族举行图腾祭祀的节日。二是纪念说。纪念人物有屈原、伍子胥、孝女曹娥等。三是驱毒避邪禳灾说。无论哪种说法，端午节都主要与水神崇拜相关。因为无论是对龙的祭祀还是对屈原、伍子胥、孝女曹娥的纪念，都是把他们作为水神崇拜的。端午节主要的活动是划龙舟、包粽子、喝雄黄酒，其中划龙舟是在水上进行的，包粽子主要是投到江中去祭祀用的。在汉代，人们已经将端午节与屈原联系起来，东汉应劭《风俗通义佚文》载："五月五日，以五彩丝系臂，……辟兵及鬼，命人不病瘟。又曰，亦因屈原。"在古代，五月一般都被认为是一个恶月，五月五日是恶月恶日。华夏民俗将五月五日定为端午节，以通过祭祀水神祈求平安。

在宗教文化方面，道教中的一部分神灵就是由水神发展而来的。龙是水崇拜中的主要水神，道教在它的神仙谱系中通过吸收龙神，塑造出自己的龙王，而且根据传统的四海海神的观念，创造出东海龙王敖广，南海龙王敖明，西海龙王敖闰，北海龙王敖顺。长江上游的岷江流域尊李冰为水神，皆因都江堰创建者李冰治水有功，自汉代起立祠祭祀。之后，道教将自己的神话人物二郎神附会为李冰之子，并将父子二人合祀于道观中，这就是今天都江堰的"二王庙"。除此以外，水崇拜中的风、云、雷、雨、电、江、河、湖、海等水神都为道教所承袭，成为道教的水神，且皆具有司水的神性。

在文学创作中，水神崇拜在古代文学作品中占有非常重要的地位。如《诗经》《楚辞》就有大量水神崇拜的描写。《诗经·周颂·时迈》有"怀柔百神，及河乔岳"，《周颂·般》有"堕山乔岳，允犹翕河"，《楚辞》中的《九歌》有《湘君》《湘夫人》《河伯》等专门水神的篇目。这些关于水神崇拜的文学创作，极大地影响了后世的文学发展及创作风格。

除此之外，水崇拜对不同历史时期的军事、社会思想等方面都产生着重要的影响，也为中华文明留下了丰富的文化遗产。

第二节　民俗活动中的水崇拜

水在人类生活、生产中占据不可替代的重要作用，原始祖先大都依水而居。进入农耕时代后，农业的丰收几乎全靠风调雨顺的天气。但有时过度的降雨又会引发洪涝灾害。江河湖海肆意泛滥，给人类带来毁灭性的灾难，并使人滋生畏惧之情，相信有神灵掌管着水，控制着江河湖海，这就是水崇拜的神灵化和人格化，从而产生了一系列水神。

水崇拜与民俗活动密切联系，各民族古老的传统民俗与活动都与之相关。

一、中华岁时民俗与水

岁时是民间文化中传承性最强的部分，也是民族文化中最具共性的部分，尤其是在中国这样的传统农业国度，四季转换，物候变迁，对农人的生产活动和岁时生活都将产生重要的影响。每年丰收与农闲的庆祝活动和时间，在不断重演中沉淀成难以变易的岁时节日。与此同时，由于水对农业生产的决定性作用，因此不少农事性岁时风俗的划定及形成又与雨水（雪水）有着密切的关联。例如元宵节舞龙灯、立春迎春鞭春、春社祭社神祈雨、龙抬头节祭龙接龙祈丰年、三月三水滨浴洗、端午节龙舟竞渡、七夕沐浴汲圣水等，这些岁时民俗，无不包含着水与农事的关系，以及岁时民俗对水的原始崇拜。

（一）元宵节

“元宵节”的节期为正月十五日，又名“元夕节”“上元节”。民间亦将其称之为“正月十五”“正月半”。宋代以前，元宵节多称“元夜”“元夕”“上元”，自宋以后的文献则多见“元宵”一词。元宵节起源于上古时期的农业祭祀活动，元宵节的节期正月望日与上古时期元日祈谷的时间孟春元日，同为农历正月里的一个吉日，“元日祈谷”为元宵节的滥觞。元宵张灯与燔燎祈谷都有灯火娱神、祈求丰收的意思。

元宵节张灯习俗流传至今，其中龙灯最具元宵节标志意义。龙是中华文明传统观念中的司雨水神，中国传承几千年的民俗中至今仍把龙当作掌管雨水的水神立祠祭祀。元宵节为一年岁首，也是春节的尾声，过了十五，一年的农事活动便开始了。所以，元宵节舞龙，以祈求一年风调雨顺、五谷丰登。而且民间为了突出舞龙祈雨求丰年的主题，龙灯上会依例写上“风调雨顺”“五谷丰登”“国泰民安”等字样。

据丘桓兴《中华民俗采英录》载，重庆铜梁县元宵节的灯会闻名海内外，其舞龙风俗的盛行，最早源于民间关于水崇拜的神话传说。某一天，东海龙王化为一名老者出水求医，被大夫识破。大夫让龙王恢复原形，发现龙王的病因起于隐藏在腰间的一条蜈蚣。大夫从龙王的腰间捉出蜈蚣，并施以拔毒、敷药，治好了龙王的病。龙王为报答大夫的治病之恩，对大夫说：人们若照他的样子造一条龙舞动巡游，能保一年风调雨顺、五谷丰登。这则传说说明元宵节舞龙的原始意义是祈求司水之神的龙能及时降下雨水，是水崇拜的典型例证。另外，铜梁县等地还有元宵节烧龙的习俗。依据当地人的说法，烧龙仪式是为了送龙神升天，龙上天后才能行云布雨。这种焚烧纸龙的活动，实际上也是一种以毒攻毒的驱旱巫术。民间每年岁首元宵节的烧龙习俗，表达了人们希望风调雨顺不受干旱之苦的美好愿望。

与中华文明的多元化发展有关，不同地区关于元宵舞龙的习俗各有不同。例如湖南湘西山区一带在舞龙灯时，还需举行特殊仪式。即出灯前，到江边举行隆重的龙头蚕身灯“吸水”仪式。“吸水”的象征意义非常明显，寓意要请龙吸满了水，强化司水降雨的神性，使之在舞动的过程中更能给各家各户带来风调雨顺的好运。

（二）龙抬头节

农历二月二的龙抬头节是我国民间的又一重要传统节日，而且是专门祭祀龙神的日子。一般来说，过了农历二月二，雨水逐渐多起来，农事活动由此而次第展开。龙抬头节，便是根据这种季节、气候变化现象，为满足农业生产适应气候的需要而设立的节日。

为了使龙能够顺利结束冬眠回到人间，并尽快履行降雨职责，民间形成了一系列祭龙和接引龙的俗事活动。各地龙抬头节习俗的内容十分丰富，活动主要有祭龙、撒灰、击房梁、熏虫、汲水、理发、儿童佩戴小龙尾、儿童开笔取兆、食猪头（龙须面、龙鳞饼）等。其中，祭龙即祭祀龙神。祭龙是龙抬头节的一项重要活动，届时，要用春节杀猪时留下来的猪头敬奉龙神，以表达人对雨水的渴望，祈求全年风调雨顺、渔猎丰收。而撒灰的目的是以撒下的灰线引龙回归，称“引龙”。龙抬头节撒灰至井边或者河边引龙，请龙神行使司雨的神职，按照农时及时播撒雨水。

另外，各地龙抬头节时的撒灰，还具有驱灾避邪和祈求丰年的含义。撒灰于门口或墙脚，目的是避邪御凶。民间俗信认为，二月二这一天，不仅龙要从蛰伏状态复苏，而且其他有害动物如蛇、蝎等也会复出。为了防止毒虫对人类的伤害，故撒灰于门口或墙脚。撒灰于院中，作圆圈形，叫作“围仓”（或称“填仓”“打灰囤”），目的是为了祈求丰年。民谚云：“二月二，龙抬头，大仓满，小仓流。”因龙主雨水，左右着农业收成，因此撒灰引龙仪式又衍变出祈丰年的围灰仓形式。

汲水，也是龙抬头节的一项重要内容。在古人的观念中，龙为水物，所以引龙又有水引法，以汲水或注水的方式引龙回归。

为了迎接龙的回归，不少地方还要吃一些应节令的食物，这些食物都被赋予了与龙有关的内涵，如龙须面、龙耳（水饺）、龙鳞饼（薄煎饼）等。家家摊面饨、煎糕食之，为助龙翻身，又谓避毒虫。此类习俗，各地地方志多有记载。在二月二吃这些与龙形象相联系的食物，都属于接龙活动，以表达对水神——龙的敬畏与祈求。

（三）上巳节

在中国，三月三上巳节是一个非常古老的节日。据史载，早在西周时就已存在，到汉代正式列为节日。经过魏晋南北朝传承，至唐代更加繁盛，宫廷和民间两方面都非常重视。

农历三月三，这个节日的日期为三月上旬的巳日，故称“上巳”。魏晋以后逐渐固定为三月三日。三月三日的中心活动是水滨浴洗。古人认为浴洗能祓除不洁与疾病，称之为祓禊。这种风俗包含着对水的神秘力量的崇拜。

（四）端午节

农历五月初五端午节，又称龙船节、端阳节等。按干支推算，“五五”为“戊午”，“端”即“初”，故而得名。端午节的历史极为悠久，节日风俗也极为丰富，其中龙舟竞渡是端午节最重要的民俗活动之一。

五月仲夏时节，干旱时有发生，而此时正是水稻生长的关键时期，农家对雨水的期盼心情可想而知。人们用龙舟竞渡的形式，模拟龙的形象，显现龙的神威，其用意是为了激发龙的神性，保佑一方风雨遂人，稻作物丰收。

对龙舟竞渡习俗由来的原始意义，除前书所述外，从不同民族传说中可以分别找到若干答案。例如关于苗家龙船节的由来，在黔东南流传着两个民间传说。有一传说，说代天降雨的龙王有一次行错了雨步，下雨时间违反天意。天公大怒，令雷公把龙王劈成数段抛入江中。从此天大旱，苗民即造龙船沿清水江划渡，象征被雷公劈死的龙王复活了，又按常规降雨人间。这是一种赛龙舟求雨的古老风俗。另有一传说，说有父子二人在江中打渔，儿子被龙王抓去当了枕头，父亲一怒之下放火烧龙宫，将龙砍成几段，浮尸江中。大家捡龙肉分吃。但吃了肉后九天九夜天全黑，不分白昼黑夜。有一天，一位妇女带小孩到江边洗衣，孩子用棒槌拍打江水，并不停地念着模仿击鼓的“咚咚”声，不久天就亮了。以后，这条江附近的苗民都过龙船节，敲着鼓点子赛龙船。又如湖南长沙东郊的梨镇，每年端午节都要在浏阳河上举行龙舟竞渡活动。当地有一古老的传说，对这一习俗的由来做出了这样的诠释：相传很久以前，有一条金角老龙因误了行雨而触犯天条，玉皇大帝决定在五月初五日斩其龙头，并交由大唐丞相魏征监斩。后金角老龙设计使大唐皇帝就范，封他“每年正月连头十日，五月脱头五日”。自此以后，当地百姓便在正月初一至十五仿制连头金龙玩要十五日，五月初一至初五将金角龙头置于船头划船竞渡五日。

龙船竞渡前，各地区都有不同的请龙、祭神仪式。

广东龙舟，在端午前要从水下起出，祭过在南海神庙中的南海神后，安上龙头、龙尾，再准备竞渡。并且买一对纸制小公鸡置龙船上，认为可保佑船平安（隐隐可与古代鸟舟相对应）。闽、台则往妈祖庙祭拜。有的直接在河边祭龙头，杀鸡滴血于龙头之上，如四川、贵州等个别地区。

湖南汨罗市，竞渡前必先往屈子祠朝庙，将龙头供在祠中神翁祭拜，披红布于龙头上，再安龙头于船上竞渡，既拜龙神，又纪念屈原。而在湖北的屈原家乡秭归，也有祭拜屈原的仪式流传。祭屈原之俗，在《隋书·地理志》中有记载：“其迅楫齐驰，棹歌乱响，喧振水陆，观者如云。”唐刘禹锡《竞渡曲》自注：“竞渡始于武陵，及今举楫而相和之，其音咸呼云：‘何在’，斯沼屈之义。”

浙江地区，是以龙舟竞渡祭祀曹娥。《后汉书·列女传》中载，曹娥是投江死去的，民间则传说她下江寻找父尸。浙江地区多祭祀之，《点石斋画报·虔祀曹娥》即描绘会稽地区人民祭祀曹娥之景象。

《清嘉录》中记吴地（江苏一带）竞渡，是源于祭祀伍子胥，苏州因此有端午祭伍子胥之旧习，并于水上举行竞渡以示纪念。另外还有广西的祭祀马援、福州的祭祀闽王王审知等仪式。

各种祭祀仪式，无非是祈求农业丰收、风调雨顺、去邪祟、攘灾异、事事如意。

（五）七夕节

农历七月初七，俗称七夕，传说是天上牛郎织女相会的日子。因这一节日的主要活动为妇女乞巧，所以又称为“乞巧节”。这一天，还有七夕沐浴汲圣水的习俗。传说这一天，天上的仙姬织女要下天河沐浴，因而天河之水便有了仙灵之气。

在古人的自然信仰中，认为天、地、人是相互感应的，天河的水与地上的水相通，因而地上的水便也具有了仙灵之气。可见，七夕汲圣水与沐浴习俗都是对水之神秘力量的崇拜。

七月七日洗浴净身的习俗，在我国江浙一带后来演变成洗头的习俗，所以又称七夕节为“洗头节”。由于俗信认为七夕之水是“圣水”，清凉不腐，于是，人们给该日储存的水派上了各种用场，如解热、和药、酿酒、制酱、做醋等。这种习俗，包含着人们视水为吉祥洁净之物的观念，同样是对水崇拜的产物。

除了以上著名的岁时习俗外，与水相关的岁时习俗还有立春、迎春、鞭耕牛和春社祭神祈雨等。

二、祈雨风俗

中国是一个古老的农业大国，农作物的收成与雨水的丰寡关系最为密切。因此，自原始社会有了种植农业之后，历代先民先后创造了诸多与水旱灾害有关的雨水神话。祈雨，又可称为“乞雨”“求雨”“祷雨”等，是古代重要的农时活动之一。干旱缺水是发展农业生产最大的障碍之一。旱灾发生时，上至帝王官僚，下至平民百姓无不积极投入祈雨活动。作为中国古代农业文明的鲜明特征体现，早在中国西汉时期已有历史记载。

图 9-2　黄帝战蚩尤

据古代神话传说，女魃乃一旱神或旱鬼。其形象为一年轻女子，身材瘦小，裸身。如唐孔颖达《毛诗正义》卷十八引《神异经》云：“南方有人长二、三尺，袒身，而目在顶上，走行如风，名曰魃，所见之国大旱，赤地千里。一名旱母。”有关旱魃的迷信，至少在西周时就已存在。如《诗经·大雅·云汉》："旱既太甚，涤涤山川，旱魃为虐，如惔如焚！"《云汉》是周宣王初即位时祷旱求雨之歌，这也是有关旱魃的最早记载。其实，女魃原为一天女。《山海经·大荒北经》云："有人衣青衣，名曰黄帝女魃。蚩尤作兵伐黄帝，黄帝乃令应龙攻之冀州之野。应龙畜水，蚩尤请风伯、雨师，纵大风雨。黄帝乃下天女曰魃，雨止，遂杀蚩尤。魃不得复上，所居不雨，叔均（周先祖）言之帝，后置之赤水之北。"由此可知，女魃原是天上的一位旱神，帮助黄帝战败蚩尤后成为人间的旱鬼。古人认为旱灾的原因就是旱魃在作怪。如果设法把旱魃赶走或除掉，旱灾就会自然消失。于是就出现了驱赶、暴晒、溺水及虎食等诸种形式的除旱魃以求雨的风俗活动。

（一）食旱魃

《虎吃女魃》画像在河南的洛阳及南阳等地均有发现。洛阳西汉壁画墓中的一幅《虎吃女魃》画像的内容大致如下：图中有一女子裸上身，乳下垂，闭目扬手横卧于一树下，树木作焦枯状，一鸟从树上飞过。女子的长发系于树上，树上挂一件红色上衣。女子右侧身后有一虎，有翼，瞪目，虎右爪按着女子头部，以口食其肩，女子裸体作紫灰色，肩部有血痕。河南南阳汉画馆现存有一《虎吃女魃》画像石，画左右有二虎，一虎生翼。二虎正低首扑食一女子，女子瘦弱纤小，上身裸露，下着裳，赤足，伏于地，一臂上举，作挣扎状。另外，二虎中间正上方又有一熊作人立状，双臂左右平伸，指向二虎。

图 9-3　虎食女魃浮雕

古人认为虎能食鬼魅。《风俗通义》云："虎者，阳物，百兽之长也，能执搏挫锐，噬食鬼魅。"在汉代的"大傩"活动中，就有以人装扮成十二神兽来驱逐鬼怪的，虎属十二神之一。而旱魃就是为害人类的恶鬼之一，因此，汉人就在墓葬中画出了《虎吃女魃》的画像。而这种画虎以食女魃的做法应是汉人祈求消除旱灾的手段之一。

（二）驱旱魃

驱旱魃，《山海经》中已有旱时逐旱魃记载。《大荒北经》云：“魃时亡之，所欲逐之者，令曰：神北行。先除水道，决通沟渎。”郭璞注曰：“言逐之必得雨，故见先除水道，今之逐魃是也。”时至今日，在我国僻远的乡间，仍然保留着远古驱赶旱鬼遗俗。如河南的一些乡村，当久旱不雨时，就传闻出现了“旱鳖”或“旱姑装”，或是一枯瘦老妪或是一身裹素装的女子，正是因为这类旱鬼在作怪，从而导致干旱无雨，于是民众们便执杖举刀、赶杀旱鬼。这里的旱鬼皆为女性，显然应是从旱鬼女魃神话演变而来的。

（三）溺旱魃

汉代有将旱鬼女魃投入水中以求免除旱灾的做法。《东京赋》云：“囚耕夫于清冷，溺女魃于神潢。”《后汉书·礼仪中》注曰：“耕夫、女魃皆旱鬼。恶水，故囚溺于水中使不能为害。”除此之外，更有把旱魃投入粪坑中的作法。《太平御览》卷八八三引《神异经》云：“……名曰魃。所见之国大旱，赤地千里。一曰旱母，一曰狢，遇者得之，投溷中乃死，旱灾销也。”

（四）晒旱魃

《山海经》中还记载有晒旱魃之俗。如《海外西经》云：“女丑之尸，生而十日炙杀之，在丈夫北，以右手障其面。十日居上，女丑居山之上。”又据《大荒北经》及《大荒西经》记载，女丑与女魃皆衣青衣之女子，因而，女丑很可能就是旱鬼女魃或装扮成旱魃的女巫。时至近代，四川绵竹县的民间仍然保留有晒旱魃的遗俗。当大旱之时，人们用纸糊一女人，披发，面部极丑恶，用一滑杆悬于高杆上（如桔槔状），让太阳晒之，以示惩罚，兼祈雨。当地称此种作法叫“挂旱魃虫”。另外，广东潮州民间求雨时，当祈求和贿赂均不灵验时，就将雨仙爷抬到烈日下曝晒。江苏阜宁县也有晒菩萨以求雨的习俗。这些风俗实际上都是古代晒旱魃求雨习俗的变种。

从洛阳西汉壁画墓中那幅《虎吃女魃》图来看，图中的女魃上衣被脱光，裸露上体，且皮肤呈紫色，作闭目垂死状，女魃身旁那棵树木也作焦枯状，叶子疏稀而红。很显然，除了虎吃女魃的内容外，画中还表现出一种女魃被烈日暴晒的场景。

此外，民间各种祈雨仪式多种多样。例如：

以龙祈雨。龙是最有影响的水神，以龙祈雨也是最悠久、最普遍的仪式。其基本方法都是模拟龙的形象或行为请求或要挟龙王以求降雨。由于具体方式的不同，又分为造土龙祈雨、画龙祈雨、舞龙祈雨等。造土龙祈雨发端于殷商时代。《淮南子》载："用土垒为龙，使二童舞之入山，如此数日，天降甘霖也。"故《淮南子·地形训》曰："土龙致雨。"高诱注："汤旱，作土龙以像龙，云从龙，故致雨也。"汉代，这一方式极为盛行，一直延续到宋代。画龙祈雨可以说是造土龙祈雨的变形形式，出现于唐代，至清代仍有遗存。舞龙祈雨在汉代已有明确记载，是至今仍然流行的民间习俗，尽管如今活动中祈雨的目的已不多见。此外，在民间还出现了晒龙王、游龙王等祈雨仪式，以要挟的方法，让龙王忍受烈日暴晒的痛苦，以降雨。之后还会抬着龙王游街，让其感受民众的呼声，早日降雨。有时也定期到龙王庙祭祀，祈求龙王保佑平安，把龙王尊为保护神。

献祭祈雨。献祭祈雨是一种用沉、漂、埋、投和供奉等形式，以食物等物品祭祀祈雨的方式。从祈祷的对象来看，不仅可以把一般的龙神、水神、河神、雷神、雨师神、风伯神、虹神等与降水有关的神灵作为祈求的对象，而且诸如城隍、土地等似乎与降水关系不大的神灵也可以作为祈祷对象。

雨状祈雨。这是一种以模拟降雨现象和降雨时的相关状况来祈雨的巫术，最常见的手法是泼水和戴雨具。古人相信，再现降雨的情景会诱发神灵降雨。

祭水风俗。尧舜时期，已经形成了有意识的山川祭拜活动。秦代供奉河神庙，汉代以后，除河神外，海神、湖神、泉神等水神都成为古人的祭祀对象。居于大江大河河谷平坝的人多祭祀河神、江神，居于湖泽附近的人多崇拜湖神、渊神，居于海滨的多崇拜海神。古代农耕社会，汉族乡村普遍存在祭祀井神的遗风，一些少数民族则对与自己有关的湖、潭、渊、溪、井等水源进行祭祀。

三、其他水风俗

（一）吉祥之水

傣族、阿昌族、德昂族、布朗族、佤族等少数民族的泼水节，主要表达水的吉祥之意。

（二）财富之水

民间认为，特定时节汲取的水可以给饮用者带来福气或是财喜。

（三）智慧之水

壮族把正月初一的水称为智慧水、伶俐水，饮之会变得聪明、能干、漂亮。

（四）消灾祛邪之水

古人认为浴洗能祛除不洁与疾病。

（五）繁衍生长之水

水作为繁衍人类生命的崇拜物，常常被我国一些少数民族用在婚嫁习俗中。

（六）丧葬之水

在洗尸之前举行买水仪式，在井、河、泉边焚香烧纸向水神买水。用清水洗涤死者，注入再生的力量，期盼转世重生。

《梁书》载“山民有病，辄云先人为祸，皆开冢剖棺，水洗枯骨，名为除祟”。

参考文献

[1] 向柏松．中国水崇拜文化初探[J]．中南民族学院学报（哲学社会科学版），1993，06：49-53．

[2] 向柏松．中国水崇拜祈雨求丰年意义的演变[J]．中南民族学院学报（哲学社会科学版），1995，03：72-76．

[3] 李小光．太一与中国古代水崇拜——以彩陶文化为中心的考察[J]．宗教学研究，2009，02：31-39．

[4] 向柏松．中国水崇拜与古代政治[J]．中南民族学院学报（哲学社会科学版），1996，04：53-57．

[5] 袁博．近代中国水文化的历史考察[D]．山东师范大学，2014．

[6] 李永婷．民俗文化的教育价值研究[D]．山东师范大学，2014．

[7] 何悦．《中国民俗文化》选修课教材及教学探究[D]．河北师范大学，2014．

[8] 吉成名．龙抬头节研究[J]．民俗研究，1998，04：28-34．

[9] 张丑平．上巳、寒食、清明节日民俗与文学研究[D]．南京师范大学，2006．

[10] 孙思旺．上巳节渊源名实述略[J]．湖南大学学报（社会科学版），2006，02：118-123．

[11] 王新文．古代山东地区的祈雨风俗考述[D]．山东师范大学，2012．

[12] 崔华，牛耕．从汉画中的水旱神画像看我国汉代的祈雨风俗[J]．中原文物，1996，03：76-84．

[13] 高晓凤．从《祈雨感应碑记》看元代大同地区的祈雨风俗[J]．山西大同大学学报（社会科学版），2007，02：56-57+71．

第十章　传统水思想凝结古代哲学精髓

春秋战国时期是历史大变革时期，社会的动荡与变迁激发踌躇满志的饱学之士积极思索，四处奔走，使这一时期成为中国文化史上百家争鸣、百花齐放的伟大时代。并且，由于社会经济的急剧变化，水利事业在社会中的地位变得日益重要，也使这一时期的政治家、思想家、哲学家、军事家都纷纷把目光投向水。诸子百家对水的论述，形成了中国最早最丰富的传统水思想、水哲学，被近现代中国及世界尊为中国古代哲学精髓。

第一节　“水者，万物之本原”

管子（公元前 725—公元前 645 年），即管敬仲，春秋初期颍上人。名夷吾，字仲，是我国古代著名的政治家、军事家、经济学家、哲学家。管仲所处的时代，正是中国历史上礼崩乐坏、社会急剧变化的时代。几经人事变换的管仲终由鲍叔牙推荐，被齐桓公任命为卿，尊称“仲父”。管仲相齐的四十年间，他大刀阔斧地进行改革，在军事、政治、税收、盐铁等方面进行了卓有成效的改革，使齐国国力大盛。管子是世界上最早深刻而全面论水的大思想家。他的思想和主张集中体现在《管子》一书中，其中对水有诸多论述。

一、水之哲学——万物之本源

我国古代朴素唯物论把金、木、水、火、土“五行”视为世界的本原。水生万物的哲学观念（具有明显的朴素唯物论思想），几乎是中华民族一种普遍的心理意识，《管子》正是持有这一观念的代表。《水地篇》中说：“是以水者，万物之准也，诸生之谈也”，“水者何也？万物之本原，诸生之宗室也。……万物莫不以生”，“是故具者何也？水是也。万物莫不以生，唯知其托着能为之正”。这些都明确地把水看作世间万物的根源，是世界的本原，是各种生命的根蒂。

为了增强上述论点的说服力，《水地篇》中还说：“是（水）以无不满，无不居也。集于天地而藏于万物，产于金石，集于诸生，故曰水神。集于草木，根得其度，华得其数，实得其量。鸟兽得之，形体肥大，羽毛丰茂，文理明著。万物莫不尽其几，反其常者，水之内度适也。”这段话主要表达了二层涵义：其一，水浮天载地，无处不在，世间万物中都有水的存在，这是水独具的神奇之处；其二，万物之所以繁衍生息，充满生机与活力，靠的是水的滋养哺育。如果没有水，万物就失去了生存的根本。不仅生物如此，连人的生命本源也是水：“人，水也。男女精气合，而水流形。……凝蹇而为人。”由此强调人是由水生化而来的。

二、水之治理——兴利除害

管子提出了一整套治水、兴修水利的办法，主要集中在《度地篇》中。管子认为“水有大小，又有远近”。据此，将水分为经水、枝水、谷水、川水、渊水，“此五水者，因其利而往之可也，因而扼之可也，而不久常有危殆矣”。之后又对水的特性作了分析，要求按照水性和不同类型采取不同的治水措施，以兴利除害。管子还提出：“请为置水官，令习水者为吏。大夫、大夫佐各一人，率部校长、官佐各财足。乃取水左右各一人，使为都匠水工。令之行水道、城郭、堤川、沟池、官府、寺舍及州中，当缮治者，给卒财足。”这样的管理理念，体现了管子的水政思想。而“常以秋岁末之时，阅其民，案家人比地，定什伍口数……并行以定甲士，当被兵之数，上其都”，即倡导组织民众兴修水利。

三、水之道——治国与理民

我国古代的思想家们往往能从水性和治水活动中得到治国安邦的启发，并升华为治国安邦的思想。《管子》在以水喻政方面多有精辟阐述。

在治国方面，管仲始终把水利放在治国安邦的重要位置。《度地篇》中强调：“善为国者，必先除其五害”，“五害之属，水为最大”，“除五害，以水为始”。他还以水喻民，要求统治者顺民。如《牧民篇》指出：“下令于流水之原（源），使居于不争之官（职业）；……下令于流水之原，令顺民心也。……令顺民心，则威令行。”用水自源头顺流而下、自然而然的形态，说明颁布实施政令应顺应民心、易于推行的道理。管子还在《七法篇》中提出了治国治民必须要掌握好七条基本原则，其中用好“决塞”之术是重要的一条。“治人如治水潦……居身论道行理，则群臣服教。”《君臣篇下》载：“天下道其道则至，不道其道则不至也。夫水波而上，尽其摇而复下，其势固然也。”这也是说人君须行道，天下就会归附，这好比浪头涌起，到了顶头又会落下来，乃是必然的趋势。

四、水之德——君子之德

管子对水特别推崇，认为人的性格、品德、习俗等都与水有着密切关系。《水地篇》载：“水，具材也，何以知其然也？曰：夫水淖弱以清，而好洒人之恶，仁也。视之黑而白，精也。量之不可概，至满而止，正也。唯无不流，至平而止，义也。人皆赴高，己独赴下，卑也。卑也者，道之室，王者之器也，而水以为都居。”这段话主要意思是说：水是材美兼备的。水柔软而清澈，能洗去人身上的污秽，这是水的仁德。水看起来是黑色的，其实是白色的，这是水的诚实。计量水不必用“概”，流到平衡就停止了，这是水的道义。人都愿往高处走，水独流向低处流，这是水的谦卑。谦卑是“道”寄寓的地方，是王天下的器量，而水就聚集在那里。最后又总结说，水是“美恶、贤不肖、愚俊之所产也”。

这里，《管子》依据水的不同功能和属性，以德赋之，与老子“上善若水”和儒者“以水比于君子之德”的观念一脉相承。总之，《管子》通过盛赞水具有的“仁德”“诚实”“端正”“道义”“谦卑”等优良品德，主旨是规劝人们要向水学习，效法水的无私善行，从而达到至善至美的境界。

五、水之城市——环境为先

《管子·乘马篇》中载：“凡立国都，非于大山之下，必于广川之上。高毋近旱而水用足，下毋近水而沟防省。因天材，就地利，故城郭不必中规矩，道路不必中准绳。”《度地篇》中又载：“故圣人之处国者，必于不倾之地，而择地形之肥饶者，乡山，左右经水若泽，内为落渠之写，因大川而注焉。”管子提出：选择城都或城市的位置，要考虑地形与水的因素，既要有充足的水源，又要有较好的防洪条件，因地制宜。管仲认为城市建设要重视水环境，应全面考虑供水、排水、防水等方面的问题。

第二节 “上善若水，水善利万物而不争”

老子（约公元前 571 年—？），宋国相人（今安徽省濉溪县人），一说为楚国苦县厉里人，与孔子同时且年长于孔子。老子是道家思想的创始人，也是中国古代最有影响的思想家、哲学家之一。老子晚年著书上下两篇，共五千多字，即流传至今的《老子》，也叫《道德经》，是老子哲学思想的集中体现。老子在《道德经》中多处以水或与水有关的物象来比况、阐发“道”的精深和妙用，甚至水被老子推崇为“道”的象征，认为水“几于道”。有人说老子的哲学就是水性哲学，并把老子称为水哲学家。

一、水之道——天下莫柔弱于水，而攻坚强者莫之能胜

老子曰：“道者，万物之奥。”（《道德经·六十二卷》）即“道”是独立存在的万物之源。老子哲学从“道”中展开，并由此揭示出“人法地，地法天，天法道，道法自然”（《老子·二十五章》）的天、地、人大法则。同时，老子提出“道”由“水”生。“道冲而用之，或不盈。渊兮似万物之宗。”意即：道是看不见的，但它又好似大海永远装不满，像深渊那般深邃，为万物之宗。可见，自然界中的水普遍存在并孕育生命万物，与老子的“道”有着十分相似之处。从一定意义上说，老子哲学正是在对水性的感悟并旁及其他社会、自然事物而高度抽象的智慧结晶。

老子以水论“道”曰：“天下莫柔弱于水，而攻坚强者莫之能胜，以其无以易之。弱之胜强，柔之胜刚，天下莫不知，莫能行。”（《老子·七十八章》）“天下之至柔，驰骋天下之至坚。”（《老子·四十三章》）在老子看来，世间没有比水更柔弱的，然而攻击坚强的东西，没有能胜过水的东西。水性至柔，却无坚不摧，正所谓“天下至柔驰至坚，江流浩荡万山穿”。当然，这里老子所谓的“柔弱”，并不是通常所说的软弱无力的意思，而其中包含有无比坚韧不拔的性格。为了增加柔弱胜刚强的说服力，老子又在自然事象中找出水以外的论据：“人之生也柔弱，其死也坚强。草木之生也柔脆，其死也枯槁。……是以兵强则灭，木强则折。”（《老子·七十六章》）刚的东西容易折断，柔的东西反倒难以摧毁，所以最能持久的东西不是刚强者，反而是柔弱者。将这种柔弱胜刚强的规律运用于人生，老子强调“知其雄，守其

雌”，“知其白，守其黑”，“知其荣，守其辱”(《老子·二十八章》)。主张“将欲歙之，必固张之；将欲弱之，必固强之；将欲废之，必固兴之；将欲夺之，必固与之，是谓微明，柔弱胜刚强”(《老子·三十六章》)。

柔能克刚是自然界的重要法则，老子哲学在自然之水启示下对这一法则进行了精辟阐释，并将之引申到人生、战争中，说明柔弱的东西往往充满活力，可能战胜一切，以此传达深邃的辩证法观念：事物往往是以成对的矛盾形式出现，矛盾的双方在一定的条件可以互相转化。

二、水之德——上善若水

“上善若水”是老子水的人生哲学的总纲，也是老子人生观的综合体现。老子说：“上善若水，水善利万物而不争，处众人之所恶，故几于道。”这其中包含了三方面内容：第一，“善利”。具体表现是“居善地，心善渊，与善仁，言善信，正善治，事善能，动善时”。具备这七种美德，就接近“道”了。第二，“不争”。这是一种处事境界。“夫唯不争，故无尤。”《老子·八十一章》中载：“圣人之道为而不争。”可见，不争是圣人的标准。这一态度不是消极的放弃，而是为了避免争端。第三，“处下”。“处下”是“不争”的一种重要表现形式。《老子·六十六章》载：“江海所以能为百谷王者，以其善下之，故能为百谷王。是以圣人欲上民，必以言下之，欲先民，必以身后之，……是以天下乐推而不厌。” 老子从水的处下而成大器大量的江海这一事实出发，阐发了善于“处下”在人生中的积极作用。他借此也告诫统治者，一定要谦虚处下，不要妄作胡为，要把自身的利益置于民众之后，这样才能得到天下人的归附和拥戴。水的这种“善利”“不争”“处下”的崇高品德，正是老子之“道”的特征。人应学习水的这些美德。

后世如汉代刘安等编著的《淮南子·原道训》，在论水之特征时则奉水为“至德”：“天下之物，莫柔弱于水。然而大不可及，深不可测；修极于无穷，远沦于无涯；息耗减益，通于不訾；上天则为雨露，下地则为润泽；万物弗得不生，百事不得不成；大包群生而无好憎，泽及蚑蛲而不求报，富赡天下而不既，德施百姓而不费；行而不可得穷极也，微而不可得把握也；击之无创，刺之不伤，斩之不断，焚之不然（燃）；淖溺流遁，错缪相纷而不可靡散；利贯金石，强济天下；动溶无形之域，而翱翔忽区之上，邅回川谷之间，而滔腾大荒之野；有余不足，与天地取与，授万物而无所前后。是故无所私而无所公，靡滥振荡，与天地鸿洞……与万物始终。是谓至德。”在这篇水的颂歌中，水具有“柔而能刚”、“弱而能强”、无私厚德、浩大无比、无所不能等特点，这里的“水”，不仅可谓“至德”，亦即“道”的化身。宋代史学家、政治家司马光论水曰：“是水也，有清明之性，温厚之德，常一之操，润泽之功。”此亦老子“上善若水”之注脚。

第三节 “智者乐水，仁者乐山”

孔子（约公元前 551—前 479 年），名丘，字仲尼，是春秋末期的大思想家、大政治家、大教育家。他开创的儒家文化，是中华民族传统文化的主体与核心，深刻地影响和塑造了中国人的文化思想和国民性格。孔子一生与水结下不解之缘，其博大精深的哲学思想蕴涵丰富的水文化。孔子通过对水的观察、体验和思考，或从社会、历史的层面，或从哲学思辨的角度，或从立身教化的观念出发，阐发对水的深刻理解和认识，并使之与自己的学术思想、政治主张、哲学观点等融合。

一、水之道——“仁”

“仁”是孔子思想学说的核心，孔子以水阐述何为“仁”以及何以为“仁”的论述贯穿《论语》。《论语·卫灵公》篇载：“子曰：‘民之于仁也，甚于水火。’”乃以水之比喻论仁德。《论语·雍也》载“智者乐水，仁者乐山”，更将智者与水联系，宣扬“仁”的哲学思想。

孔子的“乐水”，绝非仅仅是陶醉、流连于水的自然之趣，更主要的是“智者达于事理而周流无滞，有似于水，故乐水”（朱熹《四书集注》），而“智者不惑”（《论语·子罕》）。意即通过对水的观察和体验，从中领略世间万物真谛。汉代刘向《说苑·杂言》载：“夫智者何以乐水也？曰：‘泉源溃溃，不释昼夜，其似力者。动而下之，其似有礼者。赴千仞之壑而不疑，其似勇者。障防而清，其似知命者。不清在入，鲜洁而出，其似善化者。众人取乎品类，以正万物，得之则生，失之则死，其似有德者。淑淑渊渊，深不可测，其似圣者。通润天地之间，国家以成。是知以所以乐水也。’”又载：“子贡问曰：‘君子见大水必观焉，何也？’子曰：‘夫水者，启子比德焉。遍予而无私，似德；所及者生，似仁；其流卑下，句倨皆循其理，似义；浅者流行，深者不测，似智；其赴万仞之谷不疑，似勇；绵弱微达似察；受恶不让，似包；蒙不清以入，鲜洁以出，似善化；至量必平，似正；盈不求概，似度；其万折必东，似意。是以君子见大水必观焉尔也。'"水的"似德""似仁""似义""似勇""似智""似圣"等特征，与儒家的伦理道德有着十分相近的特征，因而为孔子和儒家的"智者""君子"所悦。孔子便顺理成章地把水的形态和性能与人的性格、意志、知识、道德培养等联系起来，使水自然体现孔子伦理道德体系的感性形式和观念象征，并成就了儒家文化的道德之水、人格之水。

从一定程度上讲，这种对水的社会化、道德化认识，正体现了古代"天人合一"的思想。孔子尤其重视道德教化，其创立的儒家学说从某种意义上讲主要是一种道德学说。而水这种自然世界普遍存在、人类须臾难离的物质，恰恰具有孔子阐发其道德思想的深厚底蕴。

二、水之哲学——逝者如斯夫

孔子对于水的流动性特征的深刻领悟，使他在流水与时间之间也建立了一种特别的隐喻关系。《论语·子罕》载："子在川上曰：'逝者如斯夫！不舍昼夜。'"这便是对这种隐喻关系的表达。正如我们所知道的，《论语》中很多言论皆因为缺乏具体语境而造成后世阐释的困难，但孔子关于流水与时间的这一隐喻表述却显得确凿无疑，其中，"子在川上"构成一个言说的背景，使我们得以知道孔子所说的"逝者如斯"究竟何指，而"不舍昼夜"则担当了流水与时间这一隐喻关系之间的相似点，同时将时间的维度（昼夜）巧妙地蕴涵其中，使得流逝的水与流逝的时间之间的隐喻关系更确凿地彰显。这是孔子站在江边看到滚滚奔流的河水发出的感叹，是对消逝的时间、人事与万物，有如流水般永远留不住而引发的哲思，它既有因时光流逝、功业未成而导致的深沉感喟，又具有对时间、永恒、变化等物质运动的抽象哲学问题的沉思带来的哲学感悟。

孔子观水历来都为人津津乐道，如《孟子·离娄下》载，孔子观水在孟子时代就已受到哲学家的关注。而后世文人也对孔子观水非常看重，不管是"乐山乐水"背后的体验思维，还是"逝者如斯夫！不舍昼夜"背后隐藏的人文情怀，都对中国文人产生了深远的影响。后世引无数学者、大家争相效法、研究、注解。

后世，作为孔子后继者孟子，在其《孟子》里的众多比喻中，水多次作为喻体出现。孟子往往通过对水象的合理运用，生动地阐发了他的人性论和治国理念。如，孟子对“水之就下”的特点非常看重。他不仅通过“水之就下”来比附人性向善的必然趋势，而且也利用水这个特点去强调施行仁政的必要。《孟子·梁惠王上》记载，梁襄王曾经问孟子，什么样的君主能统一天下，获得人民的归附？孟子回答他说：“王知夫苗乎？七八月之间旱，则苗槁矣。天油然作云，沛然下雨，则苗浡然兴之矣。其如是，孰能御之？今夫天下之人牧，未有不嗜杀人者也，如有不嗜杀人者，则天下之民皆引领而望之矣。诚如是也，民归之，由水之就下，沛然谁能御之？”东汉赵岐注：“今天下牧民之君，诚能行此仁政，民皆延颈望欲归之，如水就下，沛然而来，谁能止之。”同时，孟子的德教主张也借助了“水之向下”的特点。《孟子·离娄上》载：“孟子曰：为政不难，不得罪于巨室。巨室之所慕，一国慕之；一国之所慕，天下慕之；故沛然德教溢乎四海。”也就是说，国家道德教化的推行应像水流一样，自上而下，然后蔚然成风。

宋朝著名理学家、思想家、哲学家、教育家、诗人，儒学集大成者朱熹（朱子）等，则由此创造了“道体说”。他吸收了北宋理学家和教育家程颐观点，对“逝者如斯夫”解释说：“天地之化，往者过，来者续，无一息之停，乃道体之本然也。然其可指而易见者，莫如川流。故于此发以示人，欲学者时时省察，而无毫发之间断也。”在他看来，“道之本体”充溢宇宙，而且像自然界的“川流”一样，“无一息之停”。他认为，孔子正是有感于此，才借人人皆知的“川流”之象来警戒世人：时时勿忘进德修业。自此，“逝者”不再是以往理解中的时间之流逝，而是大化之流行；“逝者如斯”“不舍昼夜”强调的不再是“岁不我与”的时间感慨，而是修身进德的“涵养功夫”，这就是“道体说”。

宋代理学家通过“道体说”，第一次赋予“逝者如斯夫”以道德意蕴。《孟子·离娄下》篇载“原泉混混，不舍昼夜”，朱熹注：“原泉，有原之水也。混混，涌出之貌。不舍昼夜，言常出不竭也。”其描绘的自然景象和“逝者如斯夫！不舍昼夜”非常相似。孟子接着又说：“盈科而后进，放乎四海。”朱熹注：“盈，满也。科，坎也。言其进以渐也。放，至也。言水有原本，不已而渐进以至于海；如人有实行，则亦不已而渐进以至于极也。”朱熹在此强调的是修身的功夫。有研究者推测，朱熹很可能是从《孟子·离娄下》的这句话得到了启发，才会用“道体”去解释“逝者如斯夫”。

不过，“道体说”所推崇的“功夫”从此进入了中国哲学，却是不争的事实。《传习录》“门人黄省曾录”里有一条记载，有弟子问王阳明：“‘逝者如斯夫’是说自家心性活泼泼地否？”先生曰：“然。须要时时用致良知的功，方才活泼泼地，方才与他川水一般；若须臾间断，便与天地不相似。此是学问极至处，圣人也只如此。”王阳明及其弟子对“逝者如斯夫”的理解和程朱的“道体说”如出一辙，王阳明强调“致良知”当如川水，不能须臾间断，说的就是践履功夫。

历代虽有对上述“道体说”多有相左的解读，但至明清时期理学成为官方哲学后，“道体说”的地位更加上升，逐渐成为解经的主流。

第四节 “水无常形，兵无常势”

春秋战国时期，战争频繁，经年不断的征伐实践为军事思想的产生和繁荣提供了沃土，涌现出大批著名的兵家，被誉为兵圣的孙子是其中最杰出的代表。孙子名武，字长卿，春秋末期齐国乐安人（今山东惠民人，或说博兴、广饶人）。生卒年代已不可考，大约与孔子同时或稍晚。孙子在军事上的伟大建树主要体现在他为后人留下的不朽军事著作——《孙子兵法》。

在兵家圣人孙子看来，作战取胜的基本要素在于实力强大、速战速决，而且能够出奇制胜。这种道理很像水的品性，因为水的势能一旦积蓄得非常强大，就能让沉重的石头也漂浮起来：“激水之疾，至于漂石者，势也……是故善战者，其势险，其节短。”（《孙子兵法·势》）而若懂得出奇制胜，则其取胜智谋就像天地那样无穷无尽，像江河之水那样源源不绝：“故善出奇者，无穷如天地，不竭如江河。”（《孙子兵法·势》）在排兵布阵之际，则应讲究势不可挡、避实就虚、因敌制胜，这又与水的运动态势非常相像，因而用水来解说作战实在是再恰当不过的了。比如在驻扎军队时要居高临下，就像水一样，一旦居高临下，则势不可挡：“胜者之战民也，若决积水于千仞之溪者，形也。”（《孙子兵法·形》）又如军队的阵形要布置得避实就虚，这就像水一样，若要顺畅地流淌，则应避免往高处走，而应尽量往低处流：“夫兵形象水，水之形，避高而趋下；兵之形，避实而就虚。”（《孙子兵法·虚实》）同时，排兵布阵还应该因敌制胜，这就像水无常形、因地制流一样神妙非凡：“水因地而制流，兵因敌而制胜。故兵无常势，水无常形，能因敌变化而取胜者，谓之神。”（《孙子兵法·虚实》）在《孙子兵法》十三篇中，有七篇直接论述了水与战争的关系。孙子以水论兵，哲理精微，堪称《孙子兵法》的鲜明特色之一。

一、水与势

孙子注重造势，即在战争中造成有利的态势。在《计篇》中，孙子对决定战争胜负的道、天、地、将、法等“五事”进行比较分析后，紧接着提出了一个关于“势”的命题：“计利以听，乃为之势，以佐其外。势者，因利而制权也。”就是说，计算客观利害，意见得到采纳，这只是战争的常法，还要凭借常法之外的变法才能把胜利的可能变为现实。并用激水漂石作比喻：“激水之疾，至于漂石者，势也……是故善战者，其势险，其节短。”《势篇》意思是说，湍急的流水，以飞快的速度奔泻，其汹涌之势可以把大石头冲走。……善于作战的人，他所造成的态势是险峻的，他所掌握的行动节奏是短促而猛烈的。这里孙子提出了“势险”和“节短”两个重要原则。“势险”说的是军队运行速度。“激水之疾（急速），至于漂石”的比喻，形象地强调了速度是发挥战斗威力的重要条件。“节短”说的是军队发起冲锋的距离。

交战的双方是否处于有利的态势固然重要，但战争的胜负还主要取决于军事实力的对比。因此，孙子又提出了“形”的概念。《势篇》曰：“强弱，形也。”孙子认为，创造条件，积蓄军队的作战力量，使自己立于不败之地，是战胜敌人的客观基础；在这个前提下，去等待和寻求战胜敌人的机会，才能取得胜利。故《形篇》曰：“故胜兵若以镒称铢，败兵若以铢称镒。胜者之战民也，若决积水于千仞之溪者，形也。”孙子以千仞高山上决开积水奔腾而下，其势猛不可挡的力量比喻军形，说明军队只有具有强大的军事实力，用兵作战时才会有横扫千军如卷席之势，不可抵御。

《孙子兵法》中的“势”，主要讲的是主观能动作用的发挥，从而造成有利的形势；“形”，主要指军事实力。只有在一定的“形”上发挥将帅的指挥，才能造成有利的“势”，以战胜敌人。孙子以水为喻的朴素唯物主义思想，使得“势”“形”这对抽象概念变得具体、形象和易于理解。

二、水与奇正、虚实

用兵作战，灵活运用战略战术十分重要。对此，孙子提出了“奇正”和“虚实”的原则，即指挥作战所运用的常法和变法。孙子曰：“战势不过奇正，奇正之变，不可胜穷也。奇正相生，如循环之无端，孰能穷之？”“故善出奇者，无穷如天地，不竭如江河。”（《势篇》）将“奇”与“正”相变相生的军事思想，以大千世界的天地和江河喻之。指出：一个高明的将帅，应随机应变，随着战场情况的变化而变换奇正战法，犹如天地一样变化无穷，江河一样奔流不竭。活用奇正之术，变化奇正之法，是指挥员临时处置情况所必须把握的艺术。在广阔的战场上，尽管奇正的变化“无穷如天地，不竭如江河”，但落脚点往往在一个“奇”字上。唯有善出奇兵者，才算领悟了奇正变化的要旨。

与奇正之法相对应，孙子又进一步提出“虚实”思想，即“避实而击虚”“因敌而制胜”的作战指挥原则。“虚实”是奇正的具体表现形式，这对范畴指的是军队作战所处的两种基本态势——力弱势虚和力强势实之间的辩证关系。孙子在深刻的观察和思考中，发现水形与兵形有十分相似之处：“夫兵形象水，水之形，避高而趋下；兵之形，避实而就虚。”（《虚实篇》）用兵的法则像流动的水一样，水流动的规律是避开高处而向低处奔流，用兵的规律是避开敌人坚实之处而攻击其虚弱的地方。孙子因水之启示而提出的“避实就虚”的战争原理，为历代兵家战将所推崇。

然而，如何做到“避实而就虚，因敌而制胜”？孙子认为应根据敌情变化灵活运用各种战法而取胜敌人。他又一次以水作喻：“水因地而制流，兵因敌而制胜。故兵无常势，水无常形，能因敌变化而取胜者，谓之神。”（《虚实篇》）提出：水因地势的高下而制约其流向，作战原则应根据敌情而决定克敌制胜的方针。意即：用兵没有固定不变的方式方法，就像水流没有固定的形态一样；能够依据敌情变化而取胜的，就称得上用兵如神了。以此告诫军事指挥员，指挥作战时要针对敌情变化而采取灵活机动的战略战术，才能把握胜利主动权。

三、水与地利

关于地利，孙子在《行军篇》对依水作战的原则有一段精辟论述：“绝水必远水，客绝水而来，勿迎之于水内，令半济而击之，利；欲战者，无附于水而迎客；视生处高，无迎水流，此处水上之军也。”这里，孙子讲了五层意思，也就是五条依水作战的原则：

第一，“绝水必远水”，部队通过江河后必须迅速远离河流，以免陷入背水作战的险境。远离江河，既可引诱敌人渡河，致敌于背水之地，又可使自己进退自如，不受阻挡。

第二，“客绝水而来，勿迎之于水内，令半济而击之，利”，如果敌军渡河前来进攻，不要在江河中迎击，而要趁它部分已渡、部分未渡时予以攻击，这样才有利。

第三，“欲战者，无附于水而迎客”江河作战之要则，它包括两方面含义：一方面，如果我方决心迎战，那就要采取远离河川的布置，诱敌半渡而击；另一方面，如果我方不准备迎战，那就阻水列阵，使敌人不敢轻易强渡。

第四，“视生处高”，在江河地带驻扎，也要居高向阳，切勿在敌军下游低凹地驻扎或布阵。

第五，“无迎水流”，不要处于江河下游，以防止敌军从上游或顺流而下，或决堤放水，或投放毒药。水战据上游，有地利的优势。

孙子还强调，在涉江渡河时，要注意观察水势，不能莽撞行事。“上雨，水沫至，欲涉者，待其定也。”（《行军篇》）意即：河流上游下暴雨，看到水沫漂来，要等水势平衡以后再渡，以防山洪暴至。

另外，关于在山地行军作战，孙子认为应“绝山依谷”，即通过山地必须沿着溪谷行进，因为山谷地形比较平坦，取水方便，且丛林密布，隐蔽条件好。关于在盐碱沼泽地行军、作战，孙子认为要“绝斥泽，惟亟去无留；若军交于斥泽之中，必依水草而背众树”。因为一旦缺乏水草和粮食，军队就会陷入十分被动的境地。孙子对水在作战中的重要性有非常深刻的认识，强调在各种地形与条件下争战都必须考虑水的因素，以免陷入十分被动的境地。

在《火攻》篇中，孙子不但强调以火助攻，还提倡以水助攻。“以水佐攻者强，水可以绝。”意即：用水辅助进攻，攻势可以加强。水可以分割、断绝敌军，从而达到战胜敌人的目的。

参考文献

[1] 袁博．近代中国水文化的历史考察[D]．山东师范大学，2014．
[2] 王博．《管子·水地》篇思想探源[J]．管子学刊，1991，03：8-10．
[3] 李云峰．试论《管子·水地》中水本原思想及其历史地位[J]．武汉水利电力大学学报（社会科学版），2000，03：60-62．
[4] 张连伟．《管子·水地》与古代水文化[J]．殷都学刊，2005，03：102-104．
[5] 牛翔．《管子》的自然观[D]．郑州大学，2015．
[6] 杜春丽．先秦儒道哲学中的水象[D]．北京大学，2013．
[7] 于泳波．“水可以绝，不可以夺”新解[J]．军事历史，2016，03：39-43．
[8] 宋彦芳．《孙子兵法》汉代流布及其影响研究[D]．河南师范大学，2012．

[9] 苏成爱.《孙子》文献学研究[D]. 安徽大学，2012.
[10] 章国军. 误读理论视角下的《孙子兵法》复译研究[D]. 中南大学，2013.
[11] 万志全，万丽婷. 先秦诸子以水说理趣论[J]. 南昌工程学院学报，2015, 05：15-19.

第十一章　治水先驱书写不朽史诗

中国是一个洪涝灾害多发的国家，有关大洪水的记载史不绝书。远古时期，先民为避江河洪水泛滥择丘陵而处，以逃、躲作为防洪手段。进入农耕社会后，由于适宜耕作的地区多处在河谷低地，洪水对农业生产和人类生命财产安全威胁极大。与洪水作斗争，成为人类生存和经济社会发展的必要条件。

一部中华文明的发展历史，在一定意义上就是中华民族与洪涝、干旱作斗争而不断前进的历史。数千年来，在中华民族以农业立国的历史进程中，水利文明自始至终发挥着决定性的作用。中华民族自大禹治水至夏启建国的短时间内，发生了包括大禹治水及其伴随的征有苗、画九州、禹合诸侯以及戮防风氏等社会变革，而后夏启建国，完成中华文明史上的第一次飞跃。大禹治水如喷薄的曙光开启了中华文明的历史，中华民族的母亲河——黄河及其流域的洪水治理从此翻开光辉灿烂的新篇章。

第一节　大禹——“微禹，吾其鱼乎”

中国原始社会最著名的治水传说应该就是大禹治水了。古文献也记载了尧、舜、禹时期发生大洪水，被禹征服的史实。据载，禹之前是共工氏和禹的父亲鲧负责治水。共工“壅防百川”，鲧则“障洪水”“作城”，均以修筑堤埂，用土挡住洪水漫延等围、堵的方法，保护居住区及耕地，亦即最早的防洪工程。这种筑堤围护的方法只能在发生一般性洪水时有效，并不能阻挡来势凶猛的大洪水。

尧舜时代，洪水一度成为华夏居民生存的巨大威胁，如《尚书·尧典》载：“汤汤洪水方割，荡荡怀山襄陵，浩浩滔天，下民其咨，……”彼时尧舜部族联合体的居民被围困在山陵之上，农田被淹，粮食无以为继，万民一片哀叹。这次空前的洪水灾害，范围辽阔，持续时间长，灾情十分严重。现代的天文学资料证明，距今 4 000 年前的确因九星地心会聚引发了各种自然灾害。在这些灾变中，尤以洪水为大。有学者研究表明，当时洪水发生的地域，主要应在《禹贡》兖州地界和豫州、徐州的一部分，如果对照现在的地质图，正好与全新世黄河在下游泛滥冲积成的黄河冲积扇大致吻合。考古资料证明，此次洪水在黄河下游地区实为距今 4 000 年前后的黄河南北改道，而改道又加剧了洪水泛滥。据《尚书·尧典》记载，为战胜前所未有的大洪灾，在部族联合体议事会上，尧询问有谁能领导治理洪水，“四岳”（部落首长）都推荐鲧：“试乃可已。”尧于是任命鲧领导万民治水。然，鲧“九载绩用弗成”。为此，尧“殛鲧于羽山”(《书·舜典》)。而后鲧的儿子大禹继承父业，继续治水。

图 11-1 共工“壅防百川”

图 11-2 鲧“障洪水”

又据《尚书·皋陶谟》载，舜与禹、皋陶等部族首领集会，禹曰：“洪水滔天，浩浩怀山襄陵，下民昏垫，予乘四载，随山刊木。暨益奏庶鲜食。予决九川，距四海。浚畎浍距川。暨稷播，奏庶艰食鲜食，懋迁有无，化居，烝民乃粒，万邦作乂。”禹的这段话总结了他所领导的治水工作：洪峰波涛汹涌，大水与天边相连，水势浩渺，包围了所有的山冈和丘陵，民众被洪水吞没。我乘着四种交通工具奔走各地，沿山脚边缘勘察并作出标记，和伯益一起把猎获的鸟兽送给灾民充饥；挖掘、疏通九条大河的河道，把河水引入大海；疏通田间沟洫，使水流入河道中；与后稷一起教导民众种植庄稼，向民众提供谷物和肉食；引导民众贸易，交换有无，使民众得以安居乐业，获得粮食，各个邦国（部族）都得到了治理。关于大禹治水的过程，说法很多，大致是先划定区域，定九州，在高处标出山河位置，再用准绳、规矩和计时器等做测量，疏导河流排入大河，再分入海。由于治水成功，禹被拥立为各部落联盟的共主，建立了中国历史上第一个朝代——夏。

图 11-3　大禹治水

大禹治水成功的历史性变革，在于改前人围堵的方法为疏导。禹在治水的过程中，同时兼顾人民生计，指导发展农业生产，特别是治水患时就考虑到兴修水利，修筑沟渠，使其兼具排水和灌溉的功能。《尚书》载“决九川距四海，浚畎浍距川”，即不但疏通大江大河，还开通了田间沟渠。《淮南子·原道训》亦载：“禹之决渎也，因水以为师。”以水为师就是善于根据水流运动的客观规律，因势利导，疏浚排洪。如禹所云，疏通主干河道，导引洪水入海。有研究表明，大禹治水是以黄河中下游的洪潦为对象，是大规模洪灾发生后的抗灾行为。这不是治理简单的水潦灾害，而是“尽力乎沟洫”，将肥沃土地中的积水排到河、济中，又疏通河、济的河道，将其分流入大海，以达到顺通河道、利于泄洪的目的。

据考，大禹治水时已经出现了原始的测量，即所谓“左准绳，右规矩”，“行山表木，定高山大川”。“准绳”和“规矩”就是类似今天的测量工具，如角尺、圆规等原始的简单测量工具。“行山表木”“随山刊木”大概是原始的水准测量，“刊”即削、刻画，就是刻度尺作为测量工具。许多记载都表明大禹治水确实采用了一些基本的勘察、测量方法。禹在领导治理水患的斗争中，使用规矩、准绳，在河闸设置水文标杆，在山丘上设立水准标杆。同时，禹还将计时工具和气候观测工具等引入治水，并根据地势、水位等勘察，从整体上制定疏导治水方案和措施。

大禹治水的功绩，首先是规划并疏通黄河的走向和河道，凿龙门，决伊阙，使之注入大海。同时，又“决汝、汉，排淮、泗”使之注入长江，然后入海。中原地区的江河湖泊，经过禹的治理后，消除了“水逆行，泛滥于中国”的严重威胁，人民得以“平土而居”，从事农业生产，解决了缺粮少食问题，消除了鸟兽的灾害，其他方面的事务也随之得到了治理，即所谓“烝民乃粒，万邦作乂”，亦即《史记·河渠书》所载：“九川既疏，九泽既洒，诸夏艾安，功施于三代。”所谓“功施于三代”，即是说大禹治水的成功，为夏、商、周三代的物质文明奠定了基础。

《尚书·皋陶谟》中的“万邦作乂”，意即《孟子·滕文公下》载“禹抑洪水而天下平”。大禹治理洪水所取得的成功，标志着华夏居民战胜自然灾害的能力有了质的飞跃。治水的巨大成果，消除了危及华夏居民生存的洪水大患，使农业生产活动得以正常进行。后世称其为“大禹”，意即“伟大的禹”。春秋时期的刘定公称：“美哉禹功!明德远矣。微禹，吾其鱼乎!”在刘定公看来，如果没有大禹治水，那将会是“人或为鱼鳖”了。《庄子·天下》赞曰：“禹，大圣也。”

大禹治水的功绩和后果，不只是解除了洪水泛滥的巨大灾害，还在于大禹治水所引发的一系列重大历史事件，把原始社会的军事民主制度推到了顶峰，为国家的出现创造了一切必备的条件，而大禹也成为中国历史上野蛮与文明交替时期承上启下的伟人。

第二节　王景——“王景治河，千载无患”

黄河是中华民族的母亲河，但是也是一条给中华民族带来众多灾难的河

流，她所带来的洪水灾害始终是中华民族的心腹之患。从一定意义上说，中国 5 000 年文明史，也是一部中华民族治理黄河的历史。忽视水利，工程长期荒废，严重水害之后，经济凋敝，民不聊生，即使没有外敌入侵，也酿成天下大乱，以致改朝换代。水利兴，而天下定，治水害，兴水利，自古为治国安邦之要。

在黄河治理的历史长河中，据史籍记录：有东汉治黄先驱王景，通过封建社会最大规模的治黄活动，使桀骜不驯的黄河安流八百年。东汉末年至唐朝末年将近 800 年中，不仅没有看到有关黄河大改道的资料，而且一般的决溢都很少。后世皆赞："王景治水，千载无患。"

王景（约公元 30 年—85 年），字仲通，乐浪郡诌邯（今朝鲜平壤西北）人。东汉建武六年（公元 30 年）前生，约汉章帝建元和中卒于庐江（治今安徽庐江西南）。东汉时期著名的水利工程专家。《后汉书·王景传》云"景少学《易》，广窥众书，又好天文术数之事，沉深多伎艺。辟司空伏恭府。时有荐景能治水者，明帝诏与王吴共修浚仪渠，吴用景�派流法，水不复为害"。

受家庭影响，王景少年时期开始学习《周易》，并博览群书，特别喜欢天文数术之学。他工于心计，多才多艺，尤其热衷水利建设事业。大约在光武帝后期或明帝初期（公元 58 年前后）任司空属官。永平（公元 58—76 年）初年，有人推荐王景善于治水，汉明帝于是令王景与王吴一起疏浚浚仪渠。王景创造了"堰流法"，即在堤岸一侧设置侧向溢流堰，专门用于分泄洪水，控制水位。王景与王吴采用"堰流法"很快修好了浚仪渠。这次治渠成功，使王景以"能理水"而闻名。永平十二年（公元 69 年）王景又受命主持大修水运交通命脉汴渠和黄河堤防，功效卓著。永平十五年（公元 72 年）明帝拜王景为河堤谒者。建初七年（公元 82 年）迁任徐州刺史。次年又迁庐江太守并卒于任上。

据史载，永平十二年开始的汴渠大修工程，可追溯到西汉平帝时（公元 1—5 年）。当时黄河、汴渠同时决口，拖延未修。光武帝建武十年（公元 34 年），才打算修复堤防，动工不久，又因有人提出民力不及而停止。后汴渠向东泛滥，旧水门都处在河中，兖、豫二州（今河南、山东一带）百姓怨声载道。永平十二年，汉明帝召见王景，询问治水方略。王景禀奏道："河为汴害之源，汴为河害之表，河、汴分流，则运道无患，河、汴兼治，则得益无穷。"明帝很赞赏王景的治河见解，加之王景曾经配合王吴成功地进行过浚仪渠工程，于是赐王景《山海经》《河渠书》《禹贡图》等治河专著，于该年夏季发兵数十万人，以王吴为王景助手，实施治汴工程。

王景亲自勘测地形，规划堤线。先修筑黄河堤防，从荥阳（今郑州北）到千乘海口（今山东利津境内），长千余里，然后着手整修汴渠。当年四月，王景和王吴等人率领数十万兵民，开始了大规模的治水工程。据史料记载，这次治水工程的主要内容是："筑堤，理渠，绝水，立门，河、汴分流，复其旧迹。"

"筑堤"，即修筑"自荥阳（今河南荥阳东北）东至千乘（今山东高青东北）海口千余里"的黄河大堤及汴渠的堤防。王景认识到，黄河泛滥加剧的原因，是下游河道由于常年泥沙淤积而形成地上悬河，河水高出堤外平地，洪水一来，便造成堤决漫溢。于是，王景"别有新道"，选择一条比较合理的引水入海路线，并在两岸新筑和培修了大堤。这条新的入海路线比原河道缩短了距离，河床比降加大了很多，因而河水流速和输沙能力相应提高，河床淤积速度大大减缓。特别是这条新河线，改变了地上悬河的状况，使黄河主流低于地平面，减少了溃决的可能性。这次修筑大堤，固定了黄河第二次大改道后的新河床，是东汉以后黄河能够得到长期安流的主要措施之一。

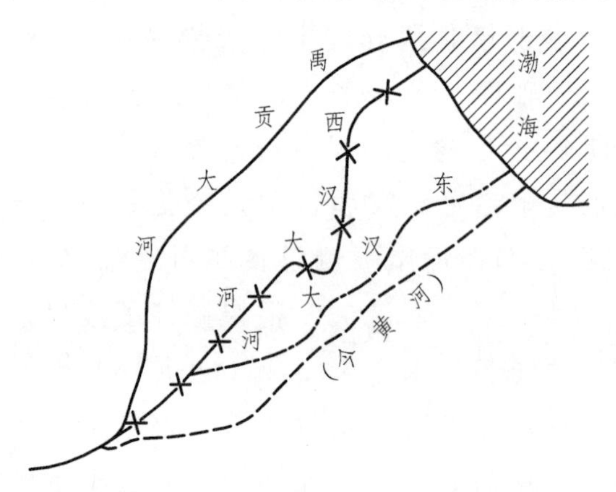

图 11-4　王景治水河段图

"理渠"，即治理汴渠。汴渠，联系黄河与淮河两大水系，是汉代，特别是东汉以后中原与东南地区漕运的骨干水道。经过认真反复"商度地势"后，王景为汴渠规划了一条"河、汴分流，复其旧迹"的新渠线。即从渠首开始，河、汴并行前进，然后主流行北济河故道，至长寿津转入黄河故道（又称王莽河道），以下又与黄河相分并行，直至千乘附近注入大海。在济河故道另分一部分水"复其旧迹"，即行原汴渠，专供漕运之用。为了实现这个规划，王景等人开展了"凿山阜，破砥绩，直截沟涧，防遏冲要，疏决壅积"和"绝水，立门"等大量的工作。取水口位置是个关键问题。王景根据客观情况，吸取历史上的教训，采用"十里立一水门，令更相回注"办法，在汴渠引黄段的百里范围内，约隔十里开凿一个引水口，实行多水口引水，并在每个水口修起水门（闸门），人工控制水量，交替引河水入汴。渠水小了，多开几个水门；渠水大了，关上几个水门，从而解决了在多泥沙善迁徙的河流上的引水问题。这是王景在水利技术上的又一大创造。当时，荥阳以下黄河还有许多支流，王景将这些支流互相沟通，在黄河引水口与各支流相通处，同样设立水门。这样洪水来了，支流就起分流、分沙作用，以削减洪峰。分洪后，黄河主流虽然减少了挟沙能力，但支流却分走了大量泥沙，从总体上看，还是减缓了河床的淤积速度。这是促使黄河长期安流的另一重要措施。“凿山阜，破砥绩，直截沟涧，防遏冲要，疏决壅积”，清除上游段中的险滩暗礁，堵塞汴渠附近被黄河洪水冲成的纵横沟涧，加强堤防险工段的防护和疏浚淤积不畅的渠段等，从而使渠水畅通，漕运便利。

王景这次主持的“筑堤，理渠”及其相应的工程设施，工程量浩大。黄河千余里，汴渠七八百里，合计约二千里的筑堤、疏浚工程，投资“百亿”钱。而施工期于次年四月结束，总共一年时间。数十年的黄水灾害得到平息，定陶（今山东定陶北）以北大面积土地涸出耕种，农业生产开始恢复起来。这在当时生产力十分低下的情况下，实在是个奇迹。

王景治河，是治黄史上少见的工程。它系统修建了黄河大堤，稳定了黄河河床。同时，该工程是以治理汴渠为重点，修整了汴渠，又立水门，还发展了前代的水门技术。

第三节　潘季驯——“以河治河，以水攻沙”

从金、元到明前期（约 12 世纪到 16 世纪前半叶）治理黄河方略是以分流治黄为主，明后期则主要依靠堤防束水攻沙，这是治河防洪思想的一大转变。此后 400 年虽然治河工程措施有所改进，但束水攻沙一直是下游修防的主导方针之一。“束水攻沙”理论在我国和世界治河史上有着崇高的地位，在明末以至清代成为主导的治黄思想。其代表人物潘季驯（公元 1521 年—1595 年），字时良，浙江乌程（今浙江吴兴）人，29 岁中进士，官至工部尚书兼右都御史。潘季驯曾数次总理河道，负责治理黄河、运河。他不仅注重实践经验的应用，而且善于理论研究，是一代著名的治河专家，对近代治黄产生了深远影响。

宋代及其以后的数百年，治黄以分流为主导方针。尤其是元代为维护北方统治重心的安定和明代为确保京杭大运河的畅通，都以向南分流为主要治黄手段。黄河下游主流在颍河和泗水之间往返大幅度摆动。分流治黄实际是以牺牲南岸大片地区为代价。至明代嘉靖末年，黄河在山东鱼台至江苏徐州一带竟分作十三股散漫横流，河势敝坏已极。黄河修防已进入无可奈何的困境，治黄措施不得不谋求根本的转变。嘉靖四十五年（1566 年）至隆庆六年（1572 年）陆续修筑黄河两岸大堤数百里，黄河下游主流遂并作一支，从而开始了以“束水攻沙”为主导方针的治黄新阶段。

嘉靖四十四年（公元 1565 年），黄河在江苏沛县决口，徐州以上数百里洪水泛滥，给两岸群众造成巨大损害。同时，大运河被泥沙淤塞达 100 多千米。那时的大运河是南北的重要运输通道，担负着从江南到北京的漕运任务，每年有 400 多万石的漕粮及大量日常必需品要经过这条重要线路源源不断地向北输送，保证了京城及北方地区的物资需求，对于巩固明政权有着重要的作用。

彼时潘季驯奉命治理黄河。他详细地勘查了周围环境，果断提出“沿黄河修筑坚固的堤防，大幅度地缩小过水断面，让湍急的水流自行冲走泥沙”的方略。他的治水思路与过去人们沿用的办法截然不同。当时的黄河从河南归德至徐州一路向南流入黄海。自徐州至淮安 250 多千米的河道同时也是漕运线路，从淮安到扬州，是利用湖区作为运河的通道。当时的皇陵就在淮河岸边，为了保护皇陵、漕运安全以及沿河群众的生活、生产，在治理黄河的方案上，均采用在黄河北岸加固长堤阻拦河水向北流动，而让河水向南尽可能地分开流去的办法。反对者认为，修筑堤防减少过水断面后，会使黄河、淮河的水并流，使水量较大幅度增加，从而会导致决口，带来更大的灾害，提出继续采用从支流分水的办法，以实现减少洪水总量的目的。

激烈的反对声并没有动摇潘季驯的治河思想。潘季驯凭着多年的治水经验，胸有成竹地耐心阐述自己的观点。他认为，采用分流的方法，固然能够减弱洪水的流量，但这个办法并不适合黄河自身的特点。黄河水混浊，含沙量多达 6 成以上，分水之后，水流变得缓慢，从而会造成泥沙沉积，引起水位不断抬高。修砌坚固的堤防，让河水冲刷泥沙，水不向两边溢流，只会直接冲刷河床。让黄河水集中通过窄窄的河道，水流则会变得急促，奔流的河水会猛烈冲刷河床，卷走泥沙，河道自然会变深，遇到大水，水位也不会上涨得很厉害。采用这种方法治理黄河，效果一定好于分流。

潘季驯的方案得到了朝廷的支持。他开始实施自己全新的治水规划，包括一整套堤防建设和管护方法。他建设了 4 种堤坝：缕堤、月堤、遥堤和格堤。“缕堤”，建造在河岸边，目的是为了形成固定的河道，确保水流快速通过，促使河水冲刷河床，是最重要的堤防；“月堤”，在缕堤之内水流比较湍急的地方修建，形状好像半月形，为了削弱水势，可以减少水流直接冲击缕堤，避免发生溃决事故；“遥堤”，位于距缕堤比较远的地方，大多筑在地形低洼容易决口的地方，是第二道防线，可以拦阻水流较大的时候漫过缕堤的洪水；“格堤”，建在遥堤和缕堤的中间，用于防止洪水漫过缕堤后顺遥堤而下冲刷出新的河道，同时，在堤坝后面还能够形成淤滩，不但使大堤更加稳固，而且可以种植庄稼，发展农业生产。为了避免河水暴涨的时候冲决缕堤，在河道比较关键的地方修筑了四个减水坝。坝顶低于缕堤堤面近 1 米，用石头砌成，宽 100 多米。减水坝不仅具有保护缕堤和排泄洪水的功能，还避免了分流对水流速度的影响。同时，他还加高洪泽湖东岸的高家堰，提高淮河水位，减少黄河水对淮河的倒灌，并把清澈的淮河水引入黄河，提高河水的挟沙能力，增大冲刷力，最大限度地实现排沙入海。

从嘉靖四十四年（公元 1565 年）到万历二十年（公元 1592 年），潘季驯曾经四次主持治河工作。对黄、淮、运三河提出了综合治理原则：“通漕于河，则治河即以治漕；会河于淮，则治淮即以治河；合河、淮而同入于海，则治河、淮即以治海。”在此原则下，他根据黄河含沙量大的特点，又提出了“以河治河，以水攻沙”的治河方策。他在《河议辩惑》中说：“黄流最浊，以斗计之，沙居其六，若至伏秋，则水居其二矣。以二升之水载八斗之沙，非极迅溜，必致停滞。”“水分则势缓，势缓则沙停，沙停则河饱，尺寸之水皆有沙面，止见其高。水合则势猛，势猛则沙刷，沙刷则河深，寻丈之水皆有河底，止见其卑。筑堤束水，以水攻沙，水不奔溢于两旁，则必直刷乎河底。一定之理，必然之势，此合之所以愈于分也。”

为了达到束水攻沙的目的，潘季驯十分重视堤防的作用。他把堤防比作边防，强调指出：“防敌则曰边防，防河则曰堤防。边防者，防敌之内入也；堤防者，防水之外也。欲水之无出，而不戒于堤，是犹欲敌之无入，而忘备于边者矣。”他总结了当时的修堤经验，创造性地把堤防工作分为遥堤、缕堤、格堤、月堤四种，因地制宜地在大河两岸周密布置，配合运用。他对筑堤特别重视质量，提出“必真土而勿杂浮沙，高厚而勿惜居费”，“逐一锥探土堤”等修堤原则，规定了许多行之有效的修堤措施和检验质量的办法，取得了较好的效果。

潘季驯主张合流，但为了防御特大洪水，在一定条件下，他并不反对有计划地进行分洪，如在《两河经略疏》中就明确指出：“黄河水浊，固不可分。然伏秋之间，淫潦相仍，势必暴涨。两岸为堤所固，水不能泄，则奔溃之患，有所不免。”

在束水攻沙的基础上，潘季驯又提出在会淮地段“蓄清刷黄”的主张。他认为：“清口乃黄淮交会之所，运道必经之处，稍有浅阻，便非利涉。但欲其通利，须令全淮之水尽由此出，则力能敌黄，不能沙垫。偶遇黄水先发，淮水尚微，河沙逆上，不免浅阻。然黄退淮行，深复如故，不为害也。”（《河防险要》）在这一思想指导下，根据“淮清河浊，淮弱河强”的特点，他一方面主张修归仁堤阻止黄水南入洪泽湖，筑清浦以东至柳浦湾堤防不使黄水南侵；另一方面又主张大筑高家堰，蓄全淮之水于洪泽湖内，抬高水位，使淮水全出清口，以敌黄河之强，不使黄水倒灌入湖。潘季驯以为采取这些措施后，“使黄、淮力全，涓滴悉趋于海，则力强且专，下流之积沙自去，海不浚而辟，河不挑而深，所谓固堤即以导河，导河即以浚海也”。

万历七年（公元 1579 年），潘季驯第三次治河时，本着“塞决口以挽正河，筑堤防以溃决，复闸坝以防外河，创滚水坝以故堤岸，止浚海工程以省靡费，寝开老黄河之议以仍利涉”的治理原则，“筑高家堰堤六十余里，归仁集堤四十余里，柳浦湾堤东西七十余里，塞崔镇等决口百三十，筑徐、睢、邳、宿、桃、清两岸遥堤五万六千余丈，砀、丰大坝各一道，徐、沛、丰、砀缕堤百四十余里，建崔镇、徐升、季泰、三义减水石坝四座，迁通济闸于甘罗城南，淮、扬间堤坝无不修筑，费帑金五六十万有奇”。经过这次治理后，“高堰初筑，清口方畅，流连数年，河道无大患”，取得了可喜的成绩。

万历十六年（公元 1588 年）潘季驯第四次治河时，鉴于上次所修的堤防数年来因“车马之蹂躏，风雨之剥蚀”，大部分已经“高者日卑，厚者日薄”，降低了防洪的作用，又在南直隶、山东、河南等地，普遍对堤防闸坝进行了一次整修加固工作。根据潘季驯在《恭报三省直堤防告成疏》所指出的，仅在徐州、灵璧、睢宁等十二州县，加帮创筑的遥堤、缕堤、格堤、太行堤、土坝等工程共长十三万丈。在河南荥泽、原武、中牟等十六州县中，帮筑创筑的遥、月、缕、格等堤和新旧大坝更长达十四万丈，进一步巩固了黄河的堤防，对控制河道起了一定作用。

潘季驯四次治河成绩显著，特别是“束水攻沙”论的提出，对明代以后的治河工作产生了深远影响。清康熙年间的治河专家陈潢指出：“潘印川以堤束水，以水刷沙之说，真乃自然之理，初非娇柔之论，故曰后之论河者，必当奉之为金科也。”近代的水利专家李仪祉在论及潘季驯治河时说：“黄淮既合，则治河之功唯以培堤闸堰是务，其攻大收于潘公季驯。潘氏之治堤，不但以之防洪，兼以之束水攻沙，是深明乎治导原理也。”

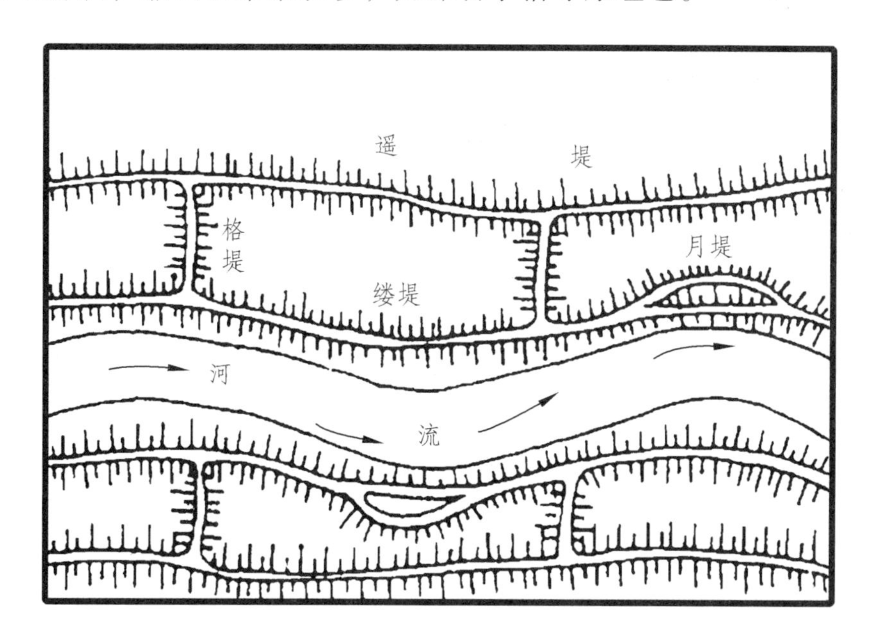

图 11-5　缕堤、遥堤、月堤、格堤

但是，也应当看到，潘季驯治河还只是局限于河南以下的黄河下游一带，对于泥沙来源的中游地区却未加以治理。源源不断而来的泥沙，只靠束水攻沙这一措施，不可能将全部泥沙输送入海，势必要有一部分泥沙淤积在下游河道里。潘季驯治河后，局部的决口改道仍然不断发生，同时蓄淮刷黄的效果也不理想。因为黄强淮弱，蓄淮以后扩大了淮河流域的淹没面积，威胁到泗洲及明祖陵的安全。限于历史条件，潘季驯采取的治理措施，在当时不可能根本解决黄河危害的问题的。

第四节　靳辅——“疏浚并举”

靳辅（公元 1633—公元 1692 年），中国清代著名河臣，字紫垣，汉军镶黄旗人。康熙时长期担任河道总督，在幕友陈潢的协助下，主持治理黄、淮、运。在十余年治河中，靳辅采用明代著名治河专家潘季驯的“筑堤束水、借水攻沙”治河原理，在总结前人实践和治河原理的基础上，创制了治河、导淮、保运的“疏浚并举”治河模式，解决了清初以来的河患问题，并创造了一系列超越前人的治河技术。靳辅和潘季驯作为明清时期黄河治理的典型代表，他们所提出的治河思想和措施使治理黄河方略发生了根本转变，对近代治黄产生了深远影响。

康熙十六年，正值黄河、淮河泛滥极坏之时。尤其是关系清朝统治命脉的运河也受到严重影响，使江南的漕粮不能顺利抵达北京。黄河自安徽砀山直到下梢海口，南北两岸决口七八十处，沿岸人民受灾，到处流浪，无家可归。黄河倒灌洪泽湖，高家堰决口三十四处。盱眙县的翟家坝成河九道，高邮的清水潭久溃，下河七州县一片汪洋。清口运河变为陆地。康熙帝派工部尚书冀如锡亲自勘察河工，冀报告：不仅河道年久失修，而且缺乏得力的治河人才；现任河督王光裕计划修的几项工程，大部分以钱粮不足未动工。在上游黄河决口导致黄、淮散漫，黄河水势流缓导致运河受堵、漕运不通，河道敝坏已极的艰难时刻，靳辅受康熙帝委任，走马上任河道总督。康熙十六年至康熙三十一年，靳辅创建了治河、导淮、保运“疏浚并举”的治河模式，标志着中国的河流治理从此进入一个新的历史阶段。

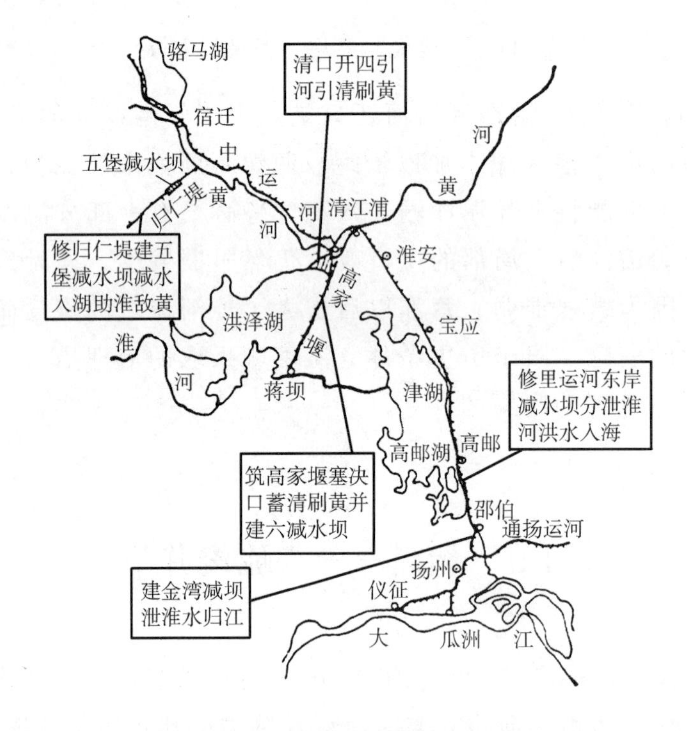

图 11-6　靳辅治河形势示意图

一、经理河工八疏

康熙十六年，三月，靳辅就任河道总督，四月初六，即赴宿迁河工署就任。莅任以后，他除向幕宾陈潢请教之外，并“遍历河干，广资博询”，进行了为期两个月的实地考察。不论绅士、兵民以及工匠、夫役等，凡有一言可取或一事可行者，“莫不虚心采择”。他和陈潢一起研究了我国历代治河的利弊、得失，并主张继承潘季驯的“筑堤束水，以水攻沙”的理论，灵活利用。

在实地考察的基础上，靳辅秉承康熙帝“务为一劳永逸之计”的谕旨，提出自己的治河思想：“治河之道，必当审其全局，将河道、运道为一体，彻首尾而合治之，而后可无弊也。盖运道之阻塞，率由于河道之变迁；而河道变迁，总由向来之议。治河者多尽力于漕艘经行之地，若于其他决口，则以为无关运道而缓视之。”即主张实施治河、导淮、济运三者的协调与综合治理的治河模式。

康熙十六年（公元 1677 年）五月，靳辅将治河应行事宜分拟《经理河工八疏》，呈交皇帝。《八疏》提出五项工程和三项保证措施：

第一，“挑清江浦以下，历云梯关，至海口一带河身之土，以筑两岸之堤”，加深从清江浦到入海口的黄河低洼河道，利用已经捞取到的淤泥，建造黄河两岸的河堤。

第二，“挑洪泽湖下流，高家堰以西，至清口引水河二道”，通过维修和加深导引渠控制黄河上游的泥沙淤积，这些导引渠用以满足清口的需要，促进清水畅流，并将黄河淤泥冲刷到大海。

第三，“加高帮阔七里墩、武家墩、高家堰、高良涧至周桥闸残缺单薄堤工，通过受力面倾斜的方法修补和加固高家堰，以此，来减轻洪泽湖波浪的冲击所带来的破坏。

第四，“并堵塞黄淮各处决口”，对于黄河与淮河的所有决口之处进行除险加固。

第五，“闭通济闸坝，深挑运河，堵塞清水潭等处决口，以通漕艘”，用北起清口南到高邮州清水潭的 230 里（115 千米）运河段采挖的泥沙，加固大运河的东、西大堤。

第六，“钱粮浩繁，须预为筹划，以济军需”。

第七，“请裁并河工冗员，以调贤员，赴工襄事”。

第八，请设巡河官兵，共六营 5 860 名，配置浚船 296 艘，以经常维修、保护堤坝。

各项工程初步估计用银约 214.8 万两，后逐步增至 250 余万两。需用人夫数量亦很大，仅第一项工程每日即需 12 万余人，加上其他各处工程每日约需 20 余万人。

二、系统化治水

康熙十七年正月，康熙帝批准靳辅的治河方案。二月，支给正项钱粮250余万两白银，限定三年告竣。“疏浚并举”的七大治理工程全面展开。

（一）疏浚河道

靳辅在开始治河时，首先是疏浚下流。他在治河第一疏中称：“治水者必先从下流治起；下流疏通，则上流自不饱涨，故臣又切切以云梯关外为重，而力请一例筑堤以绝后患。”在治水过程中，根据他认识的河性，即“河之性无古今之殊。水无殊性，故治之无殊理。……惟有顺其河性而利导之一法耳”，“善治水者，先须曲体其性情，而或疏、或蓄、或束、或泄、或分、或合，而俱得其自然之宜”。

在疏浚河道时，靳辅发明了用引河的方法进行治理，即筑堤就当地的河心取土，把浚口、筑堤两事做成统一的工作。在疏浚河道方面，靳辅治河比潘季驯治河前进了一步。这种方法典型地体现在三个工程：一是“导黄入海工程”，使淤塞十年的海口开始通流，为其他各项工程创造有利条件。据靳辅在奏疏中说：“海口大辟，下流疏通，腹心之害已除。”二是“兴建清口工程”，为了利用淮河以清刷黄，靳辅大挑清口，在淮河出湖口开掘张福口、帅家庄、裴家场等五道引河。然后五道引河再会于一流，集中水势，由清口入黄，使河、淮并力入海。据靳辅《治河方略·治纪中·南运口》）载：“运艘之出清口，譬若从咽喉而直吐，即伏秋暴涨，黄水不特不能内灌运河，并难抵运口。”“迩年以来，重运过淮，扬帆直上，如历坦途；运河无淤垫之虞，淮民岁省挑浚之苦。”三是“皂河工程”，挑新浚旧，另开皂河四十里于骆马湖之旁，上接泇河，下达黄河，行舟安全，便于漕运。又自皂河迤东，历龙冈、岔路口至张家庄二十里，挑新河三千余丈，并移运口于张家庄，以防黄水倒灌。皂河工程是靳辅治黄保运的一大创举，不仅防止黄河内灌，而且保证漕运的畅通无阻。

（二）堵塞决口

靳辅、陈潢主张堵塞决口以挽正河，修筑堤防以束水攻沙。下流河道疏通后，靳辅、陈潢即把注意力放在堵塞决口上。彼时，黄河两岸决口二十一处，高家堰决口三十四处，而且堵塞有难易，情况各不同。靳辅因地制宜，采取灵活的方法堵塞决口。如堵塞决口时先塞住小口，后塞大口。“或挑引河，或筑拦水坝，或中流筑越堤，审势置宜，而大者小者，当亦无有不受治者矣”，遂将小口门一一堵合，最后杨家庄大工，使黄河归入正流。这种治河方法具体体现在清水潭工程中。

清水潭逼近高邮湖，地势低洼，受害尤重，最难修治。大决口南北三百余丈，水深至七八丈，东西与湖水相连，汪洋无际，漕运受阻。历经杨茂勋、罗多、王光裕三位河道总督十余年的治理，费帑五十余万，总难见成效。靳辅经调查研究后，决定综合治理，先堵高家堰各处决口，令淮水尽出清口，杀其上流水势，并挑浚经过山阳、清河、高邮、宝应、江都五州县的运河，塞决口三十二处，疏其下流水路，然后专力以图清水潭。他吸取前人的教训，采用“避深就浅，于决口上下退离五六丈为偃月形，抱决口两端而筑之”的方法，筑成东西两堤。靳辅亲率河官，“身宿工次”，从康熙十七年九月兴工，至康熙十八年三月竣工。他向皇上奏报：“七州县田亩尽行涸出，运艘、民船永和安澜矣。”康熙览奏，特予嘉奖，并亲自命名：“名河曰永安，新河堤曰永安堤。”

（三）建筑河堤

靳辅、陈潢继承了潘季驯“束水攻沙”的治河思想，十分重视堤防的作用。陈潢认为：“治河者，必以堤防为先务。……堤成则水合，水合则流迅，流迅则势猛，水猛则新沙不停，旧沙尽刷，而河底愈深。”因此靳辅在主持治河的十一年中，非常注意“建筑堤防”。在修建堤坝方面，他们又借鉴潘季驯不重视近海堤防的教训，在上起河南、下到海口附近，都修起了坚固的堤防，并创筑了从云梯关外到海口的束水堤一万八千余丈，“凡出关散淌之水，咸逼束于中”，以期“冲沙有力，海口之壅积，不浚而自辟矣”。同时，他们又对防止洪泽湖东边决口的主要屏障高家堰，进行了重点培修加固。其中，高家堰工程用于挽湖束水、捍黄敌黄，使淮水经洪泽湖而出清口。这项工程使山阳、宝应、高邮、江都四州县及河西诸湖涸出的土地，由靳辅等设法招垦，“增赋足民”；归仁堤工程在于加高培厚、挑引河、筑大坝及减水坝，构筑捍淮敌黄屏障。

另外，靳辅还总结民间经验，制定堤防的维修、养护制度，增设了护堤人员，在堤上广泛植柳，进一步发挥缕堤、遥堤、月堤、格堤的作用，层层设防，增强防御洪水的力量。

（四）闸坝分洪

靳辅、陈潢在治河实践中，鉴于“上流河身至宽至深，而下流河身不敌其半”，有碍行洪，在砀山以下至睢宁间的狭窄段内，沿用潘季驯修减水坝的办法，因地制宜地增建了许多减水闸坝。如南岸砀山毛家铺创建减水坝一座；铜山（今徐州）王家山建天然减水坝一座；睢宁、峰山附近凿石建闸四座，以备异常洪水分流之用。如果遇淮消而黄涨，各闸分出的水，在沿途中逐渐澄清，澄清的水流入洪泽湖，再由清口注入正河，助淮以清刷黄，达到以水治水的目的。利用减水坝以清刷黄是靳辅与潘季驯治水的不同之处。但在使用减水坝的初期，靳辅并没有对水归路进行及时处理，以致水过之地多受其害，因此靳辅受到许多官员的非议。

在创建减水坝时，靳辅还实行了"以测土方之法，移而测水"的科学测水方法。其法是"先量闸口阔狭，计一秒流几何，积至一昼夜所流多寡，可以数计矣"。

这就是说，先在分水闸口，量出其长宽尺度，计算出闸口在一秒钟内流出多少水量，及一昼夜流出多少水量。据此计算出计划在闸口分出的流量，"务使所泄之数，适称所溢之数"，这就为有计划地分洪，提供了必要条件。

（五）修守险工

潘季驯治河四次，除修太行堤外，没有施工到中游的山东、河南，所以他离任后不久，便决口单县。靳辅于康熙二十四年九月，请筑考城、仪封等县堤长 7 989 丈，又封丘县荆隆口大月堤 330 丈。在治河过程中兼顾上游与下游的关系，这是靳辅比潘季驯进步的地方。

靳辅认为"防河之要，惟有守险工而已"，他感到黄河在河南一带沙多土松，一遇河水冲刷，滩地虽有坍塌数百丈者，可是河南黄河河面宽旷，河流距堤较远，尚易于防守。江南徐、邳以下，重要城镇多濒临大河，险工林立，不得不严加修守。根据实践经验，他总结出"守险之方有三：一曰埽，二曰逼水坝，三曰引河。三者之用，各有其宜"。对埽工，他们主张改秸料为柳草，修埽"柳七草三"，柳多可以加大重量，易于沉底，草料可填充空隙，以防疏漏，即所谓"骨以柳，而肉以草也"。这比单纯用秸料修埽更有优越性。在兜湾顶冲之处，应该顺厢埽，可"鱼鳞栉比而下之"。当大溜搜根刷底而上堤下挫，埽工不能抵御时，他们认为可应急于上流筑逼水坝一至三道，以挑溜外移。若正河弯曲特甚，大河有入袖之势时，则相度地势，挖引河裁弯取直，险工立可平缓。如靳辅所言："埽之用，是固其城市也；坝之用，捍之于郊外者也；引河之用，援师至近，开营而延敌者也。"

这种守险方法，至今仍有现实意义。

（六）疏浚运道——黄、运分离

潘季驯在治河期间是主张利用黄河故道，反对开新河，即反对开泇河、胶莱运河，认为："假令胶泇告成，海运无困，将置黄淮于不治乎？亦将并作之也？"潘季驯因受保运、护陵的牵制，所以在治河过程中没有提出使黄、运分离的策略。靳辅治河就没有这种顾虑，他认为："议者莫不以为治河即所以治漕，一似乎舍河别无所谓漕也；虽然，水性避高而就下。地为之，不可逆也，运道避险而就安；人为之，所虑者为之或不当耳。有明一代治河，莫善于泇河之绩。"黄、运分离的治河思想，是靳辅治河的又一大创举。为此，岑仲勉认为"不推季驯而推泇河，确是靳氏的卓识"。靳辅黄、运分离的治河思想体现在中河工程上。

运道自清河至宿迁，借用黄河，风涛险恶，常出事故。靳辅从康熙二十五年起，自骆马湖，沿黄河北岸，于遥、缕二堤之间开渠，历宿迁、桃源至清河仲家庄出口，名曰中河。"粮船北上出清口后，行黄河数里，即入中河，直达张庄运口（北接皂河），以避黄河百八十里之险"。这项工程是康熙治理黄、淮、运的核心部分。黄河与运河彻底分开，黄河专司泄洪，运河专司漕运，兼泄沂、泗洪水，结束了"黄、运合一"的历史。康熙高度评价开中河的功绩："创中河以避黄河 180 里（指张庄至仲家庄段）波涛之险，因而漕挽流，商民利济，其有功于运道、民生，至远且大。"

（七）疏浚海口

靳辅除遵循潘季驯"筑堤束水，以水攻沙"的方策外，还提倡对海口进行疏浚，"自云梯关而下至海口，为两河朝宗要道，每堤一里，必须设兵六名。每兵一名，管堤三十丈，……每二里半建一墩，令兵十五名居于墩侧，每墩给浚船一只，各系铁埽二个于船尾……溯流刷沙，往来上下，……专令浚堤外至海口一带淤沙"。并自云梯关以上至宿迁河段，都按此办法进行疏浚。在疏浚河口时，他们创造了带水作业的刷沙机械，在船尾系上铁扫帚，翻动水底泥沙，利用流水的冲力，把泥沙送到海中，这是我国利用机械治河的开端。

靳辅在治河活动中虽遵循潘季驯的"治导原理"，但靳、潘两人比较，岑仲勉在《黄河变迁史》中评价较为妥当："潘在督河内，泗洲的积水无法消泄；靳承河务最坏之后，连任十年，除去视事未久的杨家庄决口之外，徐家湾、萧家渡两处决口不久即塞，再没有出过什么险工，那正如清帝所说：'数年以来，河道未尝冲决，漕艘亦未至有误，若谓靳辅治河全无裨益，微独靳辅不服，朕亦不惬于心。'"

靳辅治河十余年，改变了清初以来河患严重的局面，保持了漕运的畅通，使黄河河道趋于安稳。靳辅死后，康熙帝在最后一次南巡（康熙四十六年五月）中给与高度评价："朕今年南巡阅河，沿河百姓，无不称颂靳辅所修工程，极为坚固。自明末……决坏黄河之后，一经靳辅修筑，至今河堤略不动摇，皆其功也。靳辅殁已十余年，无有为之举奏者，然功不可泯也。""一切治理之法，虽河臣互有损益，而规模措施不能易也。"

参考文献

[1] 袁博．近代中国水文化的历史考察[D]．山东师范大学，2014．
[2] 靳怀堾．治水与中华文明[J]．国学，2011，08：7-11．
[3] 李亚光．大禹治水是中华文明史的曙光[J]．史学集刊，2003，03：84-88．
[4] 赵逵夫．从《天问》看共工、鲧、禹治水及其对中华文明的贡献[J]．社会科学战线，2001，01：79-95．
[5] 沈长云．论大禹治水及其对中华文明进程的影响[A]．禹城与大禹文化文集[C]．中国先秦史学会，禹城市人民政府，曲阜师范大学历史系，禹城市大禹文化研究会，2002：9．
[6] 董晓泉．试论两汉的水利工程与水旱灾害[D]．首都师范大学，2002．
[7] 刘传朋，牟玉玮，包锡成．论王景治河[J]．人民黄河，1981，03：57-59．
[8] 卞吉．王景治河千载无患[J]．中国减灾，2008，08：46-47．
[9] 黎沛虹．东汉王景治河与黄河八百年安流[J]．水利天地，1989，06：28．
[10] 周魁一．潘季驯"束水攻沙"治河思想历史地位辨析[J]．水利学报，1996，08：1-7+15．
[11] 郭涛．潘季驯以水治沙的治河方策[J]．人民黄河，1983，01：72-75．
[12] 渭水．潘季驯的治河思想[J]．水利天地，2006，11：22-23．
[13] 蔡蓉蓉．潘季驯对治河堤防体系的思考与完善[N]．黄河报，2012-12-13（003）．
[14] 马红丽．靳辅治河研究[D]．广西师范大学，2007．

第四篇

古代先民创造水利工程奇迹

早在原始社会时期，华夏民族已开始治理水害和开发水利活动。上古先民为躲避洪水修筑堤坝，形成了中国古代最原始的防洪工程。之后，随着农业发展和生产力进步，出现了人工灌溉和人工运河等水利工程。中国自上古时期大禹治水始，水利开启了中华文明的第一道曙光，并与中华民族的国家前途、命运紧紧相联，对社会的政治、经济、文化产生了巨大影响。早在战国时期，著名政治家、哲学家管仲就曾指出："善为国者，必先除其五害：水一害也，旱一害也，风、雾、雹、霜一害也，厉一害也，火一害也，此谓五害。五害之属水为大。……水有……经水……枝水……谷水……川水……渊水。此五水者因其利而往之可也。"

在中国历史上，兴修水利是中华民族生存与发展的首要条件。五千多年来，正是依靠水土资源的不断开发，中华民族持续发展，中华文明延绵不断。从一定意义上说，中华民族悠久的文明史是一部兴水利、治水患、除水害的历史。不论是江河中下游的辽阔平原，还是山峦沟壑间的层层梯田，以至荒漠戈壁中的片片绿洲，那些灿若星河的水利工程如一座座无字丰碑，镌刻、记载了中华文明几千年光辉灿烂的历史文化。

第十二章　“疏浚芍陂淮水引，安澜古堰稻香存”
——芍陂

芍陂（què bēi），我国古代淮河流域著名的水利工程，现名安丰塘，位于今安徽省六安市寿县县城南 30 千米处，有“天下第一塘”“世界塘中之冠”之美誉，与漳河渠、都江堰、郑国渠并称我国古代四大水利工程。相传公元前 598 年至公元前 591 年间，由楚人孙叔敖（生卒年不详）始建。（一说为战国时楚人子思所建。）距今已有 2 500 多年历史，比都江堰早 300 年，是我国水利史上最早的大型陂塘灌溉工程。1988 年，芍陂被列为国家重点文物保护单位。2015 年，在国际灌排委员会于法国蒙彼利埃召开的第 66 届国际执行理事会全体会议上，芍陂成功入选世界灌溉工程遗产名单。

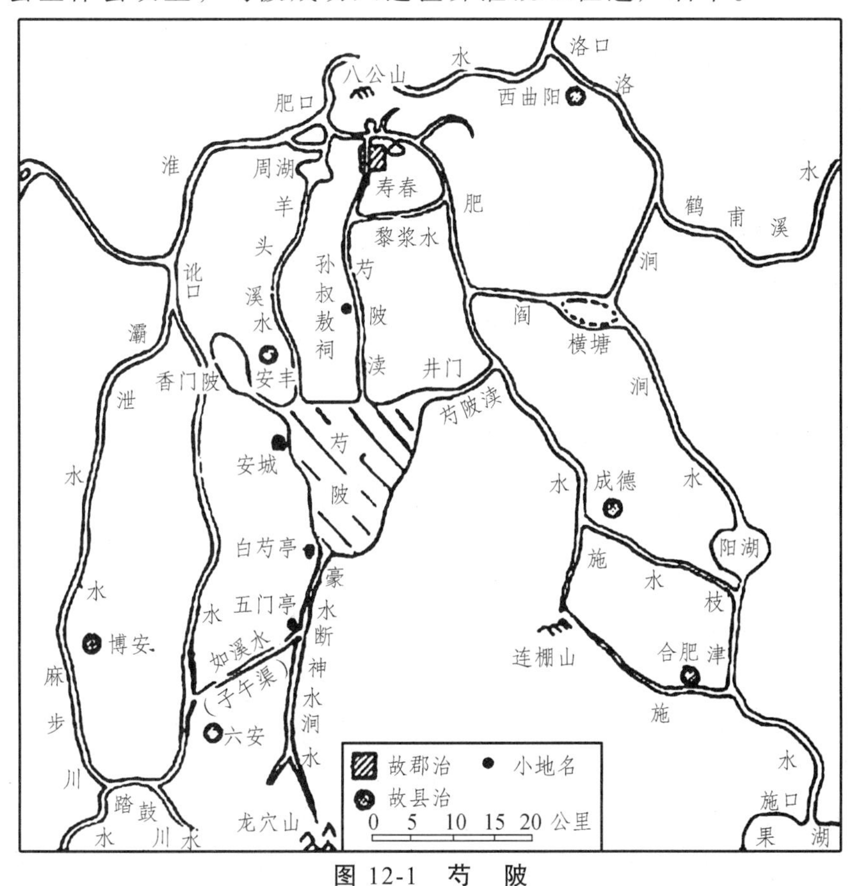

图 12-1　芍　陂

芍陂主要水源是淠（pì）河，《水经·肥水注》曾详述芍陂源流及规模，指出陂有五门（水口），吐纳川流。隋代时，经整修增辟为三十六门。明嘉靖《寿州志》曾详记当时三十六门的具体名称及其地点，它的灌渠总长达783里。然而，历史上的芍陂位于南北要冲，乃兵家必争之地，加之当地豪强不断占陂为田，芍陂面积逐渐缩小，灌溉功能日渐萎缩，现在的芍陂已成为淠史杭灌区的一个反调节水库。

第一节　楚相修陂始建功

陂，阪也；塘，池也。陂塘即是利用低洼之地汇集周边水源而形成的池塘，芍陂因水流经过白芍亭东积为湖而得名。历朝历代，所筑陂塘众多，但若以时间和成效而论，芍陂当之无愧是其中的佼佼者。古代人工灌溉的水源主要来自地下和地表，又以江河湖沼等地表水居多。地表水虽然易于获取，但水量受季节和气候影响较大，自然水量往往不能时时满足农业灌溉的需求。于是，古代先民建造了很多人工陂塘，用以存蓄水分，调节江河流量。这些陂塘就相当于今天随处可见的水库。芍陂，是中国历史上出现最早、规模最大的水库。

一、抗天灾，图霸业

一般认为，芍陂是由春秋楚庄王十七年—二十三年（公元前598—前591年）楚令尹孙叔敖所建。北魏郦道元的《水经注》载有："芍陂周一百二十许里，在寿县南八十里，言楚相孙叔敖所造。"最早提及芍陂创始人孙叔敖的是南朝刘宋范晔（公元398—445年），范晔在其所著《后汉书·循吏列传·王景传》中写道："建初七年，（景）迁徐州刺史，明年，迁庐江太守。先是百姓不知牛耕，致地力有余而食常不足。郡界有楚相孙叔敖所起芍陂稻田，景及驱率吏民，修起荒废，教用犁耕，由是垦辟倍多，境内丰给。"

孙叔敖乃楚国期思县（今河南省固始县）人，生长在水乡的孙叔敖十分热爱水利事业，并深谙水患给农业、民生、政权可能造成的灾难与威胁。公元前601年，虞邱向楚庄王推荐孙叔敖，招拜其为楚国令尹（相当于丞相）。《淮南子》称："孙叔敖决期思之水，而灌雩娄之野，庄王知其可以为令尹也。"孙叔敖当政后，极力主张："宣导川谷，陂障源泉，灌溉沃泽，堤防湖浦以为池沼，钟天地之爱，收九泽之利，以殷润国家，家富人喜。"并发动民众"于楚之境内，下膏泽，兴水利”，楚庄王十七年左右，孙叔敖受命主持兴建芍陂，以国之抗天灾之必，图霸业之须。

两千多年前的春秋时期，人与自然的关系更多地表现为人受制于自然，尤其是在农业生产方面，人们将丰收的大部分希望寄托于“风调雨顺”。芍陂工程位于大别山的北麓余脉。在芍陂兴修之前，每逢夏秋雨季，山洪暴发形成涝灾，雨水少的年份又出现旱灾。旱涝频繁，灾害严重。而历史上这一区域又正是当时楚国北疆的农业主产区，粮食的产量、质量对楚国的国家安全和平民生计影响巨大。再者，楚庄王即位后，内平隐患，外抗强晋，立威定霸，呈问鼎中原之姿。在以农业生产作为霸业基础的封建社会，兴修水利的重要性就更加凸显。

值得庆幸的是，春秋时期铁器的使用逐渐普及，为大型水利工程的修建创造了必要条件。由此，孙叔敖主持修堤筑堰、开沟通渠兴建水利工程，大力发展农业生产和航运。

二、径百里，灌万顷

芍陂所处地带是春秋时期楚国的“粮仓”，对楚国的重要性无须赘述。

图 12-2　孙叔敖像

从地形上看，大别山由湖北、河南交界处入安徽境内，为都岗岭、天柱山、潜山，一直延长到今合肥市的北面。这些山脉环形分布于淮河的西、南、东三面，地势较高，故水流经山谷地势相对低洼的北坡，经寿县等地汇入淮河。

孙叔敖顺应自然规律，利用南高北低的地势条件，将淮南丘陵“西至六安龙穴山，东自濠州（今凤阳）横石山，东南自龙池山”（《嘉靖重修一统志》）流来的水汇集起来，建成周围两三百里，占地约 145 万亩，蓄水约 1.7 亿立方米的原始人工水库，也是我国最早的蓄水灌溉工程——“芍陂”。史料记载多说芍陂“径百里，灌万顷”，按照今天的地理位置，相当于在今寿县淠河与瓦埠湖之间，南起贤姑墩、北至安丰铺和老庙集一带。

古芍陂的水源，一是丘陵地带的山溪来水，二是挖沟引水。山溪来水主要是把东面积石山（原濠州横石山一带）、东南面龙池山和西南面六安龙穴山上流下的溪水汇聚在北面低洼的芍陂之中。但由于溪水受降雨影响大，加之上游拦蓄，很难保证水源的稳定性，不能达到芍陂预定的蓄水目标。为解决芍陂的水源来源问题，孙叔敖又从淠河（今淠河干渠下游段）开子午渠引水至芍陂，此举保证了芍陂水源的稳定，达到了灌田万顷的修建规划。在淠河上开子午渠是孙叔敖一举两得的创举，引水入陂，既确保芍陂有足够水量供应农田灌溉，又能为汛期淠河河道滞洪时起到分洪的作用。

芍陂主要水源是淠河，《水经·肥水注》曾详述芍陂源流及规模，指出陂有五门（水口），吐纳川流。为便于灌溉取水和调整陂内的水量，芍陂共修建了五个水门，设置在芍陂的四周，并用石质闸门加以控制，“水涨则开门以疏之，水消则闭门以蓄之”。

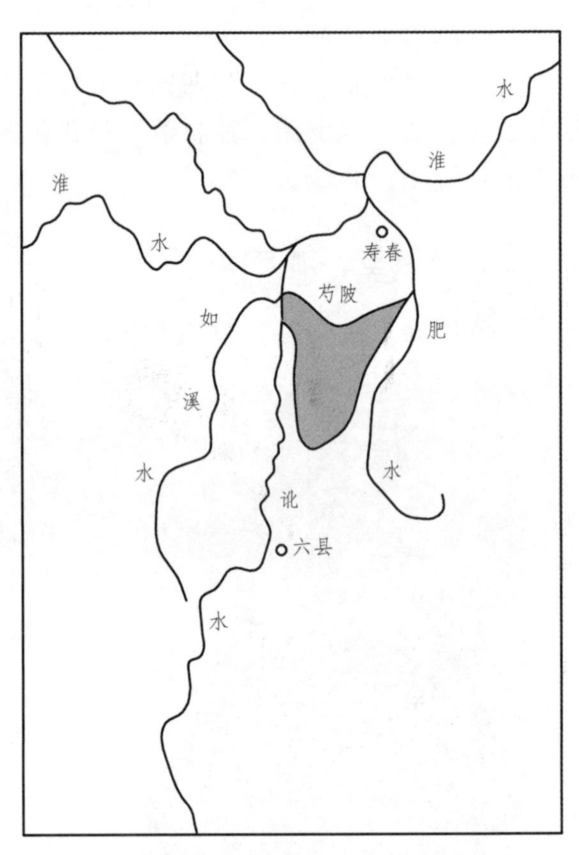

图 12-3 古芍陂水系示意图

芍陂建成后，使安丰一带每年都出产大量粮食，并很快成为楚国的经济要地。楚国的根基得以更加稳固，国力变得更加强大。之后，楚庄王问鼎中原，成为“春秋五霸”之一。三百多年后，楚考烈王二十二年（公元前 241 年），楚国被秦国打败，考烈王迁都城到此，并把寿春改名为郢。这固然是出于军事上的需要，也是由于水利奠定了这里的重要经济地位。

芍陂在东汉时陂周二三百里，可灌田万顷，成为彼时有名的产粮区。芍陂经过历代的整治，一直发挥着巨大效益。北宋王安石用“鲂鱼鲅鲅归城市，粳稻纷纷载酒船”赞芍陂之益。

后世皆言，芍陂是孙叔敖留给后人的最大财富。其实，据史书记载，孙叔敖还修建了中国最早的大型引水灌溉工程——期思雩娄灌区。约公元前

605 年，孙叔敖主持兴建期思雩娄灌区。在史河东岸凿开石嘴头，引水向北，称为清河。又在史河下游东岸开渠，向东引水，称为堪河。利用这两条引水河渠，灌溉史河、泉河之间的土地。因清河长 90 里，堪河长 40 里，共 130 里，灌溉有保障，后世又称“百里不求天灌区”。经过后世不断续建、扩建，灌区内有渠有陂，引水入渠，由渠入陂，开陂灌田，形成了一个“长藤结瓜”式的灌溉体系。直到几千年后，淠史杭在修建过程中也采用了这种“长藤结瓜”的模式。

三、灌良田后世多争议

（一）芍陂的始建者另有其人

芍陂一般被认为是由春秋时期楚国名相孙叔敖所建，这种传统观点追根溯源来自两个史料：一是《淮南子·人间训》：“孙叔敖决期思之水，而灌雩娄之野……庄王知其可以为令尹也。”二是《后汉书·王景传》：“明年，迁庐江太守。先是百姓不知牛耕，致地力有余而食常不足。郡界有楚相孙叔敖所起芍陂稻田。”

20 世纪 70 年代，出现了质疑传统观点的新论，新论认为“孙叔敖决期思之水”修建了期思陂，但期思陂并不一定就是芍陂，缺乏足够的证据证明期思陂和芍陂之间能够画等号。

《后汉书·王景传》是最早将孙叔敖和芍陂并提的典籍，但目前缺乏其他适当的典籍来证实这种说法。北魏郦道元《水经注》中对芍陂的记载“芍陂……言楚相孙叔敖所造”，也非常谨慎地使用了“言”这个字眼，即为“听说”之意。从字面上理解，郦道元将孙叔敖建芍陂一事是作为传说来看待的。

另有范晔《后汉书》收录的公元三世纪《皇览》中的一句佚文：“楚大夫子思冢在县东山乡西，去县四十里。子思造芍陂。”据此，又有说芍陂是战国时楚子思所建。

（二）芍陂并非始建于春秋时期

若说孙叔敖在修建芍陂一事中的角色缺乏确认，那么关键的问题在于澄清当时的历史环境。有学者认为，按照传统观点，当时芍陂所在的区域处于楚、吴两国的争夺下，因战乱而动荡不安。在这种情况下，楚国未能完全控制此区域，大兴水利的可能性就更加小。

除了不具备与修建芍陂相适应的社会经济条件之外，再者，有学者认为楚庄王时代尚不存在修建芍陂的水利工程技术。储水灌溉需要有能力修建耐用的水闸，这就必须用到流水动力学的知识和堪用的建材、工具和方法，而水闸的发明可否推到战国时代都尚且有疑问。基于这些理由，新观点认为芍陂的真正建成至少是在战国时期或战国之后的朝代，而不是传统观点认为的春秋时期。

古往今来，太多的历史真相被湮没在浩瀚的时间中，几千年岁月车轮滚滚碾过，仅留下只言片语的记载。我们只能继续探索，希望有一天可以拂去历史笼罩的尘埃。

第二节　千年芍陂兴废之路

芍陂建成之后，在近三千年中时兴时废，历经沧桑，功载当时，泽及后世。安丰塘之名，始见于《唐书·地理志》:“寿春……安丰……县界有芍陂，灌田万顷，号安丰塘。”芍陂因引淠水经白芍亭东积水形成而得名。隋唐以后，因在此处设置安丰县，便更名为安丰塘。但自唐至明，通常仍称芍陂，有清以来，才号称安丰塘。

一、大事记

（一）东汉时期

建初八年（公元 83 年），庐江太守王景主持对芍陂进行第一次修治，灌田万顷，境内丰给。

建安五年（公元 200 年），扬州刺史刘馥广屯田，修芍陂、七门等诸堰，以溉稻田。

建安十四年（公元 209 年），曹操带病亲自驻守合肥，“开芍陂屯田”。

（二）三国时期

魏正始二年（公元 241 年），尚书郎邓艾重修芍陂，使其蓄水能力大幅提高，灌溉面积空前扩大。

（三）两晋南北朝时期

由于政权分裂，芍陂时兴时废。

西晋太康年间（公元 280 年—289 年），有刘颂每年“用数万人”修建芍陂。与此同时，豪强地主在芍陂周围大肆兼并土地，给兴修芍陂带来了极大阻碍。

西晋末年，芍陂开始荒废。

图 12-4 今日安丰塘

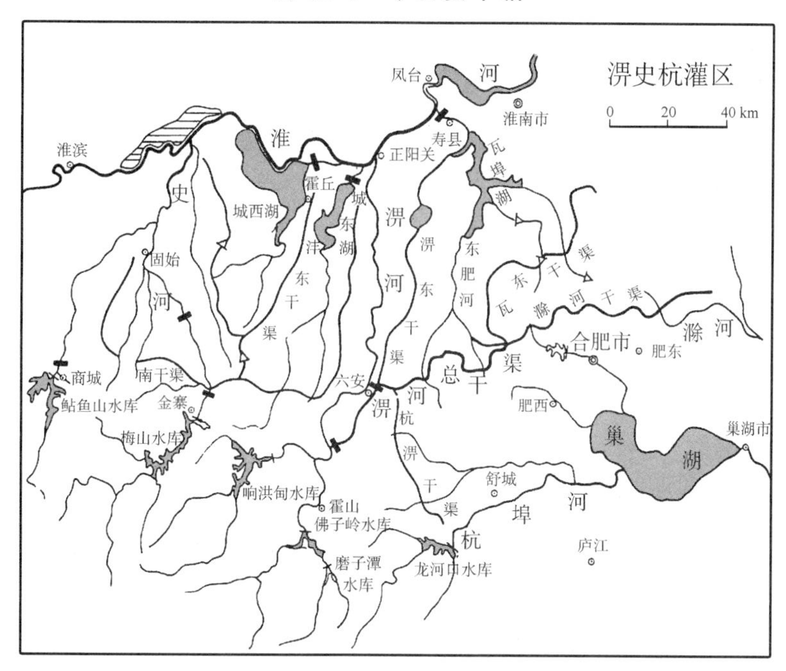

图 12-5 淠史杭灌溉区

（四）南朝时期

宋元嘉七年（公元 430 年），豫州刺史刘义欣对芍陂做了比较彻底的修治，出现了“灌田万余顷，无复灾害”的大好景象，且这种大好景象维持了较长时间。

南齐时期，淮河流域战事频繁，芍陂又渐渐衰落。梁时曾先后两次整修芍陂，使它恢复往日荣光。

（五）隋朝时期

隋朝初年，芍陂的灌溉面积仅达到以往的一半。隋初赵轨治陂，史书记载：“芍陂旧有五门堰，芜秽不修，轨于是劝课人吏，更开三十六门，灌田五千顷，人赖其利”。明嘉靖《寿州志》曾详记当时三十六门的具体名称及其地点，它的灌渠总长达 783 里。

（六）五代十国及宋朝时期

五代更迭，战乱相连，豪强分占，芍陂大废。“宋初，李若谷申禁令，摘占田，复堤止决，芍陂又兴”。

（七）元明清时期

元代以后芍陂逐渐淤塞。

明永乐中（公元 1403 年—1424 年），征徙两万，疏河修堤，芍陂又兴。

明正统元年（公元 1436 年）以来，豪强地主强行侵占湖田截断芍陂上游，“陂流遂淤”。

明末，豪强抢占，破坏更甚。芍陂的淤积日益严重，湖田不断增加。芍陂的面积仅有数十里。

至清代，不少皇帝都对芍陂进行了修治，但大多收效不大。

光绪年间，芍陂淤塞严重，大部分成了湖田，其水利作用已经很小。光绪《寿州志》记载：“陂本长百里，周几三百里，今陂周一百二十里，又一百二十里中，其为陂者仅十之三，其余皆淤为田。”

（八）近现代

中华人民共和国成立前夕，芍陂灌溉面积不足 8 万亩。

中华人民共和国成立后，人民政府组织修浚，1958 年纳入淠史杭综合利用系统；1977—1978 年整修加固，蓄水能力达 7 300 万立方米，灌溉面积 4.2 万公顷，并有防洪、除涝、水产、航运等综合效益。寿县成为安徽省粮食大县。

二、兴废之因

1. 自然因素——水源问题

芍陂的主要水源是通过子午渠引淠河之水。宋朝以后，由于屡经战火，子午渠遭到破坏，淠河引入芍陂的水量大大减少。同时，公元 1194 年黄河改道，借淮河河道汇入大海，黄河河水携带大量泥沙进入淮河，淤积了渠道和陂塘，逐渐影响芍陂的库容量。黄河入淮同时发生倒灌，造成东淝水河下游淤积。这样，芍陂上存水源不足，下有滞泄不畅，加之泥沙淤积，成了死水一潭。

2. 人为因素——战争和屯田

三国、南北朝时期芍陂曾多次受到战争波及。唐宋以来则多为地主豪强

占垦和盗决。到明代，芍陂被占塘面约长 50 里，变塘为田达 56 967 亩之多。明成化十九年（公元 1483 年）地主土豪为避免雨季汛涨时私田被淹，便盗决陂堤泄水，涸出塘底，以继续占垦。

从芍陂的兴废之路中，后世可以吸取很多经验教训：

第一，政府要重视水利建设。国以民为本，民以食为天。农业是立国之本，一个国家的粮食安全关系着整个国家的稳定和发展。水利与农业息息相关，发展农业生产离不开灌溉，而拥有天然得天独厚的灌溉条件的区域毕竟是少数，因此，水利工程的重要性便凸显出来。

第二，水利工程的修建要合规律、顺自然。对已经修建好的水利工程要随自然条件的变化不断加以修治，并尽量减少人为破坏。

第三，注重保护水利工程的水生态环境。尤其要注意防治水利工程相关流域的水土流失，及时清理河道和水库过量的泥沙淤积，保护好水源，延长水利工程使用寿命，以福泽后世。

参考文献

[1] 刘治品．芍陂的兴废及原因[J]．历史教学，2004,（8）：65-67．

[2] 丁继龙．芍陂在中国水利史上的地位和作用[J]．探索争鸣，2003,（5）：6-7．

[3] 魏新民．试分析三国两晋时期的江淮农田水利建设[J]．农业考古，2008,（3）：24-27．

[4] 李松．明清时期芍陂的占垦问题与社会应对[J]．安徽农业科学，2010，38（5）：2723-2725．

[5] 王双怀．中国古代的水利设施及其特征[J]．陕西师范大学学报（哲学社会科学版），2010，02：109-117．

[6] 丁继龙．孙叔敖与芍陂渊源[J]．文物世界，2013，04：13-15+8．

[7] 陈业新．历史时期芍陂水源变迁的初步考察[J]．安徽史学，2013，06：92-105．

[8] 陈立柱．结合楚简重论芍陂的创始与地理问题[J]．安徽师范大学学报（人文社会科学版），2012，04：441-449．

[9] 张崇旺．论明清时期芍陂的水事纠纷及其治理[J]．中国农史，2015，02：81-93+38．

[10] 陈业新．阻源与占垦：明清时期芍陂水利生态及其治理研究[J]．江汉论坛，2016，02：104-116．

第十三章 “疲秦之计”建万世功——郑国渠

“灌溉之最”郑国渠，渠首位于今天陕西省泾阳县西北 25 千米的泾河北岸，即今王桥镇的船头村西。根据《史记》记载，郑国渠流经今天陕西省的泾阳、三原、高陵、临潼、闫良等县，绵延 124 千米，灌田 115 万亩。郑国渠加上之后修凿的白渠、六辅渠等水利工程，构成了一个既引泾入洛又引泾入渭的规模宏大的灌溉水系。郑国渠当属中国古代修建的最长灌溉渠道，水源引取自渭河的支流泾水，创建时渠首工程属无坝引水类型。作为我国水利史和科技史上的一个重要里程碑，其诸多设计思想，为后世水利工程设计提供了丰富经验。而它背后的国运兴衰故事，也无不使人为之唏嘘。

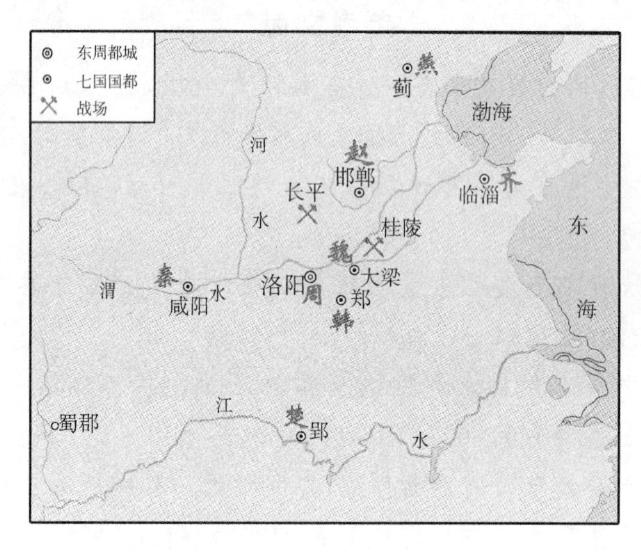

图 13-1 战国形势图

2 300 年前，华夏大地正处于战国末期，生产工具和生产技术都有了长足进步，铁器和牛耕的使用得到广泛普及，封建社会逐渐成型。经过春秋时期的数次战争，诸侯国数量大大减少，合并为秦、楚、韩、齐、燕、赵、魏等七国。七国之中，经过商鞅变法的秦国国力最盛。彼时，秦国东望六国，存虎狼之心。始皇初年（公元前 246 年），秦始皇命韩国水工郑国修建郑国渠。郑国渠为灌溉渠，是最早在关中修建的大型水利工程，长 300 余里。如此规模的工程，即便对于国力和技术均处于先进地位的秦国而言，也是巨大的负荷，需要大量的资金和人力投入。而胸怀一统天下之愿景的秦始皇，预谋着耗费巨万的兼并战争，为何愿意在此时举倾国之力兴建一个水利工程？在国与国之间激烈竞争的战国末期，秦国又为何愿意启用韩国的水工主持这一庞大的国家工程？带着这些疑问，让我们拨开历史的重重迷雾，走近郑国渠。

第一节　阴谋中诞生的郑国渠

战国时代，承接春秋乱世，是中国历史上社会关系发生重大变化的时期。在这段时期，生产力水平得到了空前的提高——铁器被大量制造和使用，牛耕广泛普及。随着生产力的发展，越来越多的私田被开垦，社会新兴阶级——地主阶级渐渐形成，奴隶制度土崩瓦解，封建制度逐步稳固。同时，经过春秋时期三百六十余年的战争，原本分散在各诸侯手中的土地、人口、财富，都集中在了少数诸侯手中。中原大地上的成百上千的小国家整合为十多个大实体国家，其中又以秦、楚、韩、齐、燕、赵、魏等七国最强。七国并立，原本的战略缓冲空间不复存在，各大国不得不直接面对残酷的竞争格局，而资源的集中也使得各国间的战争规模和战争烈度急剧上升。

时至战国，华夏大地从未实现过统一。战国的前、中期，各国之间实力大致相当，七雄争霸二百余年。在这样的情势下，秦国如何做到在战国中后期异军突起，打破七国并立的平衡，并进一步拥有统一天下的实力呢？

一、商鞅变法

公元前 362 年，年仅 21 岁的秦孝公登上王位，成为秦国的第 25 代国君。

彼时，在不断的激烈攻伐中，各国都在谋求生存之道，思考富国强兵之策。在这样的时代背景下，变法陆续开展，如魏国的李悝变法、楚国的吴起变法等，皆力图使各种社会资源得到最高效的配置，最大程度提升国家整体实力。秦国也非例外。

战国初期的秦国，土地私有制和赋税改革等都晚于六国，社会经济的发展落后于六国。秦孝公即位后，当时黄河和崤山以东的战国六雄已经形成，淮河、泗水之间有十多个小国。周王室衰微，秦国地处偏僻的雍州，不参加中原各国诸侯的盟会，被诸侯们疏远，像夷狄一样对待。秦孝公以恢复秦穆公时期的霸业为己任，在国内颁布了著名的求贤令，命国人、大臣献富国强兵之策。商鞅听闻秦孝公在国内发布求贤令，便携带李悝的《法经》投奔秦国，用霸道之术游说，畅谈富国强兵之策。为在诸侯国的争霸中处于有利地位，秦孝公采纳了商鞅的建议并命其主持秦国的变法，史称“商鞅变法”。

商鞅变法从经济、政治两方面展开：

（一）经济措施

（1）废井田、开阡陌。

（2）重农抑商、奖励耕织。

（3）统一度量衡。

（二）政治措施

（1）奖励军功，实行二十等爵制。

（2）废除世卿世禄制，鼓励宗室贵族建立军功。

（3）改革户籍制度，实行连坐法。

（4）推行县制。

（5）定秦律，“燔诗书而明法令”。

图 13-2 商 鞅

商鞅的改革在经济上以废除井田制，实行土地私有制为重点，在政治上以彻底废除旧的世卿世禄制，建立新的封建专制主义中央集权制为重点。

然而，历史上任何一次变法，不仅是一种治国方略的重新选择，更是利益关系的重新调整，商鞅的改革也因为触及旧贵族的利益而遭到阻力。商鞅废除井田、奖励军功等一系列改革措施，严重触犯了贵族阶层一向具有的对土地和官职的垄断特权，遭到以太子为首的既得利益集团强烈反对。《史记》记载：“商君相秦十年，宗室贵戚多怨望者。”秦孝公死后，商鞅失去了权力基础，即位的太子在保守派的支持下卷土重来，对商鞅施行了疯狂的报复。他们以诬告陷害的方式迫使商鞅谋反，后对商鞅施以车裂之刑。商鞅虽然惨遭不幸，但他所开创的变法大业却因顺应了历史潮流而成不可逆转之势。同时，尽管商鞅变法带着浓重的法家色彩，如轻视教化，鼓吹轻罪重罚，用简单粗暴的政治手段来处理意识形态方面的问题等，存在时代局限性，但变法在当时对秦国的发展起到了相当积极的作用。

经过商鞅变法之后，秦国在经济上，改变了旧有的生产关系，废井田开阡陌，从根本上确立了土地私有制。在政治上，又打击并瓦解了旧的血缘宗法制度，使封建国家机制更加健全，中央集权制度建设从此开始。在军事上，奖励军功达到了强兵的目的，极大地提高了军队战斗力，使秦国发展成为战国后期最强大的封建国家，为秦国下一步战略发展创造了有利条件。

变法发展后的秦国在七国之中脱颖而出，一骑绝尘。公元前 247 年，秦王嬴政即位，秦国的野心东望——东边六国尽皆笼罩在秦帝国的阴影之下。

此刻，秦国要实现称霸天下的目的，就要首先灭掉秦国最弱小的东邻——韩国。韩国所处的位置正好控制了秦国东出函谷关，到黄河下游地区的交通要道。公元前 249 年，秦国夺取了韩国都城新郑的重镇成皋、荥阳，韩国处于崩溃边缘。

二、疲秦之计

伟大工程的诞生，必有其独特的孕育条件。

公元前 249 年，韩国面临灭国危机。彼时，虽然韩军战斗力也很强，有“强弓劲弩皆在韩出”“天下宝剑韩为众”的说法，但在强秦进攻下，将士尸横遍野、百姓四散流亡，景象凄惨。

公元前 246 年，一辆马车疾驰在韩国通往秦都咸阳的车道上。车内之人神情凝重，长途跋涉更让他的脸挂满风尘。“欲罢之，毋令东伐”(《史记》)，韩惠王的嘱托时时刻刻都压在他的心上。此时藏在他心里的，是一个惊天阴谋——游说秦王修建一项大型水利工程，以此消耗秦国国力和时间，使其暂时无暇东顾以保全眼看就快亡国的韩国。

彼时，社会思想和科技开明，才俊们到异国献计得到重用的游士制度非常普遍。各国将水利作为强国之本的思想已经产生，对秦国来说，兴修水利更是固本培元、兼并六国的战略部署。而此刻的秦国在关中平原还没有大型水利工程，因此韩国认为这一计策最有可能被接受。

在韩国看来，这是危难之际疲秦图存的好办法。那个时代，各国没有常备军队，全民皆兵，而修郑国渠这样的大型灌溉工程，秦国需动用所有青壮年劳力，耗费大量财力和精力，这必然影响秦国一统天下的进程。韩国想借此求得暂时安宁。

一项生死未卜、艰难无比的公关活动，一项成败难料、前所未有的水利工程，就这样不可思议地与一场大阴谋交织在一起，并将整个国家命运系于一个普通志士——郑国，去担当实现。

从接受任务的那一刻起，就注定了一切无法回头。属于郑国的未来必然是一条布满荆棘、风雨涤荡的坎坷历程。马车离咸阳越来越近了，放眼望去，远山近水裹挟着大秦帝国的气息扑面而来。

肩负救国使命的郑国，站在咸阳宫殿舒了口气——他的游说进展得异常顺利。彼时秦王嬴政年仅 13 岁，国家大政实际由相国吕不韦主持。商人出身、并非秦人的吕不韦一直希望做几件大事显示治国才能，以巩固自己的政治地位。郑国的建议与吕不韦急于建功立业的想法不谋而合，吕不韦当即同意郑国的修渠建议。

三、强秦独霸

古时候，泾河与渭河经常泛滥，给关中带来大量肥沃的淤泥。但由于关中平原干旱时有发生，上好的土地得不到充分开发。而郑国提出的引泾河河水浇灌关中的建议，也正是秦国向往已久的事情。秦国爽快地答应了郑国的提议。同年，即公元前 246 年，郑国渠即开始动工，直到公元前 237 年工程竣工，耗时整整十年。

郑国渠开历代引泾灌溉之先河，除了政治、军事上的需要，也因之良好的自然条件，尤其是地形优势。经过实地勘察，郑国将目光锁定在泾河出山口的张家山之上，这里高原与平川接壤的落差正是建造一处大型水利工程的绝佳之地。郑国渠水利工程以泾水为水源，灌溉渭水北面农田。《史记·河渠书》《汉书·沟洫志》均记载："郑国渠渠首工程，东起中山，西到瓠口。"中山、瓠口后分别称为仲山、谷口，都在泾县西北，隔着泾水，东西向望，是一座有坝引水工程。1985 年到 1986 年，考古工作者对郑国渠渠首工程进行实地调查，经勘测和钻探，发现了当年拦截泾水的大坝残余。它东起距泾水东岸 1 800 米名叫尖嘴的高坡，西迄泾水西岸 100 多米王里湾村南边的山头，全长 2 300 多米。其中河床上的 350 米，早被洪水冲毁，已经无迹可寻，而其他残存部分，历历可见。经测定，这些残部，底宽尚有 100 多米，顶宽 1～20 米不等，残高 6 米。可以想见，当年这一工程非常宏伟。

关于郑国渠的渠道，《史记》《汉书》均记录十分简略，《水经注·沮水》比较详细一些。根据古书记载和今人实地考查，大体上，郑国渠位于北山南麓，在泾阳、三原、富平、蒲城、白水等县二级阶地的最高位置上，由西向东，沿线与冶峪、清峪、浊峪、沮漆（今石川河）等水相交。将干渠布置在平原北缘较高的位置上，干渠沿北山南麓向东入洛水，全长 300 余里，灌区面积达 110 万亩。郑国设计的引泾水灌溉工程充分利用了关中平原西北高、东南低的地形特点，使渠水由高向低实现自流灌溉。作为主持此项工程的筹划设计者，郑国在施工中表现出杰出的智慧和才能。郑国渠干线是沿着北山南麓，自西向东，修建在渭北平原二级阶地的最高线上。郑国选定渠线的设计思想，在于能最大限度地控制灌溉面积，进行自流灌溉。于是北山以南，渭河以北，泾河以东，洛河以西范围内的大部分平原都在其控制之下，这是十分难能可贵的。他创造的“横绝”技术，使渠道跨过冶峪河、清河等大小河流，把常流量拦入渠中，增加了水源。他利用横向环流，巧妙地解决了粗沙入渠，堵塞渠道的问题，表明他拥有较高的河流水文知识。据现代测量，郑国渠平均坡降为0.64%，也反映出他具有很高的测量技术水平。郑国渠巧妙连通泾河、洛水，取之于水，用之于地，又归之于水。《水经注·沮水》载：“郑渠又东，径舍车宫南绝冶谷水……又东绝清水。又东径北原下，浊水注焉……与沮水合……沮循郑渠。”在今天看来，这样的设计也可谓巧夺天工。

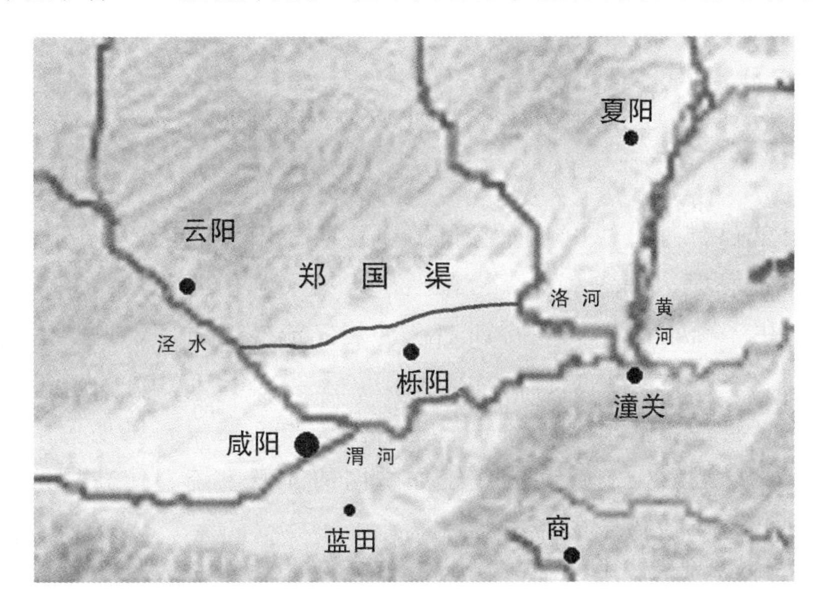

图 13-3　郑国渠渠道示意图（秦）

然而，工程的修建也并非一帆风顺。公元前237年，眼看郑国就快要完成这个伟大的工程时，韩国“疲秦”的阴谋败露，秦王大怒，要杀郑国。这一事件引发了更大危机，当时秦王已亲政，吕不韦不再掌实权。秦国贵族势力借这一事件，向秦王建议驱逐外国人。来自楚国的李斯写了著名的《谏逐客书》，规劝秦王善用人才。危机之中，郑国对秦王说：开始的时候我的确是以间谍的身份来到秦国修建郑国渠，但是如果我把水渠修成了，那也是一件对秦国有利的事情。我只不过为了替韩国延续几年的国运，却能够替秦国建立万世功勋（“始臣为间，然渠成亦秦之利也。臣为韩延数岁之命，而为秦建万世之功。”——《汉书·沟洫志》）。嬴政权衡利弊——秦国自商鞅变法以来，一直推崇重农抑商政策。郑国渠的修建，虽说一开始是出于政治军事的需要，但是它的水利灌溉作用是明显的，与秦国的农业政策相得益彰。最后得出结论：修建水利工程对于开发关中农业的意义，远远能够抵消对国力造成的消耗；同时，秦国的水工技术还比较落后，在技术上也需要郑国。于是，秦王收回驱逐侨民的决定，并一如既往对郑国加以重用。

历时十载，全渠完工。“于是关中为沃野，无凶年，秦以富强，卒并诸侯，因命曰郑国渠。”（《史记·河渠书》）从此，渭北平原不仅有了灌溉，而且可淤沙肥田和改良盐碱瘠薄的土地变为沃野，增强了秦国的经济实力，使关中地区在秦汉隋唐时期成为全国少有的富庶地区，为秦、汉、隋、唐定都关中奠定了经济基础。

第二节　沃野关中的血脉

郑国渠工程，西起仲山西麓谷口（今陕西泾阳西北王桥乡船头村西北），郑国在谷作石堰坝，抬高水位，拦截泾水入渠。利用西北微高，东南略低的地形，渠的主干线沿北山南麓自西向东伸展，流经今泾阳、三原、富平、蒲城等县，最后在蒲城县晋城村南注入洛河。干渠总长近300里。沿途拦腰截断沿山河流，将冶水、清水、浊水、石川水等收入渠中，以加大水量。在关中平原北部，泾、洛、渭之间构成密如蛛网的灌溉系统，使高旱缺雨的关中平原得到灌溉，成为沃野关中的血脉。

泾水泥沙含量大，用泾河水灌溉，既给作物提供了水分，又具有肥力，还能有效改善盐碱地。郑国渠工程宏伟，规模宏大，称得上是两千多年前之壮举。它用富有肥力的泾河泥水灌溉田地，淤田压碱，变沼泽盐碱之地为肥美良田。《汉书·沟洫志》云：“举臿为云，决渠为雨。泾水一石，其泥数斗，且溉且粪，长我禾黍，衣食京师，亿万之口。”

郑国渠修成后，大大改变了关中的农业生产面貌。一向落后的关中农业，迅速发达起来。雨量稀少，土地贫瘠的关中，变得富甲天下，正所谓“郑国千秋业，百世功在农”。

一、战国终结

战国时期，诸侯国在黄河沿线筑堤，恶意将灾害加诸邻国，彼此妨碍对方的安全。其实，这个时间还能推到更遥远的春秋时期。公元前651年，齐桓公在葵丘坐上了盟主的位子，与鲁、宋、卫、郑、许、曹等过订立盟约，

其中便有“无曲防”一项。所谓“无曲防”，就是诸侯国不得随意修坝阻断水源的意思。可是到了战国，“曲防”的事情就发生了，出现了“壅防百川，各自为利”(《国语·周语》) 的局面。那时候最怕发生水灾。水灾一旦发生，各国都把邻国当成分洪区来转嫁危机。孟子曾就此讥诮到：“禹以四海为壑，今吾子为邻国之壑。”(《孟子·告子下》) 此外，在本国水量不足时，上游国家还实行截流，不让水流到下游国家，出现了“东周欲为稻，西周不下水”的事。更有甚者，交战双方还以水代兵，把水当成战争工具。公元前 455 年，三家分晋时智伯瑶就曾掘坝水淹晋阳。公元前 358 年，楚国伐魏，决黄河水淹长垣。公元前 332 年，赵国与齐、魏作战，将黄河河堤掘溃，浸淹对方。公元前 281 年，赵国攻魏，也使用了这个办法。甚至，在公元前 225 年，秦嬴政也如法炮制，引黄河及梁沟的水，淹魏都大梁。

可见，单就治水一项而言，秦王朝完成中央集权，实现政治统一，已经无法回避。这个伟大的邦国，它如何从西部而问鼎中原？如何结束战国诸侯国长期的混战分裂，而建立一体化的政治？这需要一个君主的创造力、想象力和执行力。嬴政的勃勃雄心顺应了历史的需求。

彼时，都江堰的修建极大增强了秦的国力。然蜀道艰难，以蜀来供给前方，物流是大问题。战争还不知要持续多久，关中必须有自己的粮食基地。彼时，郑国渠的出现，使干旱多碱的渭北平原，终于有了河流的灌溉。郑国渠运行几年后，出现了“溉泽卤之地四万余顷，收皆亩一钟”的喜人场面。灌水对土壤的盐分有溶解和洗涤的作用，而泾水所含的大量泥沙流入农田后，沉积在地表，则发挥了淤地压碱的作用，泥沙中的有机质，也增强了土地的肥力。

郑国渠尘埃落定后，人们看到了一个新的秦国，郑国渠和都江堰一北一南遥相呼应，如同张开的两翼，东方六国都处在其阴影之下。郑国渠不但未能起到“疲秦”的初衷，反而极大增强了秦国的国力，此时的关中平原已经变成了秦国大军的粮仓，疲秦之计变成强秦之策，让本来强大的秦国如虎添翼，更加速了它消灭六国梦想的实现。

而水工郑国的祖国韩国，却第一个灭亡，成为了秦的国土。

二、“水德之始”

公元前 230 年，秦军直指韩国，中国历史上第一次大统一的最后决战刚一拉开，韩国便灰飞烟灭。当初被韩国当成救命稻草的郑国渠，反而成为使韩国灭国的利刃。郑国渠建成 15 年后，秦灭六国，实现统一。六国灭，四海一，车同轨，书同文。39 岁的嬴政成为华夏的第一位皇帝，战国时代被他终结。后来，他碣石颂德，自称“决通川防，夷去险阻”，又改“黄河”为“德水”，更称秦为“水德之始”。都江堰、郑国渠和灵渠等著名的工程，都是秦帝国治下的水利杰作，它们共同体现着嬴政的最高意志和政治逻辑。

虽然郑国渠早因泥沙淤积而废弃，但它的作用不仅仅在于它发挥灌溉效益的 100 余年，还在于首开了引泾灌溉之先河，对后世引泾灌溉产生了深远的影响。秦以后，各朝在郑国渠的基础上不断地重修和改建，如西汉的郑白渠、宋代的丰利渠、明代的广惠渠和通济渠、清代的龙泪渠等渠道。

郑国渠湮废了，但它一直吸引着人们探寻的目光。两千多年后，就在郑国渠遗址不远处，有了一座新的水利工程，名字叫泾惠渠，含有惠及关中大地和百姓之意。今天，关中平原上的 130 多万亩上好的良田，其恩惠的源头，正是郑国渠。1929 年陕西关中发生大旱，三年六料不收，饿殍遍野。引泾灌溉，急若燃眉。中国近代著名水利专家李仪祉先生临危受命，毅然决然地挑起在郑国渠遗址上修泾惠渠的千秋重任。在他亲自主持下，此渠于 1930 年 12 月破土动工，数千民工辛劳苦干，历时近两年，终于修成了如今的泾惠渠。1932 年 6 月放水灌田，引水量 16 米^3/秒，可灌溉 60 万亩土地。

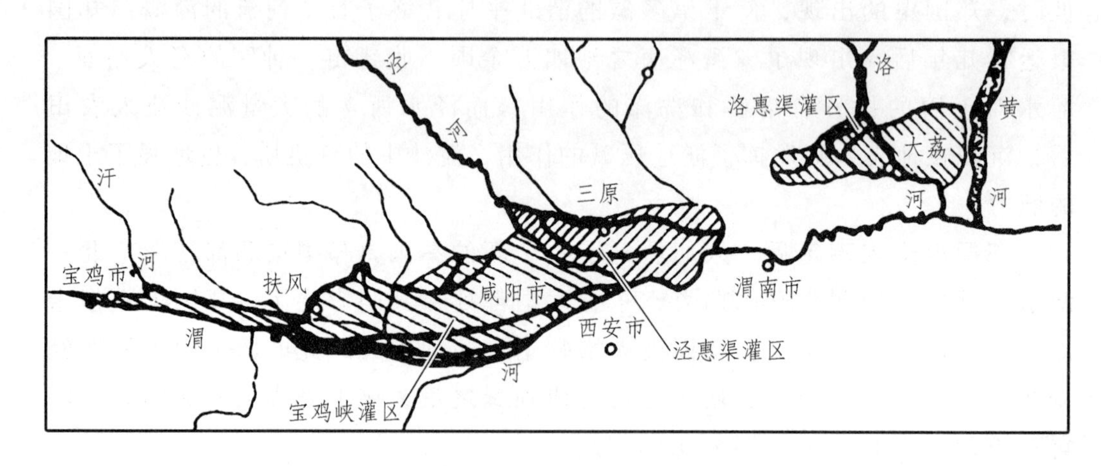

图 13-4 泾惠渠

参考文献

[1] 李令福．论秦郑国渠的引水方式[J]．中国历史地理论丛，2001，02：10-18+123．

[2] 王子今，郭诗梦．秦“郑国渠”命名的意义[J]．西安财经学院学报，

2011，03：77-81.
[3] 秦建明，杨政，赵荣.陕西泾阳县秦郑国渠首拦河坝工程遗址调查[J].考古，2006，04：12-21.
[4] 李昕升.郑国渠技术成就研究评述[J].华北水利水电大学学报（社会科学版），2014，02：10-13.
[5] 叶迂春，张骅.郑国渠的作用历史演变与现存文物[J].文博，1990，03：74-84.
[6] 孙卫春.郑国渠设计思想浅谈[J].咸阳师范学院学报，2006，21（1）：9-12.
[7] 孙保沐，宋文.郑国渠的历史启示[J].华北水利水电学报，2008，24（3）：15-17.
[8] 任红.水德之始：战国的终结者[J].中国三峡，2008，6：86-90.

第十四章 “咫尺江山分楚越”——灵渠

公元前221年，秦国吞并六国之后，立即先后向南、北两个方向发动了战争。公元前219年，对分布于浙江、福建、广东、广西地区的土著民族——百越，发动了征服行动。公元前214年，刚刚平定了百越之后，紧接着就发动了北击匈奴的战争。在这两场大规模战争中（南征百越动用兵力50万，北伐匈奴动用兵力30万），为了保障军事行动以及巩固胜利成果，秦国都修筑了历史上著名的巨大工程。北防匈奴修建长城，南征百越修建灵渠，形成历史上“北有长城，南有灵渠”之说。

灵渠，古称秦凿渠、零渠、陡河、兴安运河、湘桂运河，位于广西壮族自治区兴安县境内，于公元前214年凿成通航。灵渠流向由东向西，将兴安县东面的海洋河（湘江源头，流向由南向北）和兴安县西面的大溶江（漓江源头，流向由北向南）相连，沟通了湘漓两江，也连接了长江和珠江两大水系，是秦代著名的三大水利工程之一，也是世界上最古老的一条运河，有着“世界古代水利建筑明珠”的美誉。灵渠的选址、施工、各个结构的设置以及各结构的形制等，都非常科学、合理。对这一伟大工程进行透彻的研究与学习，不仅有助于对其进行无损维修以及后世在现代工程中借鉴其思想与经验。更在于灵渠建成当年，秦军即过岭南克百越，建立了中国历史上第一个中央集权国家。灵渠对于中国完整版图的构建具有非同一般的历史价值，它完美诠释了水利对于国家的意义。

第一节 凿渠运粮

秦国的国力强盛，很大程度上源于都江堰和郑国渠。两个浩大的水利工程，造就了成都平原和关中平原两个大秦粮仓（史称“天府之国”），而灵渠则把大秦粮仓的粮草源源不断地输送到南征前线。灵渠使长江的支流湘江和珠江的支流漓江相沟通，从而连接了长江和珠江两大水系，沟通了东、南半个中国的水运网，构成岭南与中原地区的主要交通线，对岭南的经济和文化发展起到了巨大的促进作用。灵渠“通三江、贯五岭”，两千多年，其作用无可替代。

一、灵渠由来

秦始皇于公元前221年一统中原之后，分天下为三十六郡。但是，在五岭（大庾岭、骑田岭、萌渚岭、都庞岭和越城岭）以南的地区，包括今广东和广西大部、越南北部、福建南部等广大的地域，仍属于古代百越民族的聚居地，尚未归于秦朝的统治之下。秦始皇为了将岭南百越地区纳入中国版图，令屠睢为主帅，率50万大军南征百越。但秦朝的大军一出发立即遭到百越的顽强抵抗，史书载秦兵“三年不解甲弛弩”，加之岭南山路崎岖，粮饷转运困难，以致秦军受到重创，战事处于胶着状态。为了解决秦军的后勤补给问题，公元前219年，秦始皇命在广西兴安县境内修建人工运河，转运粮草。此项任务，交由监御史史禄和3位石匠担纲。为纪念史禄修筑灵渠的贡献，前人留诗云：“咫尺江山分楚越，使君才气卷波澜。”

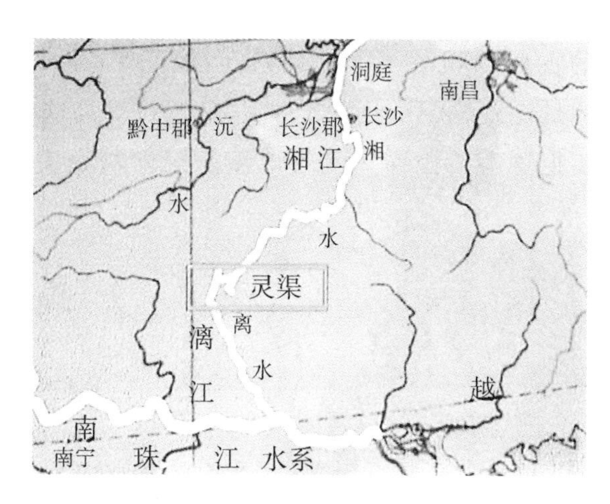

图14-1 灵 渠

湘江北往，漓水南流，原本是南辕北辙的两个水系，如何引湘入漓，要解决的不仅仅是距离问题，包括水位落差、分流比例、堤坝材质、航运安全、洪涝水患等等，都是在当时的技术条件下难于登天的问题，秦代的能工巧匠们却仅仅用了短短四年时间，凿成通航。公元前214年，人工运河灵渠凿成。它连接湘漓二水，连接长江和珠江水系，沟通了南中国的水运网。大量经长江与湘江间的水道抵达长沙的秦军和物资，溯湘江南下，能够经灵渠通达漓江，再经漓江进珠江，东南可达广州，入南海；由珠江支流东江可进入福建，由北江可进入湖南南部；往西可溯珠江而上，经左右江和红水河进入滇、黔地区。由于秦军有了便捷的物资供应运输线和军事行动交通线，很快取得了战争的主动权，再加上对百越人民的安抚，在灵渠竣工的当年，秦军迅速统一了岭南。同时，中原文化也随之在岭南传播。

二、水利工程典范

灵渠的选址、施工、各个结构的设置以及各结构的形制等，堪称古代水利工程的世界典范。

（一）选址考量

漓江和湘江之间的分水岭是南岭山脉（越城岭和海洋山）的高山大岭，兴安县位于南岭山脉的最低处，在兴安县城附近，分水岭降低为一条近南北向的古称越城峤（太史庙岭）的土岭。湘江上游的海阳河与漓江上游的始安水的最近距离只有 1.7 千米，相隔的就是这列宽 300 余米，高 30 余米的土岭。只要把这座岭挖穿，就可以使海阳河与始安水接通，实现湘江与漓江的连接。

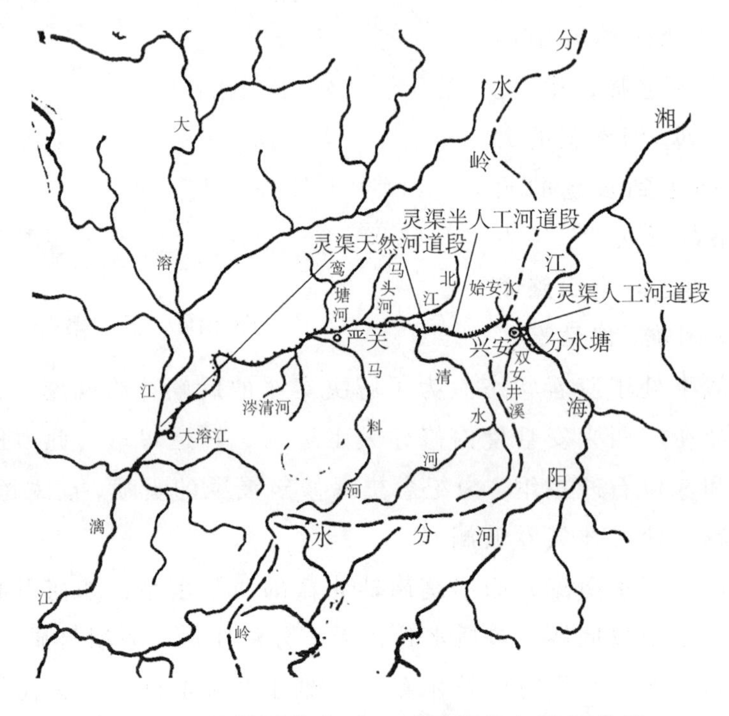

图 14-2　灵渠周边水系，以及湘江与漓江分岭

虽然始安水的地势较高，可是始安水流量甚微，不能作为运河的水源，须以湘江上源海阳河作为水源，水量才充足够用。但是海阳河要比始安水低得多，水不能自流，需要拦河筑坝抬高水位。经海阳河与始安水的最近距离修建渠道，拦河坝要高出河岸 7 米，开渠的地形条件也不好。从该位置出发，沿海阳河上溯 2.3 千米（即是现在的渠首位置），以此处作为渠首位置，虽然增加了凿渠长度，但是渠首高度增加，只需筑高出河岸 1.1 米的拦河坝，就可将水位抬得足够高，使海阳河水经过渠道注入始安水，再注入漓江。

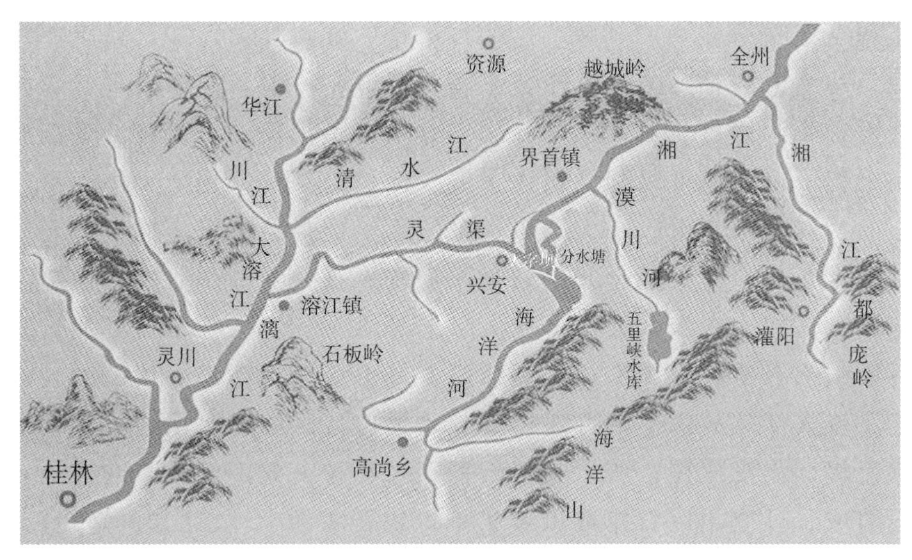

图 14-3　灵渠地理图

（二）工程基本构成

渠道工程与渠首工程是灵渠水利工程的两大主体部分。

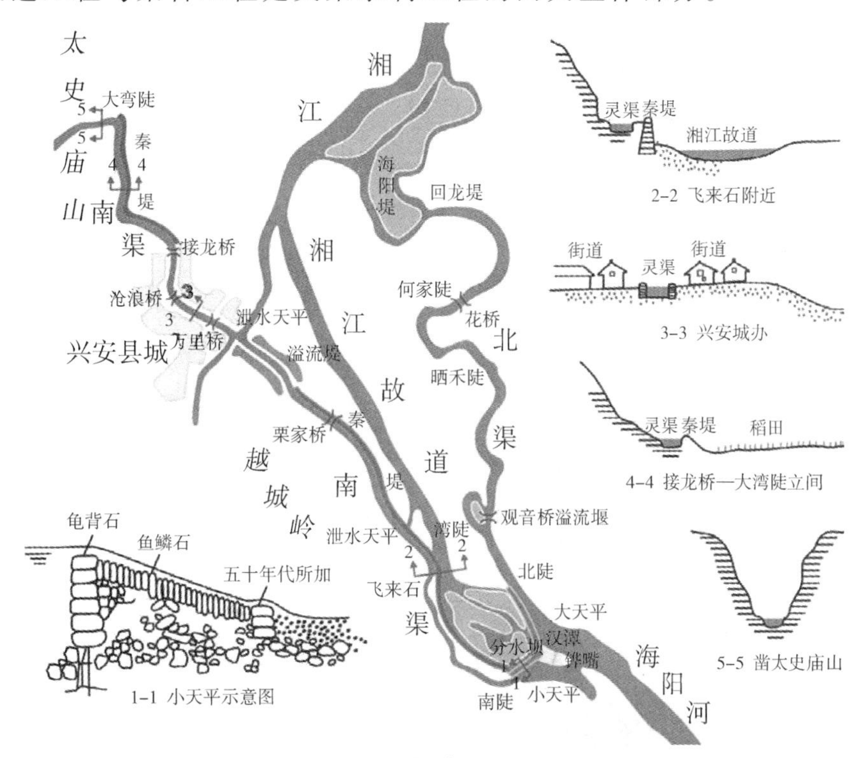

图 14-4　灵渠主要工程图示

1. 渠首工程

以拦水坝——大小天平为界，大小天平、铧嘴以及分水塘组成了灵渠的渠首工程。灵渠分水由“铧嘴”“大小天平”和“泄水天平”完成。铧嘴状如犁铧，故名，现存 86 米。铧嘴三面有石堤，一面紧接小天平，它的作用是把湘水切犁水通过北渠注入湘江，三分水通过南渠注入漓江，是湘漓二水的牵手工程。铧嘴还可以起到缓冲水流，保护大坝的作用。大小天平建立在湘江上的拦江滚水坝上，一大一小，呈“人”字形，所以又叫人字天平。它的设计非常精巧，大天平是北渠的一段堤坎，长约 380 米；小天平是南渠的一段堤坎，长约 124 米，共同组成人字形分水坝，以减缓水流的冲击力。它们既可以引水分流，提高水位以利通航，又可以排洪防涝。水涨时，可以越过坝上，流入湘江故道，既可以使南、北渠保持足够的水量通航，又不至于让洪水漫堤，淹没庄稼，所以获“天平”之美誉。大小天平有内外堤，内堤用条石铺成，外堤用巨石排成鱼鳞状（每块石头约 4 米见方，好几吨重），石块与石块之间，凿有一个凹口，中间灌浇铁汁，冷却后变成拴子，将巨石连成一体。这些石块就像鱼鳞般紧紧地挤在一起。每当水流带着碎石、泥沙越过前边的方块巨石，顺坡而下，一碰到这层层鱼鳞石，就冲进石缝之中，泥沙填得越多，鱼鳞石就挤得越紧，水越冲越牢靠。它历经 2 000 多年而依然稳固。由于大、小天平是铧犁形的拦水坝，坝顶可以溢流，这避免了大小天平受到过大的压力，具有保护大坝作用。铧嘴是与大小天平邻近的位于海阳河内的分水堰，其现在的形状如同一块远古时代的玉圭。由于大小天平对海阳河水具有阻挡、抬高作用，于是在坝前形成了一个蓄水池塘——分水塘，它具有稳定流出大小天平水量的作用。

图 14-5　鱼鳞石

2. 渠道工程

灵渠的渠道工程包括：南渠、北渠、秦堤、湘江故道、陡门以及泄水天平。南渠与漓江沟通，秦堤修筑于南渠与湘江故道之间，使南渠与湘江故道隔离。为了修筑大小天平以及铧嘴的需要，北渠是一个前期工程，它取代了被大小天平截断的湘江故道，将海阳河的水引入湘江，从而使大小天平以及铧嘴的施工能够顺利进行。工程结束后，北渠顺理成章地起到了通航作用。由于北渠连接湘江，南渠连接漓江，所以，湘江与漓江通过南、北二渠，被连接起来。被截断的湘江故道也仍然有用，具有蓄水、泄洪作用。在涨水期，来自海阳河的水漫过大小天平，经过湘江故道，流入湘江，保障了秦堤的安全。泄水天平是设置于南、北渠的溢流设施，起排洪作用。南、北渠共有泄水天平 5 处。位于南渠秦堤上的一座泄水天平长达 42 米，其功能是起着第二溢洪道的作用。当海阳河水暴涨，大小天平的泄洪能力不足时，洪水势必涌进南、北渠，当南、北渠水位超过泄水天平的坝顶时，就再次分洪，泄入湘江故道，这就保护了秦堤，保护了南、北渠，使兴安县城免受洪灾。

可见，大小天平前后的两个蓄水区域分水塘和湘江故道是灵渠运行的重要一环，这两个蓄水区起到了缓解水势变化、容纳多余水量和泄洪的作用。这给后世一个深刻的启示：河滩、湖泊等湿地对于每一个水系来说是不可或缺的。湿地具有缓解水势变化、容纳多余水量和泄洪等作用，没有湿地，河流就容易处于两个极端状态，或者水多的发生洪灾，或者水缺的发生旱灾。灵渠分水塘和湘江故道的作用，足以告诫我们：要保留湿地，切不可与河争地、与湖争地。在物流、人流的运行中，我们不仅修建道路，也要设置中转站和仓库，而湿地在水系中，就是水流的“中转站和仓库”。

3. 陡　门

秦人将松木纵横交错排叉式的夯实插放在坝底，其四围再铺以用铸铁件铆住的巨型条石，形成整体。2 000 多年来任凭洪水冲刷，大坝巍然屹立。直至 20 世纪 80 年代维修大坝时才发现其原因。灵渠一些地段滩陡、流急、水浅，航行困难。海阳河每年有 4 个月的枯水期，在此期间，灵渠不能自然通航。为解决上述问题，灵渠设立了陡门（古老的中国船闸的称谓），把渠道划分成若干段，装上闸门，打开两段之间的闸门，两段的水位就能升、降到同一水平，便于船只航行。灵渠最多时有陡门 36 座，因此又有“陡河”之称。1986 年 11 月，世界大坝委员会的专家到灵渠考察，称赞“灵渠是世界古代水利建筑的明珠，陡门是世界船闸之父”。

灵渠修成 8 年之后秦亡，但灵渠的意义却远远超越了穷兵黩武的征伐。灵渠的出现，在中国这个偌大的内陆版图上第一次缩短了南北地理上的时间和空间，最初的人马和粮草征调只决定了一场战争的胜负，但随之而来的文化传播与民族融合却成为历史的车轮，滚滚向前，使岭南摆脱曾经的荒凉与闭塞，一路奔向繁荣。

第二节　引楚语京腔

虽然广西先民与中原文化的交流可以上溯久远，但是海曲、领表的地理位置，还是造成了广西在文化等方面的落后状态。比如西瓯、骆越（秦汉时期广西土著居民）各族，虽毗邻灿烂的楚文化却大多没有形成自己的文字，只能用口传文学（比如传说、山歌等）传承自己的文学形态。而其日常的文化活动在理性文化涤荡中原的时代，仍停留在原始巫术祭祀活动层面。这种局面的改观，始自秦始皇开凿灵渠。

灵渠开凿之前，中原文化传入广西多由湖南道州经龙虎关进入桂北，越城岭在西，萌渚岭在东，中间是平坦的平地，一条茶江由湖南经龙虎关流入广西恭城县地界，直趋平乐县，汇合于漓江，这是中原文化传入岭南最早的走廊之一。自秦始皇命史禄开凿灵渠之后，南北交通得到了很大的改善，南下的人们可以通过灵渠到达广西各地，广西各地人民也可以沿灵渠北上。由于古代陆地交通不够发达，水路就成为当时重要的交通干线，灵渠正是南北水路交通干线的咽喉。

随着灵渠的开通，湘江与漓江的水运航道衔接起来，存在于中原和百越之间的天然阻碍被潺潺流水化解。两个天然相隔的地域和原本并不相通的世界，被一段悠悠流水轻巧地系在一起，从此再也无法分离。在舟楫的往来中，社会政治的分水岭不复存在，中央政府政令的传递畅流而行，南北两地的货物互通有无，中原与百越之地的文化、经济相互交融。灵渠，不仅让大秦帝国的军队越过南岭，使之疆土拓展了一倍。在后来的岁月里，它还不经意间诱秦砖汉瓦，衔吴越绸缎，引楚语京腔，在南岭间架起一座传播文明、结束蛮荒的桥梁。

一、移民入桂与物质文化交流

始皇三十三年，秦将尉屠睢率领 50 万大军分五路南攻百越，“一军塞镡城之岭，一军守九嶷之塞，一军处番之都，一军守南野之界，一军结余干之

水”。攻越的五路秦军，除“结余干之水”一路很快取得胜利外，其余四路都遭到当地百越各族的顽强抵抗，进军很不顺利。其主要原因是五岭山高林密，交通不便，粮草补给困难，为了解决交通运输问题，秦始皇命令监御史禄“以卒凿渠而通粮道”。这条河渠便是灵渠，位于桂林兴安县城内，全长34千米。灵渠开凿后，军粮和兵源都得到了有力的补充，为最后平定岭南做出了突出贡献。同时，湘江、漓江从此牵手航运，两地天然隔绝荡然无存。

至汉代，中原的铁制工具和耕牛有很大一部分取道灵渠运入岭南。南下的汉族人带来了先进的生产技术，铁器工具在桂北一带得到广泛使用，岭南的生产水平有了较快的提高。

位于桂林市南郊的雁山镇竹园村后岭的东北端，有古墓封堆7座。1962年，广西考古工作者对其中一座古墓进行发掘，查明其墓穴平面布局呈“中”字形，分甬道、前室、中室和后室，墓顶长方形兼楔形单砖券拱，地面采用长方形砖平铺，烧砖正反两面分布棱形网和鱼鳞纹，侧剖面刻印几何纹。出土的有陶制双耳罐，陶制长颈壶，陶制博山炉，铁剑，铁剪刀，铁环首刀，铁三脚架，铜铣，铜扣，“长宜子孙”铜镜，石黛砚，银蜀，水晶和琥珀等。引人注目的是，墓中出土的“货泉”铜钱，当系西汉末王莽统治时期铸币；而中带铭文的“长宜子孙”铜镜则与中原东汉汉墓出土物极为相似。由此可见，秦汉时期桂林与中原的文化经济交流是相当密切的，这种交往无疑促进了双方的发展。

秦始皇平岭南、置群县以后，广西与中原地区的政治、经济和文化交往不断加强，汉族与苗、瑶、回等少数民族因避战乱和被贬流放等各种原因源源不断地迁居广西。这种人口迁移不仅是古代中原文化向岭南传播的有效途径，也构成了秦汉以后历代中央政权对广西进行统治的社会基础。由于广西古代交通主要依靠水路，陆路交通不便，移民进入广西往往循水路而行。秦代以后，中原汉族大量经灵渠南下，在岭南定居。各族人民友好往来进一步密切，促进了民族融合和岭南经济文化的发展。

二、物流入桂与商业文化交流

文化交流，很大程度依赖于经济交流，自秦朝开凿灵渠后，灵渠就成为南北水路交通的要道，这一方面方便了军事运输，另一方面也加强了南北商业往来。秦汉时，西瓯、骆越人的冶铁器技术进一步提高，制造出各种用途的农业生产工具。这种进步是和中原民族加强交往的结果。秦始皇统一岭南后，西瓯、骆越人与中原人的铁器交易日趋密切。三国两晋时，中原汉人为逃避战乱，大批迁入瓯骆地区，铁制农具及技术的交流更加广泛。

古代的湘漓桂江航道，是广西、广东与中原地区交往的重要航道。特别是唐代，曾对灵渠进行过两次大的修整，“虽百斛大舸，一夫可涉”。中原地区的商客和货物由洞庭湖溯湘江，经灵渠运河入漓江，沿漓江——桂江达梧州转容江入南流江，达合浦县后入海，这是当时最重要的南北通道。

明朝于洪武四年（公元 1371 年）、二十九年（公元 1396 年），成化二十一年（公元 1485 年）三次维修疏浚灵渠。四通八达的交通网络的建立，便利了各族人民之间的经济文化交流，特别是使壮、瑶等族人民更直接地接受中原先进文化，为促进广西各民族经济发展和社会进步起到了重要作用。

宋代以后，桂林一跃成为南疆商业重镇。年年都有大宗粮食外销。

明清两代，是灵渠运行的黄金时代。尤其清代，是运用灵渠进行南北经济、文化交流的鼎盛时期，清《重修灵渠石堤陡门记》载“三楚两广之咽喉，行师馈粮以及商贾百货之流通，唯此一水是赖”。清代灵渠“官贾船只，络绎不绝”，曾出现每日有一二百余只船连续通过的盛况。

清末民初，桂林水运业已十分发达。从上河由桂林起至兴安、全州以至湖南的邵阳、衡阳、湘潭等地，运来大米、小麦、糯米、黄豆、花生油、花生果等农产品，都以桂林为集中点，再由桂林转运至下河梧州、南宁、广东、香港等地。

在对外贸易方面，自东汉时期郑弘开凿零陵、桂阳峤道以后，不仅交趾七郡的贡献转输皆取道广西，凡是要与中国交往的南方和西方各个国家，皆由此道。叶调（爪哇）、掸（缅甸）、天竺（印度）、安息（伊朗）、大秦（东罗马）等国的商船和使者都经过交州，然后从雷州半岛西端的徐闻登陆，沿河经浔州、苍梧溯漓江而上，过灵渠入湘水下中原。商品的大量流通，带来了经济的繁荣，同时也带来了文化的广泛交流。

中原的物质文明伴随商品的流通，一起进入岭南。随着外来物质文明的不断渗透，广西本土居民的思想观念也随之发生变化。他们自觉不自觉地开始接受从中原南下而来的种种新的文化观念，并把这种文化融入生活，从而形成了自己独具特色的地域文化，这在灵渠流域表现得最为突出。

三、教育入桂与艺术文化交流

伴随中原地区大量移民迁入，中原封建文化也开始大量传入广西。

（一）汉字的传入

由于历史的原因，岭南越人没有自己的文字。秦始皇统一岭南后，采用行政手段，在边疆少数民族地区强行统一使用汉文字。因之汉文化在广西的传播，首先是汉字的流通，然后才是儒家学说等深层文化的渗透。汉字像一座桥梁，沟通了汉、越两个民族因语言障碍造成的隔阂鸿沟，使广西地区的文化发展水平有了质的飞越。从地下出土的文物看，岭南广泛应用汉字是在秦汉以后，较多的文字材料始见于广西汉墓中。西汉中期以后，广西墓葬中不断有文字材料，而且范围不断扩大。这些材料说明，汉字在汉初已在广西的上层社会中流通，且之后流通的范围不断扩大。

（二）音乐艺术的交流

由于西瓯、骆越（简称“瓯骆”）民族与中原楚汉文化交流与日俱增，到汉代瓯骆民族出现了漆画艺术。早在春秋战国时期，瓯骆民族就逐步形成了具有本民族风格和独特韵律的山歌。随着歌与舞的发展和歌舞伴奏的需要，在先秦时期，瓯骆民族已有多种多样打击乐器。秦汉三国时期，中原文化南下交流，瓯骆民族除进一步发展本民族原有乐器外，还接受了中原的钟、鼓、萧等乐器。

四、中原文化思潮的渗透

自三国至南北朝，中原文人学士，有的因避战乱，有的因“罪”被流放到岭南，他们开馆讲学授徒，私馆教育兴起。如刘熙、虞翻在苍梧、南海、交州讲学，各有门徒数百人。这种开馆讲学风气，对当地瓯骆人产生了积极影响。他们在学成后，在乡里设馆讲学，促进了瓯骆越地区，特别是东部地区上层社会教育事业的发展。彼时，私学教育以经学为主要内容，传授中原以三纲五常为核心的儒家思想，瓯骆贵族阶层直接受到中原文化思想的影响，并开始出现本民族文人学士，从而促进了瓯骆民族对国家大统一的认同。

隋唐时期开创的空前帝业及构筑的全国交通网，使其强大的文化辐射到边疆。尤其是唐代对灵渠进行的两次大规模维修，使桂林的水陆交通得到巨大发展，地位日重，成为唐代岭南军事重镇。这期间，桂林的经济发展与城市建设都有质的飞跃，而南下桂林名人的兴盛与后来佛教的繁荣，使桂林成为广西最早的对外交流都会。

唐朝时期，宦官专权，中央权力斗争时有发生，故不少官吏被贬流寓桂林。被贬谪流放的朝官京官不乏有文化、有才干者，他们对祖国边疆的开发与社会文化发展做出了巨大贡献。公元 848 年，到桂管观察使衙门任职的唐代著名诗人李商隐途经湘江、灵渠和漓江这一古老航线，曾赋诗曰：“城窄山将压，江宽地共浮。西南通绝域，东北有高楼。”（《桂林即事》）在这样的文化环境下，桂林本土也出现了两大诗人与广西第一位状元，走出桂林同中原文化交流。所有这些，都使桂林军事重镇带有越来越浓重的文化色彩，从而大大提高了其在全国的知名度和地位，为后世桂林成为广西政治经济文化中心打下坚实的基础。

宋元时，仍有许多名流来到广西，宋代有范仲淹、梅圣俞、曾布、黄庭坚、贺铸、孙觌、李纲、胡铨、吕愿中、周必大、范成大、杨万里、朱熹等70多人，元代有方回、陈孚、梁曾、程文海、虞集、吕杨诚、贡师泰、傅若金、萨都剌等20多人，他们有的任广西地方官，有的途经桂林。宋代大诗人范成大到静江府赴任时，就是从水路途经灵渠而来的。他们中大多数人为桂林仙境般的山水所陶醉，写下了大量盛赞桂林山水的诗文。

参考文献

[1] 孙平安，于奭，莫付珍，等．不同地质背景下河流水化学特征及影响因素研究：以广西大溶江、灵渠流域为例[J]．环境科学，2016，01：123-131．

[2] 郭太成．灵渠开凿与文化交流[J]．玉林师范学院学报，2009，02：44-47．

[3] 刘仲桂．保护古灵渠 开发灵渠水文化——对灵渠保护与灵渠水文化开发的思考与建议[J]．广西地方志，2009，03：35-38．

[4] 范玉春．灵渠的开凿与修缮[J]．广西地方志，2009，06：49-51．

[5] 燕柳斌，刘仲桂，张信贵，等．灵渠工程的功能分析与研究[J]．广西地方志，2003，06：50-53．

[6] 李都安，赵炳清．历史时期灵渠水利工程功能变迁考[J]．三峡论坛（三峡文学．理论版），2012，02：14-19+147．

[7] 唐基苏．灵渠与都江堰的比照分析[J]．中共桂林市委党校学报，2012，02：72-76．

[8] 刘可晶．水利工程的明珠——灵渠[J]．力学与实践，2013，06：100-104．

[9] 崔润民．灵渠历史价值的重新定位与文化战略的民间实施[J]．中共桂林市委党校学报，2013，02：55-59．

[10] 彭鹏程．灵渠：现存世界上最完整的古代水利工程[J]．中国文化遗产，2008，05：55-59．

[11] 王开元．灵渠悠悠万古流[J]．人民珠江，2009，05：73-75．

第十五章 “古堰历千年，至今犹伟岸”——都江堰

战国末期秦昭王时（公元前 256 年—公元前 251 年），蜀郡守李冰率众创建的以无坝引水和枝状水系发育为特征的宏大水利枢纽——都江堰。虽历经 2 200 多年运行，至今仍伟岸依旧。它与郑国渠、灵渠、坎儿井都是中国古代著名的人工引水体系，但又具有集引水、蓄水、水土互动为一体的不可复制独特性。它利用岷江出山口的特殊水文和地形特点，科学地解决了江水

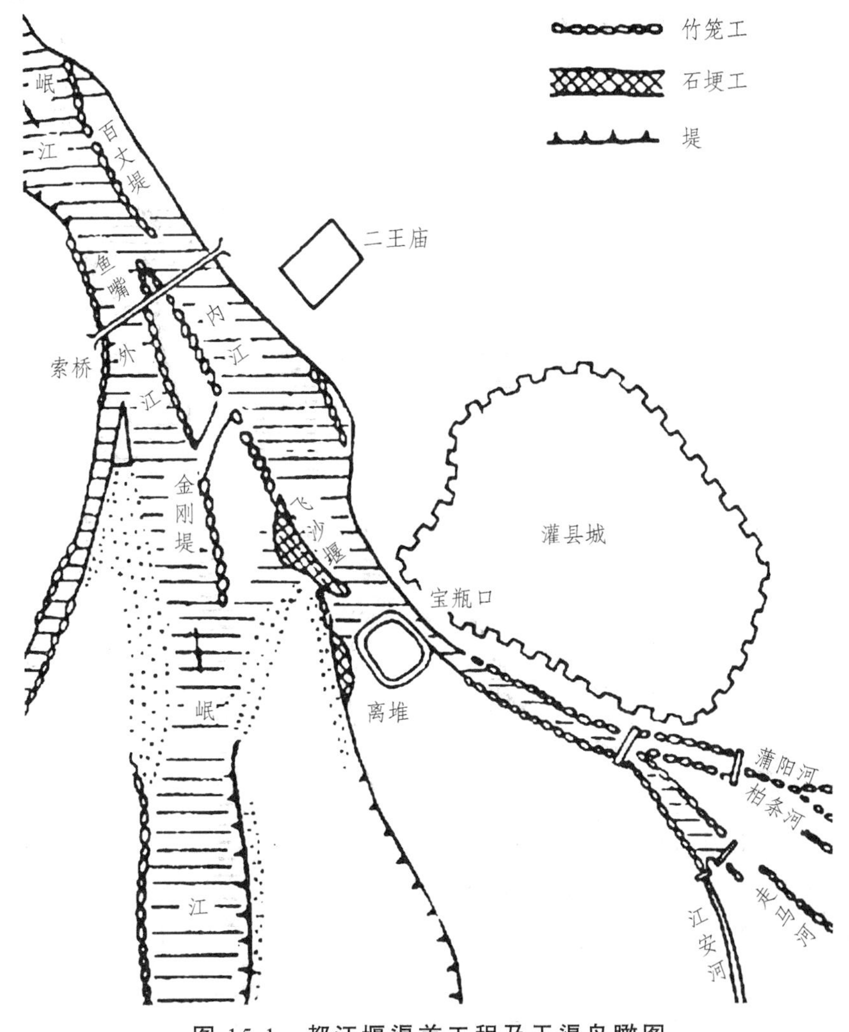

图 15-1　都江堰渠首工程及干渠鸟瞰图

自动分流、自动排沙、控制灌溉需水量等问题，创造性地改善古蜀盆地沼泽湿地生态环境，化水患为水利，是迄今为止年代最久远，仍在发挥重要作用的古老水利工程之一。英国皇家学会会员（FRS）、英国学术院院士（FBA）李约瑟（Dr.Joseph Needham 1900—1995）评价说："它将超自然、实用、理性和浪漫因素结合起来，在这方面任何民族都不曾超过中国人。"(《中国科学技术史》) 2000 年，都江堰渠首工程被评为世界文化遗产。

都江堰工程"乘势利导""因地制宜""以水为师""天人合一""道法自然"等治水思想及其治水经验，最具象地展示了中国古代传统水思想、水哲学精髓。

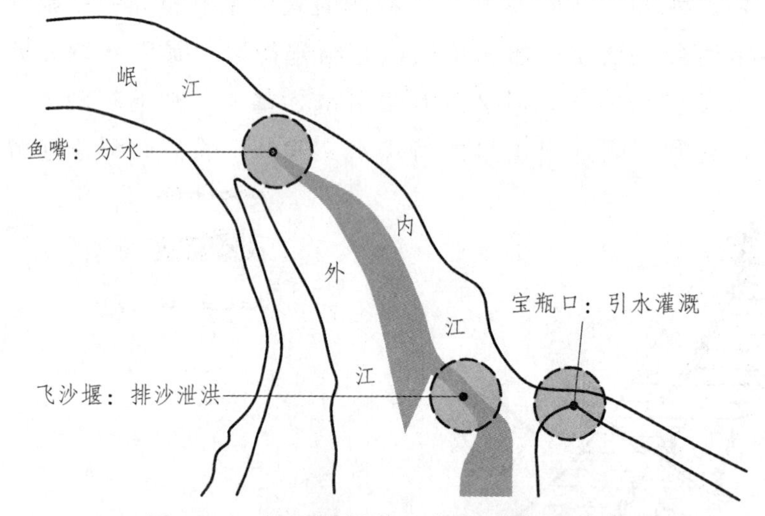

图 15-2　都江堰渠首工程及功能示意图

（来源：《川西平原堰渠体系与城乡空间格局研究》胡肖，2014）

第一节　李冰功成都江堰

有关都江堰的创建，最早见于西汉司马迁的《史记·河渠书》："于蜀，蜀守冰凿离碓，辟沫水之害，穿二江成都之中。此渠皆可行舟；有余则用溉浸，百姓飨其利。至于所过，往往引其水益用溉田畴之渠，以万亿计，然莫足数也。"此后，班固的《汉书·沟洫志》、应劭的《风俗通义》、常璩的《华阳国志》均有详细记述。

都江堰位于四川省都江堰市灌口镇。

秦蜀郡太守李冰建堰初期，都江堰名"湔堋"。都江堰旁的玉垒山，秦汉以前谓之"湔山"，而都江堰周围的主要居民氐羌人称堰为"堋"，故都江堰因曰"湔堋"。

蜀汉时期，都江堰地区设置都安县，因县得名，都江堰称“都安堰”。

唐代，都江堰改称“楗尾堰”。因彼时用以筑堤的材料和办法，主要是“破竹为笼，圆径三尺，以石实中，累而壅水”，即用竹笼装石，称为“楗尾”。

至宋代，宋史第一次提到“都江堰”：“永康军岁治都江堰，笼石蛇决江遏水，以灌数郡田。”

关于都江名称，据《蜀水考》载：“府河，一名成都江，有二源，即郫江，流江也。”流江是检江的另一种称呼，成都平原上的府河（即郫江），南河即检江。它们的上游均为都江堰内江分流的柏条河和走马河。又据《括地志》载：“都江即成都江”。

唯自宋代始，将整个都江堰水利系统的工程概括起来，称“都江堰”，才较为准确地代表了整个水利工程系统，一直沿用至今。

一、人、水和谐的水利枢纽

都江堰采用无坝引水的工程样式，有效保存了河流本身和流域的原始生态。虽然在创建时对个别河段实施过拓展以至裁弯取直，但仍然充分利用并保持成都平原水流河床的自然之势，形成了自流灌溉的良性系统。同时，建造都江堰所用材料均就地取材，充分利用当地的自然资源和河流中难以处理的砂石作为工程的主要材料，不仅节省人力和物力，而且天然的工程材料以另一种方式与自然保持和谐统一。这些智慧的创造，都源自于对人与自然关系的深刻体认，无论工程形式或建造材料，都反映出都江堰追求道法自然、人与自然和谐统一的水利理念。

都江堰是成功运用自然弯道形成的流体引力、自动引水、泄洪、排沙的典范。在工程设计及施工中，它将鱼嘴分水堤、飞沙堰溢洪道、宝瓶口引水口等主体工程形成相互依赖、功能互补的系统工程，联合发挥分流分沙、泄洪排沙、引水疏沙的重要作用，使其枯水不缺，洪水不淹。都江堰工程自动调节灌区水量的功能，使成都平原“水旱从人”，成为天府粮仓。

（一）三大主体工程

都江堰渠首三大工程——鱼嘴分水工程、飞沙堰溢洪道排沙工程及宝瓶口引水工程互相协作，并与渠首并流段河流的地形、河流水文和水力学特性配合，组成一个完整和谐的引水、排洪、排沙等多功能工程体系。

1. 鱼嘴分水工程

鱼嘴分水工程由鱼嘴与分水堤（也称内外金刚堤）组成，古代也称“楗尾堰”“象鼻”等。作为都江堰的第一道分水工程，形似鱼嘴，将岷江分为内外两江，其中内江为人工引水渠，外江即岷江正流。分水堤是沿鱼嘴工程两侧构筑的长堤，长 500 多米，呈“半月形”，沿内江一侧形成弧形弯道，易于岷江表层水向左进入内江，夹带泥沙卵石的底层水流向外江，使鱼嘴分水堤不仅分水、引水入内江，而且还有避沙的作用。

图 15-3 鱼嘴分水工程

鱼嘴因地形地势及河道的水文特性而设置，在不同季节分流不同的水量入内外江，有“分四六，平潦旱”的功能，即枯水期（冬春季）外江和内江分水比例分别占总水量的 40%和 60%；丰水期（夏秋季）外江和内江分水比例则换为 60%和 40%，这样的分水比例对解决枯水时成都平原供水不足、汛期分减洪水十分有利。历史时期内，因岷江河道的多次变迁，鱼嘴分水堤的位置也随之多次变动，但是鱼嘴分水堤的形制和功能却始终如一。

2. 飞沙堰溢洪排沙工程

紧接鱼嘴分水堤尾部，为都江堰所独有的泄洪、排沙工程，古称“侍郎堰”“中减水”。堰宽 200 米左右，是保证宝瓶口进水量并使宝瓶口不致堵塞的关键所在。

当宝瓶口进水量超过一定标准时，多余的水就会从飞沙堰过流，水量越大，飞沙堰的溢洪能力就越强，当水量和水速达到一定程度时堰体就发生溃堤，此时飞沙堰的排洪作用最大化，并在溢洪的同时带走沙石等悬移质和推移质，起到排沙的作用。

当宝瓶口进水量低于一定标准时，即内江水位低于飞沙堰的堰堤，飞沙堰自动失去泄洪功能，转而壅水，并形成螺旋形回流，既保证足够的水量流过宝瓶口，并再一次排出沙石，避免沙石沉积引起宝瓶口堵塞。飞沙堰不见于都江堰的早期记载，可能是三大主体工程中较晚出现的，但是飞沙堰的重要作用却不容忽视。可以说，当同时代的郑国渠乃至世界文明中的其他水利工程终因泥沙堵塞而荒废时，都江堰能够持续运行至今，飞沙堰起着关键性作用。

3. 宝瓶口引水工程

宝瓶口引水工程是都江堰最主要的工程，距鱼嘴 1 020 米，口底宽 12 米，水面宽 19～23 米，古称“离堆”“石门”“灌口”等。据文献记载，玉垒山原有一余脉伸进岷江，其中有一自然缺口。李冰在此基础上开凿出更大的引水口，即宝瓶口。与此同时，因人工开凿之后而与玉垒山隔江相望的这段余脉被称为“离堆”，但早期“离堆”被更多地用来指“宝瓶口”。

作为内江进水的咽喉，宝瓶口严格控制着内江进入成都平原的水流量，其最高水流量为每秒不超过 700 立方米，是成都平原能够“水旱从人”的关键之所在。在宝瓶口以下分布着众多大小不一的沟渠，岷江的水经宝瓶口之后，顺着西北高、东南低的地势流入这些沟渠，从而形成遍布成都平原的自流灌溉网络。

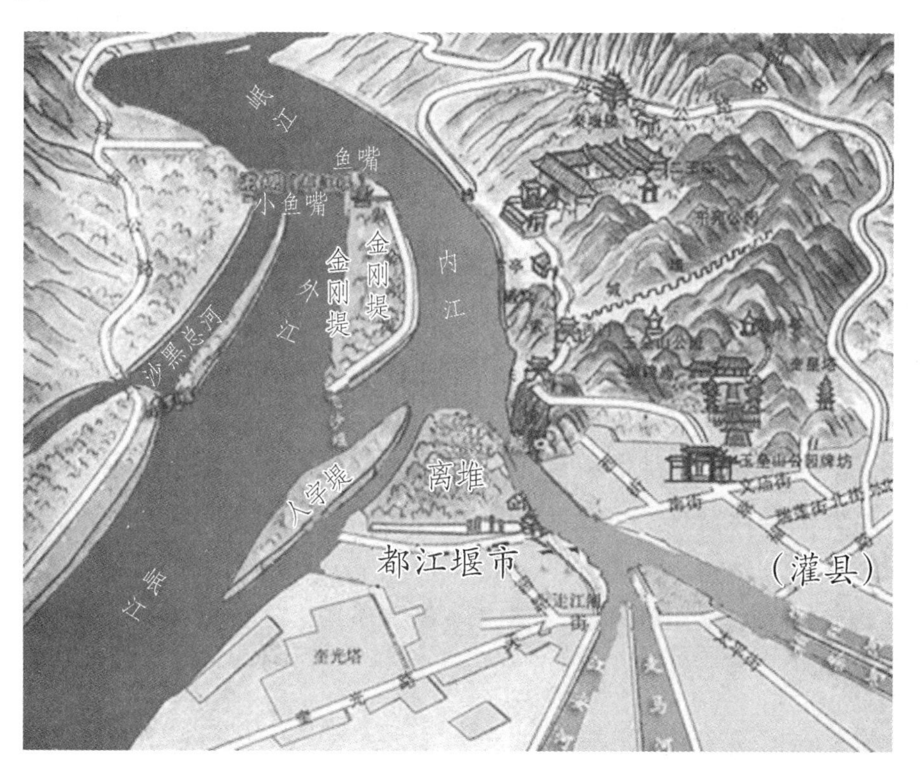

图 15-4　都江堰俯视图

（二）三堤附属工程

都江堰的附属工程主要是百丈堤、人字堤和二王庙顺水堤。

1. 百丈堤

百丈堤位于岷江左岸，长 820 米，约“百丈”而得名。最初是一条用竹笼卵石垒砌的导水顺埂，因而内外都有水。后来，随着每年岁修淘滩时，取出的砂卵石不断地填入，简便的导水梗慢慢变成了护岸工程。原为卵石混以石灰、糯米稀饭所修筑，后经整治护理，现在所见的百丈堤主要是混凝土基础上再干砌卵石。

百丈堤的存在，使得鱼嘴上游岷江左岸的凹岸变成直岸，以使江水可以直奔鱼嘴，从而稳定鱼嘴前的岷江河床，保证内外江入口宽度的不变，同时达到分水和排沙的双重效果。

2. 人字堤

人字堤位于飞沙堰下游，紧靠离堆。宽约 40 米，古代主要是用竹笼卵石堆砌的临时工程，如今已改用混凝土浇筑。过去的文献中常将飞沙堰与人字堤合称“人字堤”，可见人字堤与飞沙堰一样，主要起泄洪排沙的作用。后来随着两者的建筑形式和功能逐渐区别，尤其是飞沙堰的作用不断地突出，人字堤逐渐演变为飞沙堰的辅助设施，如今的人字堤，主要是与宝瓶口、飞沙堰联合作用，以排出内江多余的进水。

3. 二王庙顺水堤

二王庙顺水堤全长 350 米，1950 年修建，原为一低琐式笼石堤梗，后修成混凝土基础，同时干砌大卵石护面，主要作用是保持内江河床的稳定，降低飞沙堰清决和凤栖窝游积的风险。

（三）独特的水工构件与技术

竹笼、杩槎、干砌卵石、桩工和羊圈，都是古代先民根据都江堰河床特点和当地资源条件而创造的水工构件和简易工程。如今，都江堰的工程主体多为钢筋混凝土结构，但是在一些特殊情况下，如防洪抢险、岁修截流等，这些古老耐用的水工构件和临时性工程仍在使用。

1. 竹　笼

竹笼又名“篓石蛇”，是以竹子编织成长笼，内装卵石，用来筑堰壅水的工程。《元和郡县志》载：“楗尾堰，在县西南二十五里。李冰作之，以防江决。破竹为笼，圆径三尺，长十丈，以石实中，累而壅水。”最早记述了竹笼在都江堰中的重要作用，并且可见当时竹笼的制作技术和形制都已标准化。柔中有刚的竹笼既能适应砂砾石的河床，又能减轻江水的冲力，避免与水为敌，同时始终紧固堤基。竹笼常被用来修筑鱼嘴、堤坝、溢流堰、抢险堵口等。

图 15-5　竹笼和杩槎

2. 杩　槎

杩槎早期被称为“闭水三足”，是采用原木做成的三足架，若干个杩槎用木梁、蔑笆等相连成排，上负以卵石，在篾笆外侧倒上黏土，便构成了简易的截流工程。都江堰的杩槎被广泛用以调剂水量、挑流护岸、搭桥、保护桥面堤堰、围堤抢修等，并且工料可以回收。

3. 干砌卵石

干砌卵石是不使用任何胶结物，以卵石为材料，同时辅以专门砌筑工艺的工程型式，所使用的卵石均为就地取材。干砌卵石的型式最早来源于将河道中的卵石堆筑起来，或拦水流，或稳定进水口的临时做法，后来干砌卵石的工艺不断改良和完善，直到现在，干砌卵石的工艺仍在改良。干砌卵石不仅具有优良的抗水流冲刷能力，而且具有良好的渗透性，有利于边坡稳定和地表水回归，还能使堤防产生较好的生态和景观效果。

4. 桩工和羊圈

桩工和羊圈是都江堰中常见的木柱工程，用作堤堰的基础，起基础加固和护岸的作用。其中桩工，简单来说就是立木桩，都江堰渠首段多是挖坑埋桩，可以使单个的竹笼在结构上具有较好的整体性。羊圈是以木桩构成木框，在框内填以较大粒径的卵石，比竹笼和木桩更稳固和耐久，因而多被用在河道的急流险工段以保护重要的工程或堤岸的基础。桩工和羊圈也是灌区各级堤堰、堤防工程中普遍采用的消能防冲设施。

以上这些“因地制宜，就地取材”的水工构件和工程技术，都是都江堰所特有的，虽有寿命不长的缺点，但几千年来一直是维持都江堰不断运转的必不可少的水工构件和工程技术。虽然现代工程技术如水泥和钢筋混凝土等使用普遍，但都江堰的这些传统水工构件和技术依然在特殊时期起着不可替代的作用，甚至成为生态型水工结构和材料的创新源泉。竹笼、杩槎、羊圈等水工构件、工程及制作技术是古代先民的独特创造，也是都江堰水利遗产的重要组成部分。

（四）水文测量设施

水则和卧铁，是专门用以控制飞沙堰和人字堤主要建筑尺寸的两种水文测量设施。

1. 水　则

水则刻于宝瓶口内江左岸与离堆相对的位置，既是测量内江进水量的准则，也是控制河道疏浚和飞沙堰、人字堤顶高的重要标尺。

都江堰水则最早见于常璩的《华阳国志》:“于玉女房下白沙邮作三石人，立水中。与江神要约：水竭不至足，盛不没肩。”这里的“石人”应是中国最早的水位计。至宋代，都江堰的水则刻于今斗犀台下，元明时期沿用，但水则的划数不断增加。

现存宝瓶口处的水则，为清代时刻，共有 22 划，一划一尺，清代以 13 划为飞沙堰顶的高程，20 世纪 60 年代以后，增加至 14 划，超过 16 划就要开始启用防洪抢险预案。水则的不断变化，成为都江堰灌区面积不断扩大的佐证之一，同时为后世研究都江堰提供了重要参考。

2. 卧　铁

卧铁埋于飞沙堰对面左岸凤栖窝下，是淘滩时的标记。在河道疏浚中，政府常以淘挖出卧铁为验收河方工程的标准。据文献载，李冰在创建都江堰时就设石马于瓶口左岸河底，用作淘滩深度的标记，后代渐改用卧铁。都江堰卧铁原有 4 件，现存 3 件，分别是明万历卧铁、清同治卧铁和民国十六年卧铁，两两相距 1.1 米，各长 4 米左右，直径 0.2 米。

此外，都江堰因岷江多泥沙卵石沉积和江水迅猛，每年枯水季节定时疏浚河床与维护堤岸。在长期的治理与维修过程中，古人将疏浚河床和修筑堤岸结合，总结出“深淘滩，低作堰”和“遇弯截角，逢正抽心”的技术经验。“深淘滩”，指疏深河槽，增大过水和挟沙能力，以减轻对堰堤的冲刷。“低作堰”指在满足河渠引水的情况下，适当地降低堰的高度，以保证堰的安全使用，并减少工程量，两者相辅相成。“遇弯截角”，指利用河床凸岸易游积、凹岸易冲刷的特点，在凸岸淘滩截角，可以扩宽河床断面，在凹岸做挑流工程，可以适当调整弯道；“逢正抽心”指避免在河流平直段出现江心洲。两者结合使用，以有效避免洪水的毁坏。这些技术经验都以刻石的方式保存在二王庙内。

图 15-6 卧 铁

二、凸显治水文化的水信仰

都江堰地处川西平原和青藏高原结合带。上古时代，在以《山海经》为代表的原始神话传说中，这一带就一直是我国神话传说中的“瑶池”盛景和昆仑仙山之所在，即王母娘娘和万神聚集的地方。《山海经·大荒西经》载：“西海之南，流沙之滨，赤水之后，黑水之前，有大山，名曰昆仑之丘。有神，人面虎身，有文有尾，皆白，处之。其下有弱水之渊环之，其外有炎火之山，投物辄然。”《山海经·海内西经》谓：“海内昆仑之虚，在西北，帝之下都。”这里人面虎身的神就是指开明，而开明是蜀人传说中的先皇之一，其居住地就位于岷江的上游，因此在古蜀人的观念里，昆仑山就位于岷江上游的山脉之中，是天下的中心，也是连接大地和天堂的纽带，那里住着众多神仙。

都江堰地区的水文化信仰在历史上由来已久。作为中国众多民间信仰的重要分支之一，中国民间水文化信仰在都江堰这一地区，因其所处的独特的地理和人文环境而表现得尤为显著和独特。并且，其水文化信仰习俗，通过几千年积淀，已经深刻地影响到都江堰当地的政治、经济和文化。国家、地方政府和当地居民，围绕治水形成了角力或是合力。由于治水对三者利益一致的保障，在古梁州这片历来有重巫传统的南方土地上，历代治水英雄也常常利用都江堰巫术信仰传统包装科学的治水方法，从而使它们与都江堰当地土著人群的思想认识更趋协调，确保了几千年来的治水工程在历史上大多数时间取得良好的效益。

（一）水神崇拜的多元演变

《管子·水地篇》曰："集于天地而藏于万物，产于金石而集诸生，故曰水神。"

都江堰民间水信仰习俗的一个重要特征就是水神信仰体系的多元性。都江堰地区历来有多个民族混合居住，语言、心理和生活习惯迥异，使他们的信仰各不相同，而且其演变也错综复杂。从原始人群的图腾如龙和蛇到大禹到开明再到李冰父子，无论是民间故事还是地方志的记载都印证了这一点。同时，从最早古蜀人关于"奇相沉江化为江神被人祭祀"的传说，到李冰治理都江堰而祭祀江水，再到祭祀李冰，人们从一开始的敬畏自然到崇拜自然，再到敬畏掌握了科学治水规律的英雄。水崇拜在都江堰治水特色背景下，逐步完成了从水神到人再到水神的转变。

1. 龙图腾崇拜

龙是汉民族的图腾，几千年以来其主风主雨的特征使国人崇拜有加。中国民间神话故事有很多表现龙崇拜的类型故事，如因为误食宝珠而化身成龙的"吞珠变龙型"，四川的《望娘滩》，浙江的《龙池山》等。

"望娘滩"有众多异文，通常的说法是一个穷孩子从一丛长得非常茂盛而且割去后又能迅速长出的青草下面挖出一颗宝珠，拿回家放入米坛，坛中米就取之不竭。穷孩子家的生活大大改善，并经常接济乡亲。恶霸闻讯来抢宝珠，孩子无奈将宝珠含在口中，又不慎吞入肚内，孩子干渴难忍到河中喝水变成一条龙，飞上天去。母亲在后面大声呼喊，他一次次回头，回头一次成一个滩，娘喊了二十四次，他回头了二十四次，河里就添了二十四个滩，人称"望娘滩"。望娘滩位于四川岷江中游灌县今都江堰市到新津之间，共有二十四个，是当地的自然水文风貌。

另一则流传于浙江绍兴的《龙池山》的说法又不同，一位少女下水摸螺蛳时摸到一颗宝珠，不慎吞入，从此力大无穷，常帮邻居灌水干活。在一次洗澡中，不慎显出龙形被母亲发现，她不得不腾空飞去。龙回头的地方，留下了“九曲望娘湾”。龙母去世后，龙妹常来给她娘上坟，她一来，这一带就风调雨顺。

为什么在中国传统的民间故事里有这么多有关人变龙的类型呢？人类学认为原始先民对自然的认识还很模糊，很多现象他们还不能像现代人那样用科学理论解释。于是，人们应用自己的主观想象在现有实物蛇或是鳄鱼的基础上加以改造创造出汉民族的图腾龙，并赋予它各种本领，其中灌溉农田的作用最为重要，这反映了我国自然农耕经济条件下，中国最广大农民祈望风调雨顺以求五谷丰收的朴实愿望。

图 15-7　望娘滩

当然，龙作为水神也不仅作为吉祥和谐的象征，有时它也会以狂暴不逊、纵水成灾的孽龙形象出现。四川境内河湖纵布，四川民间说“龙主水”，河湖泛滥便被认为是孽龙作怪。曾经广泛流传于都江堰地区的“寒潭伏龙”故事即是其型：灌县孽龙年年泛水成灾，成都坝上百姓不得安生。玉帝派李冰父子到都江堰制服孽龙。孽龙听说二郎来了，先是呼风唤雨，二郎息风住雨；孽龙兴风作浪，二郎踏波平浪；孽龙潜入深海，二郎下水追赶……孽龙斗不过二郎，化作一个汉子回到岷江岸边，被化作老者的李冰用一碗担担面诱惑，在吃面时被李冰拴住。原来面条是铁链化成的，孽龙的心肝五脏全被李冰拴在离堆壁下的深潭里，从此孽龙年年吐水灌溉田地，再不能兴风作浪。此后，乡人还有传说“锁孽龙的铁链要年年更换才能锁住孽龙”。

这则传说叙述了一个典型的改造孽龙为民谋福的故事。其实对孽龙恐惧也是都江堰先民对水崇拜的一种形式，孽龙实质上就是桀骜不驯的岷江之水，而铁索锁江也一直是都江堰治水过程中的重要法则，年年更换铁链更是岁修的必要内容。可以说都江堰先民在对水崇拜的过程中，将先辈治水过程神化了，或者用神话故事更能表达他们对治水的崇敬。当然，解决孽龙作怪的办法还有一个，那就是祈祷天神帮助。都江堰龙池镇有个“龙池”，旁边御龙宫塑有大禹像，并留传有当地官员龙池祈水习俗。

2. 大禹治水传说

在李冰之前，古蜀治水最有名气的人物当属大禹和鳖灵开明。《吴越春秋》载“禹家于西羌，地名石纽”,《水经注》载“广柔县石纽乡，禹所生也”,《华阳国志·蜀志》载“石纽，古汉山郡也。崇伯得有莘氏之女，治水一行天下，而禹生石纽之刳儿坪。夷人营其地，方百里不敢牧，有过逃其野，不敢追，云谓神禹”等，其中广柔石纽就是指今天的汉山、汶川、理县和都江堰一带地方。都江堰历史上最早在秦朝就设立了地方行政机构，当时叫湔氐道，蜀汉时改为湔县，属汉山郡。也就是说大禹出生在过去的汉山郡所辖一带。为什么古蜀国那么早就出现了大禹神崇拜呢?

上古时期，正是中国的洪水时代，而古蜀大地是我国洪水灾害最为严重的地区之一。《孟子·滕文公上》:“当尧之时，天下犹未平，洪水横流，泛滥于天下，草木畅茂，禽兽繁殖，五谷不登，禽兽逼人，兽蹄鸟迹之道，交于中国。”《诗经·商颂·长发》:“洪水芒芒，禹敷下土方。”《庄子·秋水》:“禹之时，十年九涝。”因此，古人有言“治蜀必先治水”。在大禹疏导之前，岷江给四川盆地带来的几乎是十年九遇的洪水灾害。而古蜀人的神话里大禹是出生在岷江上游的石纽，今汉川至北川县一带。由于地缘的因素，大禹治水最先治理的地方就是岷江。《华阳国志》载:“岷山导江，东别为沱。”

3. 拜开明再求治水

虽然大禹吸取了其父的教训采取疏导的办法，在很大程度上缓解了岷江水患，但据《华阳国志》记载，禹导岷江之后，“沫水尚为民害也……二江未分，离堆支于山麓，水绕其东而行，奔流驶泻，蜀郡俱鱼鳖，非李公崛兴，民安得耕褥……”。这段话说明大禹并没有完全根治岷江流域的水患，还不能使古蜀子民安居农耕。随后，蜀国进入较为强大的杜宇王朝。据《华阳国志》及《水经注》的记载，此时杜宇教民务农，蜀国步入先进的农业社会，对治水要求更加迫切。因有《华阳国志·蜀志》载:“杜宇称帝，号曰望帝，更名蒲卑。自以功德高诸王，乃以褒斜为前门，熊耳、灵关为后户，玉垒、峨眉为城郭，江、潜、绵、洛为池泽，以汶山为畜牧，南中为园苑。会有水灾，其相开明，决玉垒山以除水害。帝遂委以政事，法尧舜禅授之义，禅位于开明。”

这说明中国水神崇拜的另一重要人物开明鳖灵是受蜀王杜宇的委派开掘玉垒山，治理都江堰水患的。而且因为治水非常成功，还被望帝禅让了王位。《太平广记》卷三百七十四所引《出蜀记》复云：“鳖灵于楚死，尸乃泝流上，至汶山下，忽复更生。乃见望帝，望帝以为相。时巫山壅江，蜀民多遭洪水，灵乃凿巫山，开三峡口，蜀江陆处……以功高，禅位于灵，号开明氏。”

玉山即现在汉川县的玉垒山九鼎山。郦道元《水经注》载：“江水又东别为沱，开明之所凿也。”郭璞认为玉垒就是东别的标志，这个有“又”字，说明开明是继承大禹“东别为沱”的治水方式而将其疏浚。但此时还没有开凿出离堆、宝瓶口，即都江堰工程的雏形还没有出现。

《宋史・河渠志》载：“岷江发源古导江，今为永康军……夏潦扬益，必有溃暴冲决可畏之患。自凿离堆以分其势……而后西川沫水之害减，而耕桑之利博矣。”可知，李冰是在继承前人治水的经验、教训的条件下，通过凿离堆分江导流的方法，完成了古往今来对岷江水患最为成功的一次治理，也因此使广袤的四川盆地变成了“水旱从人，不知饥馑”的天府之国。

《重修通佑王殿碑》载：“昔神禹导岷江，抑洪水，而功在天下。厥后李公凿离堆，资灌溉，而功在梁州。事之大小虽殊……历代追崇，传所谓有功德于民则祀之者也。”蜀人之所以对以大禹、鳖灵、李冰崇拜，是因为他们在治水方面的杰出贡献，而治水是农业生产力发展的源动力。夏朝以治水文化著称于世，于是夏朝出现了夏禹。同样，秦朝在我国治水史上的地位举足轻重，所以这一时期也出现了另外一个在后世被神化了的李冰。

4. 李冰化身为牛

在唐以前，都江堰的居民以氐、羌为主。羌人是以牧羊为主的游牧民族，崇拜羊。而氐人指居住在低洼地带今绵阳市白马藏族聚集区从事农耕畜牧的民族，因为从事农业生产的需要，他们崇拜牛。而西蜀人是氐人和羌人同化后的氐羌人。在氐羌人的宗教祭祀习俗中，牛扮演着十分重要的角色。牛既是神圣的祭品，也是巫术活动的某种象征。“李冰作都江堰大堰，多得湔氐之力。”所以都江堰也称湔堰，这也使得李冰化身为牛，同江神斗法的神话极富氐羌色彩。都江堰为了纪念李冰而设的斗牛戏，从另一方面恰恰也揭示了当时人们对江神的独特信仰。《风俗通》有载：“秦昭王，使李冰为蜀守，开成都两江，溉田万顷。江神岁娶童女二人为妇。冰以其女与神为婚。径至神祠，劝神酒……冰厉声以责之，因忽不见。良久，有两牛斗于江岸旁。有间，冰还，流汗，谓官属曰：‘吾斗大极，当相助也。南向腰中正北者，我绶也。’主簿刺杀北面者，江神遂死。”

从上述李冰勇斗江神的事例，我们不难看出其本质是在秦汉这一特殊历史时期内，某一社会群体（都江堰当地居民）与其生存的自然环境产生了对立的关系。所以寄希望把李冰转变成为先民集体表象中被看作神力象征的神牛，通过它打败象征灾害的江神，以实现当地百姓避害趋利的良好愿望。

图 15-8　李冰斗江神

在李冰和江神斗法的故事里，不仅反映了古蜀先民对李冰的崇拜，同时也反映了他们对江神的崇拜，而且对江神的崇拜还要早于对李冰的崇拜。那么江神到底是一个什么样的形象呢？

《广雅·释天》："江神谓之奇相。"庚仲雍《江记》："奇相，震蒙氏帝女也，沉江卒为江神。"《山海经》："神生汉川，马首龙身，禹导江，神实佐之。"可见江神是一个有着马首龙身的怪相的水神。江神生在汉川，就是岷江水神。而唐《括地志》记载："江渎祠在成都县南八里。"

从古都江堰人关于鲧、禹治水的神话到奇相沉江的神话传说，从最初兴起的祭祀江神到秦一统天下后的祭祀江水，再到李冰修筑都江堰后，对治水英雄李冰以及之后逐代延伸的有关李二郎等的祭祀，经历了两千多年的演化过程。

（二）水崇拜祭祀

从混沌社会，人们对亲水动物蛇和龟的图腾式崇拜开始，都江堰人已萌生水崇拜意识。自水神信仰产生之后，都江堰水文化信仰仪式主要通过祭祀水神来表达。祭祀水神的方式有多种：有国家或地方政府主导的官祭，也有民间自发的祭祀；有用动物作牺牲的，也有用人作牺牲的。

1. 祭祀仪式

官祭一般规模较大，而且祭祀对象多是历史上有重大影响的治水英雄等。《史记·秦始皇本纪》中载公元前 210 年秦始皇"上会稽，祭大禹"。《汉书·郊祭志》记载，秦始皇统一中国，将全国祭山、祭江的圣地加以规范，全国共有祭山川的地方 18 处，蜀郡占两处，即渎山（岷山）和江祠（岷江），祭祀地点均在今四川都江堰市青城山一带。至汉代宣帝时，正式以四渎神（长江、黄河、淮河、济水，古称四渎）作为河川代表，列入国家祀典，设立专门祭祀制度。至唐朝时，对五岳、四海的祭拜已列入国家的祀典。最早出现在北宋仁宗时的，是成都地区的大禹庙祭。宋仁宗时，张俞北上书蜀帅书："今淫鬼无名，饕蜀民之祭祀者迨将千百，郡县犹能存之而神。禹为蜀人，江汉为蜀望，曾不得享蜀之祀若淫鬼。斯阙礼之甚者，俞尝恨焉。"接着他又劝宋仁宗："若谓斯言可采，斯庙（大禹庙）可成，宜载事于金石，则明公之德无尽。"明曹学佺《蜀中广记·名胜记·成都府》引用这篇文章时加了按语："按此则成都禹庙实创始于宋仁宗时。"他又说："禹庙今在城东北之马务街，岁久倾圮，予以万历辛亥（公元 1611 年）始刻修复。仍以蚕丛、李冰二神配于东西庑。"

这段极短的介绍详尽地说明了成都禹庙的创立年代及它在明代的地理位置以及信仰情况。明代成都大禹庙里大禹的位置明显高于蚕丛、李冰等二位"川主"。国家以官方的名义祭祀李冰父子除了有纪念意义之外，还有勉励地方官员学习李冰父子为民族造福的品质，以巩固地方和国家的统治。

民间祭祀和官祭有很大不同的是民间祭祀多侧重于祈福消灾。都江堰修筑之前，岷江两岸备受洪水摧残，人们饱受水患之苦，为了祈求神灵的保护，人们经常沿江"祈水"。

都江堰修筑之后，成都平原从此旱涝保收。人们为了纪念李冰，把"祀水"改为"祀李冰"，而后每年清明，人们都会来都江堰祭祀李冰，并逐渐形成一系列宏大的祭祀仪式。"放水节"便是其中最重要的一个。

每到冬天枯水季节，在渠首用特有的"杩槎截流法"筑成临时围堰，岁修外江时拦水入内江，岁修内江时拦水入外江。清明节内江灌区需水春灌，便在渠首举行隆重仪式拆除拦河杩槎，放水入灌渠，这个仪式就叫"开水"。唐朝时期，清明和秋季时盛行于岷江两岸的"春秋设斗牛戏"，可以说是放水节的雏形，到北宋太平兴国三年（公元 978 年）正式由官方将清明节定为都江堰地区的放水节。为什么宋朝统治者把清明节定为放水节呢？这和宋朝的水稻栽培技术有关。宋朝的水稻一般于二月中旬至三月下旬下种，八月才成熟，而蜀地的气候也是限制条件之一。

祭祀所用牺牲，各个朝代都有不同。最早在奴隶社会是用人作牺牲，比如《水经注》卷三十三记载"江神岁娶童女二人为妇"，还有黄河河神每年都要纳女为妾等等。后来随着社会文明的进化，商中叶以后，逐渐发展成为宰杀家畜祭祀了。

2. 李冰受封

1974 年在都江堰外江出土的李冰石像（刻于公元 168 年），说明至迟在汉代，都江堰已经有了对李冰的祭祀活动。而事实上早在秦代就有对李冰的祭祀。据唐代虞世南《北堂书钞》引东汉应劭《风俗通义》一段记载："秦昭王听田贵之议，以李冰为蜀守，穿成都两江，造兴田万顷之上，始皇得其利以并天下，立其祠也。"

从汉代到清代，李冰经历了 1 500 年的漫长受封过程：

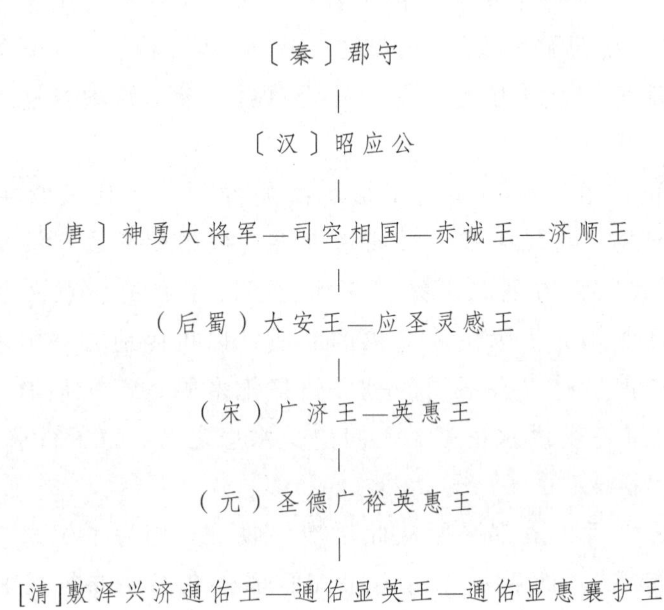

从上述材料可以看出，在秦代李冰还是以普通的治水英雄官吏身份被统治者立祠供奉，而到了汉代就被封为"昭应公"，为什么会出现这种情况呢？《新唐书》卷十三载："自周衰，礼乐坏于战国而废绝于秦。汉兴，《六经》在者，皆错乱、散亡、杂伪，而诸儒方共补缉，以意解诂，未得其真，而谶纬之书出以乱经矣。自郑玄之徒，号称大儒，皆主其说，学者由此牵惑没溺，而时君不能断决，以为有其举之，莫可废也。"

由此可见，由于受周朝昏庸统治，战国战乱，特别是秦朝焚书坑儒的影响，汉朝初期，社会动荡，礼乐衰败，统治者极力想恢复传统礼制，于是出现推崇治国兴邦功臣的社会风气，统治者极力弘扬对国家有突出贡献的英雄。它的第一位统治者刘邦以及后来的文帝、景帝都奉行休养生息的国家政策，对农业特别重视，而李冰作为封建社会开始后，第一位对蜀地农业生产有重大影响的治水英雄，自然会被统治者作为劝农的典型代表而受追捧。但到汉哀帝时，民众中的神秘传言增多，导致社会性的心理恐慌和动荡不安。这时期，原始道经的奉持者不仅已经跻身皇帝之侧，而且开始直接干预汉朝的政治命运。按《汉书·李寻传》，其信奉者夏贺良等向哀帝陈以危言："汉历中衰，当更受命。成帝不应天命，故绝嗣。今陛下不久疾，变异屡数，天所以谴告人也。宜急改元易号，乃得延年益寿，皇子生，灾异息矣。得道不得行，咎殃且亡不？有洪水将出，灾火且起，涤荡民人。"时因汉哀帝久病不愈，且"几其有益"，为挽王朝大运，便纳贺良等议。此时的都江堰境内也是巫风盛行，张陵想在此地宣扬道教却受到很大阻碍，于是转而鹤鸣山学道。最后通过和当地氐羌人巫术仪式相结合的方式，才最终打败青城山所谓"鬼国"，确立了道教在当地的正统地位，对后世都江堰水文化信仰影响极大。

都江堰水利工程在它建成以后的漫长历史过程中，逐渐显示其科学性和重要性，因之李冰的地位也逐渐上升。《灌县乡土志》说："唐宋时蜀民以羊祀李王，庙前江际皆屠宰之家。"宋代还把李冰祭祀提到和封建王朝最高祭祀——南郊祭祀同等地位，也就是说李冰祭祀已经进入国家祭祀范围。至于川主庙，乃李冰建都江堰造福于民，民众尊之为川主，故各州县都有川主庙。

为什么李冰在宋代如此受宠呢？一方面因为宋代是我国历史上科技文化发展成就高峰时代，"四大发明"、《梦溪笔谈》、《营造法式》等一大批科技文化成果使中国至今仍引以为豪。科技给人们带来的变化极大地改变了人们的生活和生产，所以在宋代出现了一个特别崇拜科技的现象。而作为我国古代治水史上科技与自然人文结合的突出典范，都江堰自然受到推崇，更何况都江堰对川西平原旱涝调节作用给人们带来安居乐业、农业连年丰收的好处。统治者此时当然也要顺应民心，把李冰推到很高的地位。

另一方面，尽管"宋朝是当时世界上文明程度最高的国家，其巫卜盛行，绝不比周边国家逊色"。鲁迅曾经说过："宋代虽云崇儒，并容释道，而信仰本根，夙在巫鬼。"这说明宋代在我国历史上也是一个特别重视巫鬼神灵信仰的朝代，由此李冰神格的完全确立出现在宋朝也就不足为奇。宋代社会形成了崇尚道教的传统，尤其是将道教造神运动推向极点。道教的重要思想精髓在于道法自然和上善若水。前者从科技角度来说明都江堰水利工程的科学性和合理性，这种符合东方哲学价值取向的观念，被李冰充分运用到治水的过程中，"凿离堆，导二江，无坝引水，竹笼笼石，杩槎堵水"，这些充分利用当地自然资源的治水方式，最低程度地减少了本地的自然环境的破坏，也为工程两千多年的持续发展奠定了牢固基础，而“上善若水”则是道家德化教育的重要内容。位于都江堰人字堤上有一处《上善居铭》：“古者上善若水，言水德也，盖水，乃生命之源，人文之本，能兴家园，化万物，流布天下，泽被四方。凡文明之兴，莫不因水而成家道之隆，全依择水而居。秦时李冰治水，引岷江灌溉天府，令生民乐享千年。”也就是说都江堰之所以被历代统治者追崇，皆因其与“治国齐家”思想不谋而合。而都江堰与水的独特联系，尤其是通过对水的改造，实现“上善”以利于人类生存的做法，还以“上善若水”这一道家思想的核心体现出来。

宋代以后，清明放水节的仪式一般由四川高级官员担任主祭官，主持大典，即官祭。放水前一日，主祭官从成都启程，途中要先到郎县“望丛祠”祭拜古蜀国治水有功的望帝和丛帝。当晚，夜宿灌县行台衙门。次日清晨，开水活动正式拉开序幕，大型鼓乐队和仪仗队在前面引路，主祭官坐轿，随从抬着丰盛的祭品先到伏龙观，再沿着玉垒山古驿道，出宣威门和玉垒关，来到二王庙，祭祀李冰父子。祭祀仪式也从唐代的斗牛祭祀改为宋代的剽羊祭祀。宋朝诗人范成大时任成都府劝农使，其诗《离堆行》载：“刲羊五万大作社，春秋伐鼓苍烟根。”杀五万只羊作为郊祀的贡品，分春秋两季祭祀。这种大规模的杀羊祭祀具有浓厚的巫术色彩，且带有官方强制性色彩。

元代以后，水神祭祀一个重要特点，就是从过去过分推崇李冰为代表的水神回到重视现世人间的治水英雄，说明元代蒙古统治者有着不同于汉族统治者的务实治世的态度。此时道教发展趋于势弱，相应出现了以吉当普等为代表的治水英雄，“铁龟镇水”也发生在这一时期。光绪《重修灌县志》卷四载：“至元元年，廉访金事吉当普以都江居大江中流，故以铁六万六千斤铸为大龟，贯以铁柱而镇起源以捍其浮檀。”之所以说元代把对李冰父子的祭祀活动从宋代近于疯狂的造神运动拉向趋于理性，是因为元代把李冰的神话加以实用性改造，应用到具体的水利建设上来，这也是元代少数民族统治一个人口众多的汉民族之后，对汉文化的一种消化性的吸收和创造。

清代规定祭祀李冰的礼仪是牲用少牢，祭列九品，主祭官穿公服，行二跪六叩，宣读祝文。

现代都江堰的放水仪式则延续古代的祭祀仪式，再现了汉代官员以“少牢”之礼祭祀李冰的过程。一般是先由主祭官身着古服，绕行主要街道后，来到预先扎好杩槎的祭祀场所朗读祭文，歌颂二王李冰及其儿子功德，然后砍杩槎放水。其场面极为壮观：先用粗缆绳把所有的杩槎后脚串联，最前头的一架杩槎上有人执斧，待良辰一至，三声炮响，执斧者先砍第一根杩槎后脚，岸上的人用力齐拉缆绳，几十根杩槎相继倾倒，临时堤堰霎时崩塌，由大量杩槎和装满石头的竹笼围成的一池江水顿如脱缰野马奔涌而出飞泻而下，直冲宝瓶口。由于现在的都江堰鱼嘴附近，已经在20世纪60年代安装了现代化的钢制节制闸，都江堰主要通过它来调节内外江用水比例，所以传统的清明放水活动，已经失去了它往日的实用意义，而更多地转化为象征性仪式。

1974年，在都江堰外江节制闸处发现的李冰石像，其上题记为："故蜀郡李府君讳冰。建宁元年闰月戊申朔廿五日，都水掾尹龙长陈壹造三神石人，珍水万世焉。"1975年，在距李冰石像发现地点同一河底发现一尊持锸堰工石像。2005年，又在距离李冰石像发现地不远处的河床中出土了两尊东汉无头部石像和《建安四年北江塴碑》。这些陆续的考古发现表明，东汉时期在都江堪渠首的岷江岸边可能已有官建的专门祭祀李冰的祠堂，这些石像和碑刻可能就是祠堂中陈放之物。齐建武时，益州刺史刘季将原来的望帝祠改祀李冰，可见李冰在官方祀典中的地位。从宋代开始，李冰被作为神载入国家祀典，并享有官祭地位。从西汉开始，已有地方性史志记述李冰修建都江堰事迹的传说，此后的史学家也纷纷记录关于李冰的神话传说，包括李冰化牛与江神搏斗除水害、李冰父子治水等。在李冰逐渐走向神坛的最高位置时，岷江上游的二郎神传说逐渐与李冰合而为一，演绎出李冰父子治水神话，二王的称号逐渐产生并沿袭至今。由李冰和二王的确立，衍生出更多有关都江堰的神话传说、宗教崇拜、祭祀仪式甚至精美的建筑艺术，这些都极大地丰富了都江堰的历史文化内涵，是都江堰遗产的重要组成部分。

李冰封王的祭祀典礼，包括官祭和民祀。官祭始于宋代，是都江堰岁修封堰和开堰不可缺少的仪式，自宋代以来还形成了一套特有的祭奠规格与程序。官祭是当时川西地区极为重要的活动，因此留下了丰富的文献记载和口头记录，为研究都江堰提供了很有价值的参考。中华人民共和国成立后，官祭已不再举行，但是逢重大节日，都江堪也会依照文献中所记的程序与规格重现当时官祭的重大场面。民祀，是民间自发地以李冰父子的生日致祭，即一般在阴历的六月二十四、二十五、二十六日期间，川西地区受益于都江堰的老百姓都会自发地携香烛祭品，来到二王庙祭祀，场面壮观，多达万人以上，至今没有断绝。

第二节　江水浸润天府国

在古代，号称“天府之国”的成都平原是一个水旱灾害十分严重的地方。成都地处岷江出山口。成都平原的整个地势从岷江出山口玉垒山，向东南倾斜，坡度很大，都江堰距成都 50 千米，落差 273 米。岷江出岷山山脉，从成都平原西侧向南流去，对整个成都平原是地道的地上悬江，而且悬得十分厉害。岷江出山之后，在成都平原上散漫而流。每当岷江洪水泛滥，成都平原一片汪洋。一遇旱灾，霎时赤地千里，颗粒无收。岷江水患长期祸及西川，鲸吞良田，侵扰民生，成为古蜀国发展的一大障碍。

都江堰的修建，对成都平原产生了深刻的影响。《史记·河渠书》记载：“蜀守冰凿离碓，辟沫水之害；穿二江成都之中，此渠皆可行舟。有余，则用溉浸，百姓飨其利。至于所过，往往引其水益用，溉田畴之渠以万亿计，然莫足数也。”《华阳国志·蜀志》载：“冰乃壅江作堋，穿郫江、检江别支流，双过郡下，以行舟船又概灌三郡，开稻田。于是蜀沃野千里，号为陆海，旱则引水浸润，雨则杜塞水门。故记曰：水旱从人，不知饥馑，时无荒年，天下谓之天府。”可见，正是都江堰的出现，使得原先旱潦频仍的成都平原一跃而成为“天府之国”。不仅如此，都江堰还缔造了成都平原河流灌溉渠系，沟通了岷江与沱江等大大小小的河流，改变了成都平原地理位置上的劣势，直接影响了成都平原城市水环境形成与完善，成都平原各级行政中心如城市、乡镇、村落的布局体系，均直接受到都江堰的影响而逐渐形成，且虽历经两千多年的历史，其行政边界也变化不大。

一、成都平原河流灌溉渠系嬗变

成都平原的文明，由治水而开始，也由治水的杰出成就而兴盛。都江堰水利工程造就了古典成都的城市富庶繁荣，并使成都很早就形成了与自然环境特别是水环境和谐相处的传统。

（一）创建期——战国至秦汉

都江堰是在战国末年秦国为统一天下而将巴蜀置为根据地修建的。在这一时期因为都江堰的修建，成都平原的河流水系发生了根本性改变。首先是离堆的开凿，使得成都平原能够通过宝瓶口从岷江分水进入成都平原；再者李冰“穿”成都二江创造了川西平原新的河流，它们沟通了平原与岷江的水路，使成都平原的灌溉和水运交通既有稳定的水源支持，又有通畅的洪水通道。

（二）完善成熟期——魏晋至唐

都江堰开凿之初，文献只记述了凿离堆即开凿宝瓶口的史实，而并未对渠首工程的其他两大工程进行记载。至魏晋时期的渠首枢纽工程已经具有类似于鱼嘴的分水设施——堋堰。常璩《华阳国志》记载："冰乃壅江作堋，穿郫江、检江、别支流双过郡下，以行舟船。"堋堰以其位置和建筑的高低，与宝瓶口或其他河工设施共同发挥作用以节制和调整引水量。

至唐代，都江堰工程已具有多级控制功能：低水期以分水堰为主，有导流堤起导流和壅水作用；汛期堤堰工程一经冲毁，马上发挥泄洪作用，与宝瓶口共同限制进入成都平原的水量，构成了配合默契的枢纽工程。分水、导流、溢洪综合功能的堤堰工程的出现，标志着都江堰枢纽工程已经进入了成熟期。除了渠首工程，此时期干支渠系扩延也较多，重开了百丈堰，修复了通济堰干渠 120 千米，将干渠扩展至彭山、眉山，新开官渠堰（即今东风渠）前身，解玉溪縻枣堰等。

（三）稳定期——宋代至清朝

《宋史·河渠志》记载，象鼻迎水端宽 10 尺（约 3 米），中宽 150 尺（约 45 米），后稍减为 130 尺（约 41 米）；象鼻由 7 层竹笼堆筑，高约 5.5 米。从象鼻分水处至离堆共长 250 多丈（约 750 米）。与今天都江堰渠首枢纽鱼嘴的位置和鱼嘴至离堆的长度以及高度都基本相近。都江堰在宋代有 4 条主干渠，其分水位置及干渠经行也与今天的可以一一对应，宋代的都江堰与唐代有密切的继承关系，也为元明清所沿袭。元代的文献第一次出现"都江堰"之名，当时都江堰特指鱼嘴分水工程。明代，宝瓶口的名称也在文献中第一次被记载。清嘉庆前后都江堰鱼嘴、飞沙堰、人字堤等工程名称见诸文献，并沿用至今。

此时期，都江堰干渠以下的渠系迅速覆盖整个成都平原，特别是清初战乱之后，随着经济生产的恢复，支、斗、农、毛渠系在平原上快速重生并扩展。堰渠体系继承性说明了都江堰经过上千年的演进已经稳定。

（四）现代化时期——清朝末年至今

清末之后，都江堰受到新材料以及西方现代水利观念的影响和冲击。都江堰第一个现代水利规划——1939 年《都江堰治本计划》指出：都江堰在传统的工程建筑和结构下水量调配是粗放的，计划通过在渠首段取消鱼嘴而在内外江口建立大型节制闸永久工程，对灌区供水实行总的调节；渠首建闸后，平水槽、飞沙堰、人字堤等泄洪排沙设施废除。这引起了很多争议，李仪祉在《灌县水利之商榷》一文中提到："砂石有节制，始可以言改良都江堰本身工事，其旧有规则应以不轻加改革为原则，以其有 2 000 余年之历史，必有特优之点也。所可改良者唯鱼嘴堰堤之构造及量水之法制而已。"对渠首改造、工程新建必须慎重，是当时中外水利科学家的共识。

现代化后的都江堰，软筑堰形制变为了硬形制，传统的竹笼工被现代的砌石和钢筋混凝土所替代，都江堰渠系分水处多建现代化节制闸。

成都平原位于四川盆地的西部，整个平原自西北向东南倾斜，地面坡降从西北的 8‰逐步过渡到 3‰，利于自流灌溉和航运。正是优越的自然环境和地理优势培育出了堰渠体系特有的水利形制，同时造就了纵横于成都平原的人工水系。成都平原由于自古以来长期的水利活动，其河流已经不太能够严格区分出天然河流和人工渠道。大面积天然河流和人工渠道的合二为一，使得整个成都平原的水系都可以进行一定的人工调节，而这种调节又是真正建立在对自然客观尊重基础之上的。堰渠体系与成都平原的历史，客观地反映出水利与社会、社会与水利彼此的依存关系。

二、堰渠体系深刻影响川西天府国

历史时期因为渠首工程的修建，川西平原的河流水系发生了根本性的改变。首先是开凿离堆，使得成都平原能够从岷江分水并通过宝瓶口进入成都平原；再者李冰"穿"成都二江，二江实际上是都江堰进入秦蜀郡治所成都的两条干渠，演变至今上段为走马河及其分出的两条支渠，二江创造了成都平原新的河流，它们沟通了平原与岷江的水路，使川西平原的灌概和水运交通既有稳定的水源支持，又有通畅的洪水通道。从此与黄河流域不同，岷江流域的治水工作不是与洪水进行搏斗，而是将堰渠体系不断扩大和完善，逐渐形成的成都平原水运网和灌溉网。旱涝保收的农业和发达的水运，确立了成都此后长期的西南政治、经济中心地位。堰渠体系的技术和用水制度，以及水的宗教和礼仪等，构成了多元蜀文化的重要组成部分。

（一）生态影响

1. 理水调气

成都平原堰渠体系是对原生水系的梳理，干、支渠对天然枝状水系的疏淘，斗、农、毛渠的人工开凿修建改变了古蜀盆地地下水的分布，调节了河流水量四季的变化情况，由此改变了古蜀盆地原来的沼泽湿地生态本底。同时，这种调节也改变了盆地的大气循环状况，日积月累，古蜀盆地的气候变得更加温润。

2. 水土相生

堰渠体系的灌溉作用使得成都平原土壤拥有干湿交替的环境，从而形成了水稻土。堰渠体系的气候、水土调节作用为成都平原农耕提供了相对均质化的生态环境，这种生态环境使得后来川西林盘能够大量萌生。

（二）经济影响

通过输排水和灌概作用，堰渠体系对成都平原的农业生产产生了重大影响。随着堰渠体系的完善和网络化，一方面农田的单产得以提高，另一方面大多中低产田生产条件得到改善，灌区面积得以扩大。

（三）社会影响

堰渠体系对成都平原的社会组织和结构产生了深刻的影响。都江堰是一项由政府主导的巨大而漫长的工程，政府出资主持每年渠首工程、干支渠的岁修和疏淘，剩下的渠系末端工程多需要居民自行组织进行修建和维护，由此而形成了成都平原民间许多关于水利的乡规民约。在政府统一的水利制度下，农户不必为灌溉问题结群而居，也不必结群而斗。在乡规民约下，农户相互协作，共同承担堰渠的修建和维护工作。在此过程中形成的地缘、业缘，瓦解了小农经济时代传统村落以家族主导的血缘关系，形成了成都平原村镇特有的地缘、业缘社会组织和结构。

（四）文化影响

独特的江源文明是蜀文化的重要来源，水是蜀文化的根本精神。在堰渠体系的影响下，成都平原的人居环境与自然达到了共生共荣的状态。堰渠体系深刻影响并形成了川西特色的道家文化，“一生二，二生三，三生万物”正是对堰渠体系生长状态的深刻描述，成都平原村镇是按照“上善若水，水孕文明”的自然哲学模式形成和发展起来的。除此之外，堰渠体系还深刻影响着成都平原村镇文化和民俗风情。

（五）城乡格局影响

在都江堰水利工程尚未修建之前，成都平原村镇的人居环境就受到了天然水系莫大的影响，天然水系造就的微地形决定了大型村镇的选址——成都平原扇脊，并在水患和水旱灾害中不断迁徙。渠首工程建立以后，堰渠体系的扩张对村镇体系的发展产生了系统性的影响：一是扩大了灌溉面积，二是把不适合耕作的区域也变成了农田，三是稳定了城乡空间布局，不同层级的渠系与城乡人居环境空间建设一一对应。

参考文献

[1] 曹玲玲．作为水利遗产的都江堰研究[D]．南京大学，2013．

[2] 杨斌．都江堰水利可持续发展与成都平原经济社会发展的关系研究[D]．成都理工大学，2009．

[3] 张成岗，等．都江堰：水利工程史上的奇迹[J]．工程研究-跨学科视野中的工程，2004，00：171-177．

[4] 刘大为．都江堰——优美的工程诗篇[J]．力学与实践，2011，03：97-101．

[5] 李映发．都江堰在科学技术史上的价值[J]．四川大学学报（哲学社会科学版），1993，02：88-96．

[6] 唯真．中国古代水利工程奇迹——都江堰[J]．科学启蒙，1996，03：20-21．

[7] 袁博．近代中国水文化的历史考察[D]．山东师范大学，2014．

[8] 胡肖．川西平原堰渠体系与城乡空间格局研究[D]．西南交通大学，2014．

[9] 张帅．都江堰水文化与可持续发展[J]．四川水利，2005，01：44-46．

[10] 李华强．从人类学角度看都江堰地区水文化建设[D]．四川大学，2007．

[11] 肖芸．都江堰水文化内涵解析[J]．兰台世界，2011，19：71-72．

第十六章 “莫道隋亡为此河，至今千里赖通波”——京杭大运河

京杭大运河是中华文明历史进程中的标志性工程，它包含种类丰富的物质文化遗产、非物质文化遗产及自然遗产，基于其自身特点，也被称为中国的活态遗产。京杭大运河北起北京（涿郡），南到杭州（余杭），途经北京、天津两市及河北、山东、江苏、浙江四省，贯通海河、黄河、淮河、长江、钱塘江五大水系，全长约 1 794 千米。它发端于公元前五世纪的春秋战国时期开凿的邗沟，完成于隋，畅通于唐宋，取直于元，繁荣于明清，迄今已有近 2 500 年。依托这条黄金水道，沿岸兴起一系列城镇、建筑、漕运设施、地方文化与习俗等，被称作中国“古代文化长廊”。

千百年来，大运河作为中国古代重要的“漕运通道”和政治经济命脉，从历史上的“南粮北运”“盐运”通道到现在的“北煤南运”与“南水北调”干线以及防洪灌溉干流等，这条沟通南北的古老水运通道，对国家统一、经济繁荣、文化融合以及国际交往都发挥了非常重要的作用。2014 年 6 月 22 日，京杭大运河在第 38 届世界遗产大会上，以其在时空跨度、文化价值、科技蕴含方面的无与伦比性成为世界性文化遗产，成功入选《世界遗产名录》。

第一节 活着的遗产

京杭大运河，又称京杭运河或大运河，全长约 1 794 千米，是中国也是世界上最长的古老运河，北起北京，南达杭州，跨越京、津、冀、鲁、苏、浙六省市，贯通海河、黄河、淮河、长江、钱塘江五大水系，所经地区自然条件复杂多样，其形成发展的漫漫历史中孕育了丰厚的运河文化，是见证中华文明进程的标志性文化遗产。

据历史记载，京杭大运河始于春秋时期吴王夫差开凿的邗沟，距今已有 2 500 年历史，并在隋、唐、元、明、清时期都有不同程度的延伸与扩宽。大

运河经历漫长的变迁、发展，至今仍是沟通南北的交通大动脉，它由南向北主要由江南运河、里运河、中运河、南四湖段（微山湖、昭阳湖、独山湖、南阳湖四个相连湖的总称）、梁济运河、会通河、南运河、北运河、通惠河等构成。

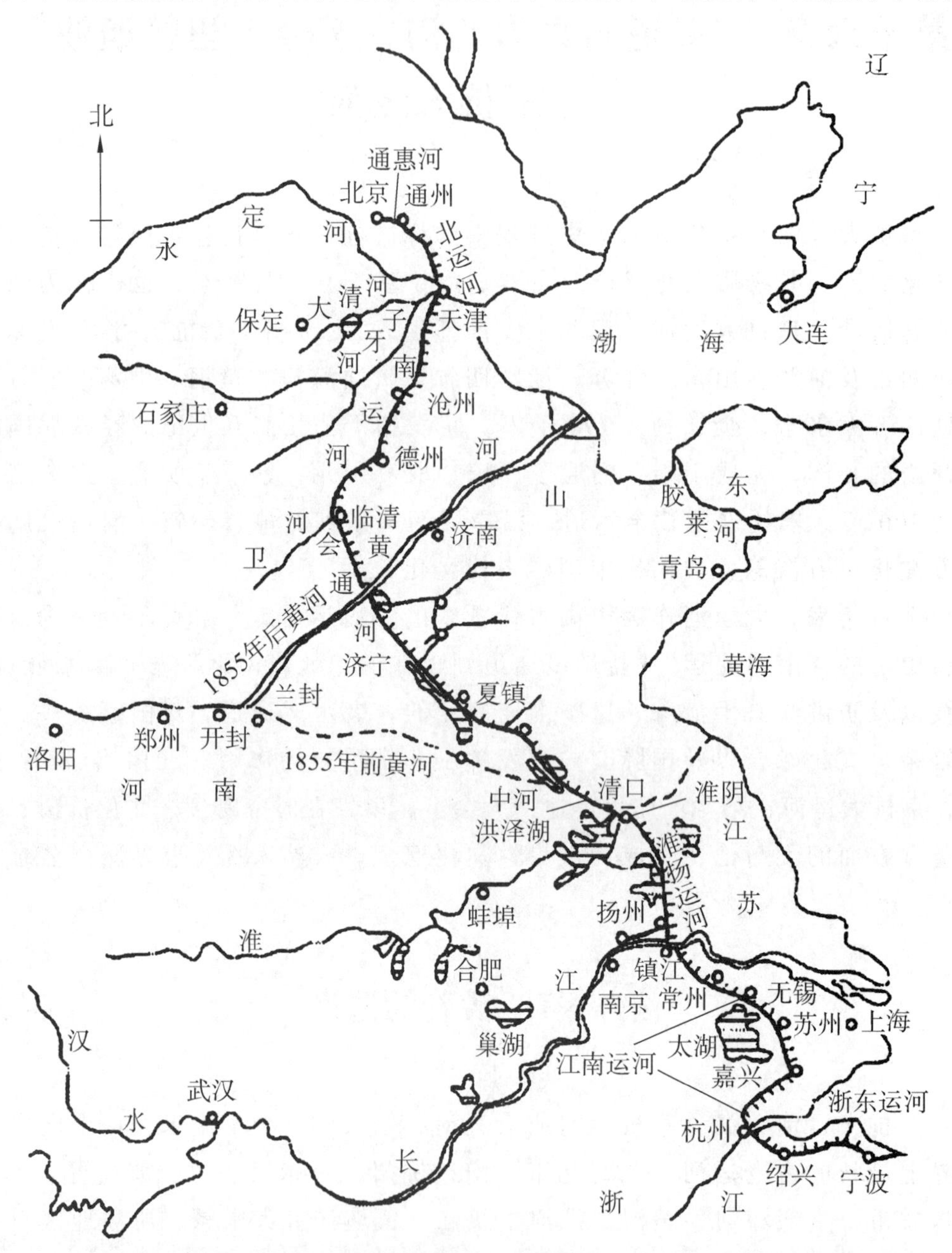

图 16-1　京杭大运河各段经行示意图

（来源：《京杭大运河遗产的特性与核心构成》）

事实上，所谓京杭大运河，只是现代人对元代以来依然存在的北起北京大通桥南至杭州拱宸桥的运河的习惯叫法。据史料记载，无论隋唐时期开通

的北达涿郡南至杭州的南北大运河，还是元朝开通的北起北京南达杭州的京杭运河，虽已贯通但均没有统一的名称，只有分段的运河名称。而至明朝时，将元朝形成的北至北京南至杭州的运河总称“漕河”，分段名称沿用元朝名称，依据流经之地与地理环境特征又分别命名为白漕、卫漕、闸漕、河漕、湖漕、江漕、浙漕。至清朝与民国时期，京杭运河又有“运河”之称，而今已被人称之为京杭大运河。

一、京杭大运河演变历程

中国运河的发展历史久远，利用天然水道航行更是可追溯到原始社会时期。在江南地区，新石器遗址余姚河姆渡和萧山跨湖桥分别发现了船桨和完整的独木舟，说明这一地区彼时已有水上航行存在。就区域而言，由于自然环境的差异，中国南方地区利用发展水运的条件要比北方便利许多，发展年代也相对早得多。春秋末年，越王勾践曾提及“以船为车，以楫为马”，说明水上航行已经成为江南地区重要交通手段。但无论南北，水运在运量和运费上的优势使古人十分注重水运发展。而自然河流中常存在诸多不利航行的因素，如河床淤浅、不同河流之间陆上转驳等，因此，为使河流便于航行减少陆上转运，古人就开始了如疏浚河床、凿平礁石及人工开凿沟渠等整治措施。虽然直到中国封建社会初期，水运依然主要依靠自然水道通航，而为填补自然水道种种不足的人工南北运河却在春秋末年始有。

公元前 7 世纪到前 3 世纪的春秋战国时期，周王朝衰落，诸侯争霸，社会动荡，思想活跃，诸子百家各放异彩，是中国政治、思想大转变时期。作为秦统一前的这段历史，战争始终是这一时期的主旋律。无论春秋五霸还是战国七雄，各国经济、政治、文化始终服务于战争，京杭运河就在这样的社会背景下孕育出最早的萌芽。

（一）春秋至秦汉时期——京杭大运河局部河段出现

公元前 494 年，吴越会战，吴王夫差大败越国，此后开始北上争霸，为发挥其水军优势，公元前 486 年，夫差下令在邗（今江苏扬州附近）筑城，又开凿运河，因水从邗城下流过，史称邗沟。邗沟的开凿是当时战争格局下的必然选择，据《水经注·淮水》记载：“中渎水（即为邗沟）自广陵北出武广湖东、陆阳湖西，二湖东西相直五里，水出其间，下注樊梁湖，旧道东北出，至博芝、射阳二湖，西北出夹耶，乃至山阳（今淮安）矣。”吴军从长江经邗沟进入淮水，再通过泗水、淮水到达齐国境内。邗沟是我国第一条沟通江、淮两大水系的人工运河，它通过工程措施将天然河流进行联系形成人工水道，为后世京杭运河的形成奠定了基础。

吴胜齐后，乘胜追击继续北上攻打晋国。当时晋处黄河支津济水北岸，为使军队沿水路抵达晋需使泗水与济水相通，于是在公元前482年开凿从今定陶县东北的古菏泽引水东流，至鱼台县北注入泗水的人工运河，即菏水。菏水沟通了泗水与济水，实际上也是最早的长江、淮河、黄河、济水间的沟通。而鸿沟的开凿是继菏水之后的第二次黄、淮水系的沟通，开凿于战国中期。公元前361年魏惠王迁都大梁（今开封），为战争需要于公元前360年开挖鸿沟，两次兴建，它西自荥阳以下引黄河水为源，向东流经中牟、开封，折而南下，入颍河通淮河，把黄河与淮河之间的济、濮、汴、睢、颍、涡、汝、泗、菏等主要河道连接起来，构成鸿沟水系。鸿沟有圃田泽调节，水量充沛，与其相连的河道，水位相对稳定，对发展航运很有利。它向南通淮河、邗沟与长江贯通：向东通济水、泗水，沿济水而下，可通淄济运河；向北通黄河，溯黄河西向与洛河、渭水相连，使河南成为全国水路交通的核心地区，鸿沟的开凿，为后来南北大运河的开凿创造了条件。

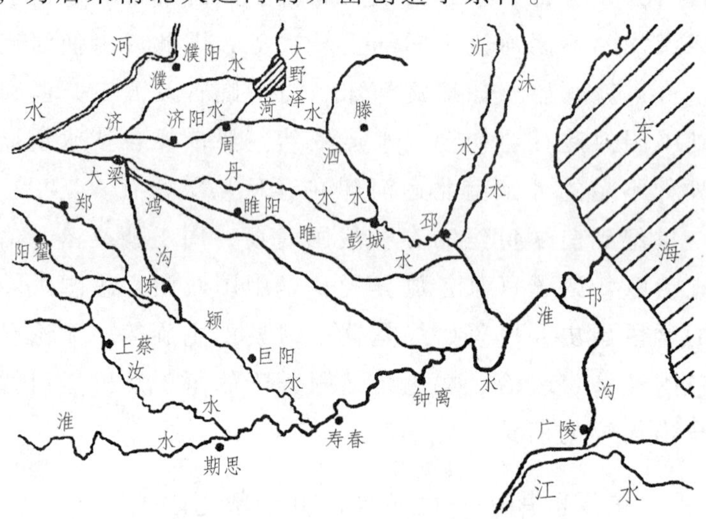

图16-2　邗沟、鸿沟经行示意图

秦始皇统一中国后，充分利用了鸿沟水系和济水等河流，把在南方征集的大批粮食运往北方，并在鸿沟与黄河分流处兴建规模庞大的敖仓，作为转运站。汉武帝元光三年（公元前132年），黄河决口于濮阳，泥沙淤塞了菏水和汴水河道，鸿沟水系遭到破坏。特别是汉平帝时，黄河水冲入鸿沟，淤塞更为严重。汉明帝永平十二年（公元69年），王景和王吴共同治理黄河、汴水，汴河水运能力有所恢复，但其他河道未治，鸿沟水运逐渐煙废。

（二）隋唐时期——京杭大运河整体河段形成

隋、唐、宋时期的大运河随着国家的稳固与强盛，与大运河第一个发展阶段相比，其功能已逐渐挣脱单一的军事需求而向多方面价值转变，成为沟通国家南北地区经济、文化、政治的纽带，在确保漕粮供给、王朝稳固、国家统一方面发挥重大作用。

隋朝大运河始建于公元605年，此时运河的开凿一是为巩固政权——派兵南下，一是为建立政治中心——南粮北运。隋炀帝利用已有的经济实力，征发几百万人，开通了纵贯南北的大运河，北起涿郡，南到余杭，全长 2 000 多千米，分为永济渠、通济渠、山阳渎（邗沟）、江南河四段，连接海河、黄河、淮河、长江和钱塘江五大河流，成为我国南北交通的大动脉。隋运河是在已有天然河道和古运河基础上开通的，以东都洛阳为中心，分为南北两个系统。南运河是洛阳东南方向的通济渠、邗沟、江南运河；北运河为永济渠。大运河设计的总方案是以黄河为基干，充分利用黄河南北自然地形的特点，使运河顺应地形由高往低缓缓流去。这种方案既利用了黄河南北水流的自然趋势，又沟通了不同水系之间的水路交通，使南北运河成为沟通富庶经济地区与国都的纽带。

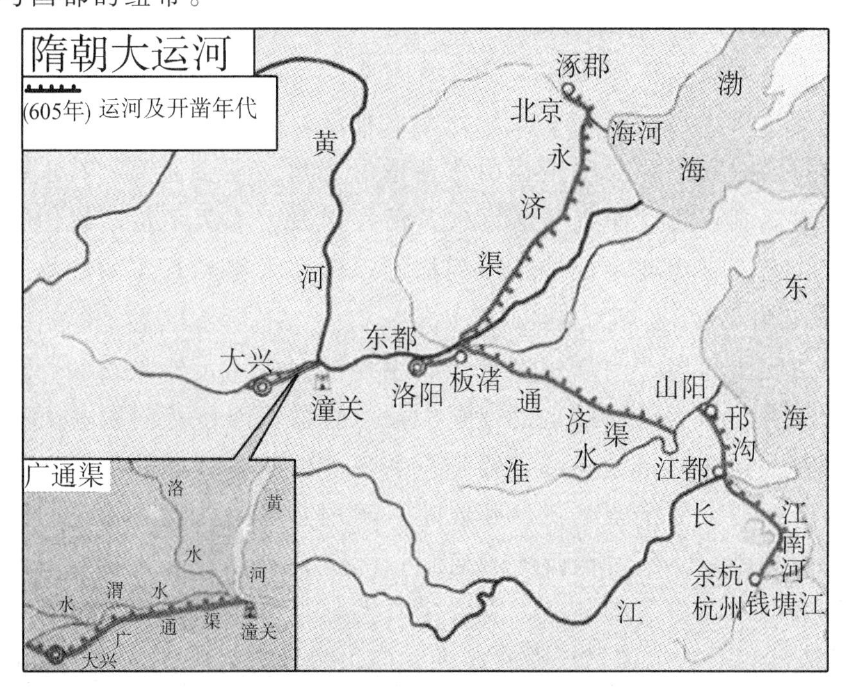

图 16-3　隋运河分布示意图

隋朝形成了京杭大运河的基本格局和走向，但隋朝所开运河主要以原有运河河道及天然水道进行修凿，存在河道不稳固、水位不稳定的问题。唐宋两代对运河进行了大规模的整治与修缮，在维护原有航道的基础上进行大规模的运河河道疏浚，并改建了部分渠道。同时对大运河采取了多项保证水位的有效工程措施，先后修建了一批引水、蓄水工程，调控运河水位，确保运河通航。此外唐宋年间，两朝对运河的管理都有所加强与完善。如唐代在运河各段都设有专门的机构和水陆转运使一职，宋代在汴河与御河分别建立了专门的管理机构和专业护河队伍。在管理体制方面，唐宋年间逐渐形成了从中央到地方，直至闸所等自上而下的管理体系。

（三）元明清时期——京杭大运河的繁荣与修缮

公元1271年中国首个大一统的少数民族王朝——元建立，定都大都（北京），当时的政治经济中心需从宋朝的都城开封和杭州迁至北京。元初，全国已由战乱转入和平，这时以洛阳为中心的南北大运河由于受黄河侵淤的影响已无法满足当时漕运需求，因此当时漕运江南财粮主要依赖水路联运和海运。水路联运艰辛费时，海运风险极大，南北沟通十分不便。经济中心始终在江南地区，这种经济与政治中心不平衡发展，促使原来以洛阳为中心的运河，改道成从杭州直达大都的南北纵向运河走向。为了避免绕道洛阳，裁弯取直，元王朝在今山东境内相继开挖了济州河和会通河，在今北京境内开凿了通惠河。至此，大运河走向发生了重大改变，即从隋朝东西走向转为南北走向。元朝京杭大运河从北京至杭州全线通航，全长1 700多千米。就其运河而言，元代对其主要功绩是在山东开凿的济州河与会通河，其水系与地形复杂，修建困难重重。而自开凿以来黄河侵便淤、水源不足始终困扰着元朝的大运河，元政府为此采取了一系列措施，但并未得到真正的解决，也使元朝的漕运以海运为主。

明清两代漕运因袭前朝逐渐繁荣，主要以大运河运输粮食和物资，因此明清两代十分注重大运河航运的通畅，并始终把黄河侵扰问题与大运河水源问题作为对大运河修缮的重心，展开一系列维护措施。永乐九年（公元1411年）重浚会通河（济宁至临清）并修建水闸调节水量，建立相应的管理机构与严格的管理制度。同时因汶上县袁口以北运道被淤，又进行袁口改线，废弃元代所开的旧河道另辟新河，自袁家口左徙至寿张沙湾接旧河。会通河疏浚、袁口改线以后，运道虽已全线疏通，但水源没有保障，运河仍不能充分发挥其作用。因此，明代兴建了戴村坝水源工程和南旺分水枢纽，通过在汶河上筑戴村坝，引汶河水西南流，将分汶济运的分水点从任城（济宁）移至南旺。南旺地势高于济宁，恰是南北水脊，水至南旺分流南北符合地势特征，通过一系列水工建筑实现了跨流域调水和水量配置，解决了运河最高段的水源问题。

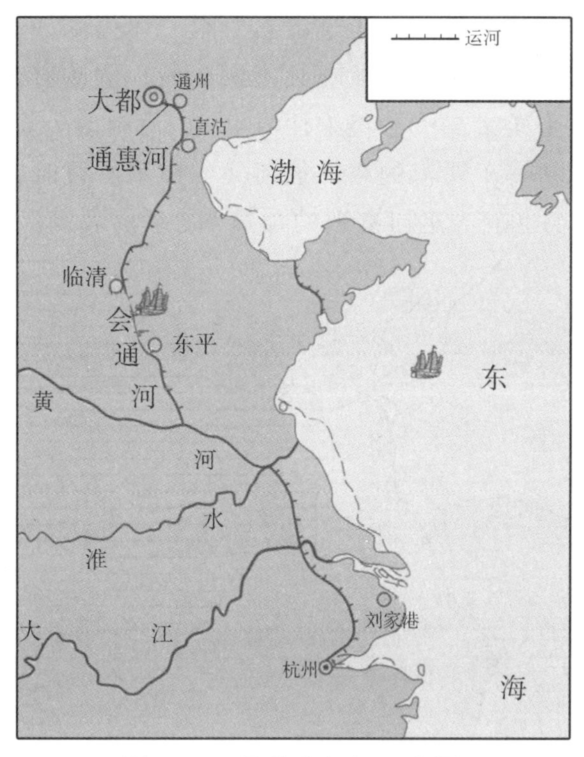

图 16-4 元代大运河示意图

元明清时期，黄河屡屡溃决，其洪水与泥沙对运河的威胁十分严峻，因此避黄通运也成为明清时期的重要任务。明代京杭大运河的发展，始终围绕山东运河段的水源和避黄问题，实施一系列针对性措施与工程，使这一段的运河线路基本定形，运河畅通，漕运繁荣，乃京杭大运河的黄金时期。

清朝京杭大运河沿明制，基本没有大的发展。为保证漕运畅通，挑挖疏浚成为清代治理河道的主要任务之一，自顺治年十年（公元 1653 年）起，规定对运河每年一小浚，间年一大浚。除疏浚河道，清朝也始终为解决黄河侵袭而努力。明代为避黄修凿的南阳新河与泇河运河，宿迁以南至淮阴西仍借黄河为运道，时常因黄中断漕运，因此，康熙十九年（公元 1680 年）康熙二十五年（公元 1686 年）分别开皂河、中河，避开黄河运道，北上的船只经里运河出清口（今清江市西），行黄河数里入中河，后入皂河北上与泇河相接，自此，京杭运河与黄河分道扬镳自成体系。

（四）近现代时期——京杭大运河的衰落与发展

近代中国一直饱受亡国威胁，1842 年，英军在鸦片战争中，夺取了京杭大运河与长江交汇处的镇江，不久就签订了中英《南京条约》。社会动荡，政府衰败。清朝黄运之间的矛盾始终未能解决，虽不断疏浚但仍频频侵淤运道，面对这种情况政府始终束手无策，于咸丰二年（1852年）之后“遂意海运为常”。1855年，黄河决兰阳（今兰考县）铜瓦厢，清政府无力整治，从此京杭运河南北断流。至光绪二十七年（1901年），漕粮改为折色（折成现银），漕运废止，成于元初盛于明清的京杭运河终告结束。彼时，新兴的交通工具如轮船、火车的出现也成为运河衰败的加速剂，京杭大运河的地位一落千丈。

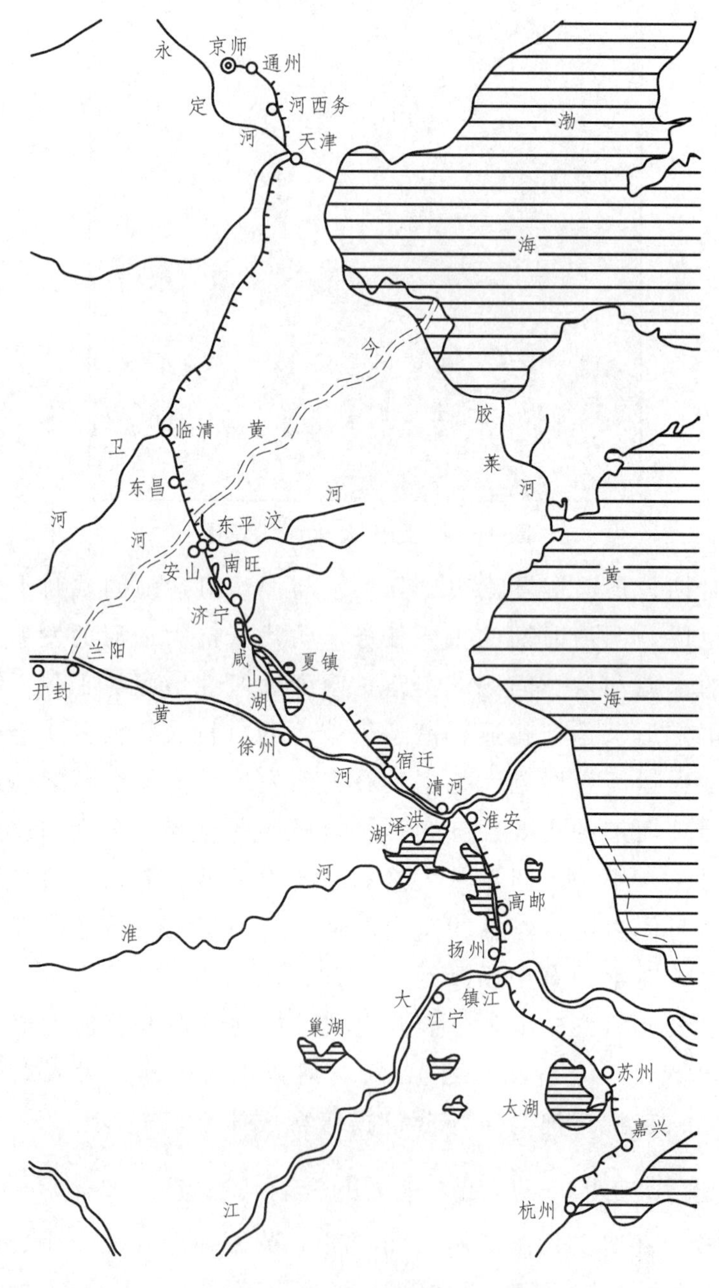

图 16-5　明清大运河示意图

中华人民共和国成立后，对大运河的部分段落实行了恢复与扩建工作，同时逐步展开以大运河为输水干线的南水北调东线工程的规划。

二、“为后世开万世之利”

大运河的开凿绝非隋炀帝个人的意志使然，而是出于隋朝交通、经济发展和政治军事统治需要。隋朝政治经济发展及隋朝以前完成的地区性运河，也为隋朝大运河的开凿提供了条件。隋炀帝顺应历史发展，实现了南北大运河的贯通。由于隋炀帝驱使民力，突破了人民可以忍受的限度，运河还未来得及充分发挥效能，隋朝之舟便被农民起义的滚滚洪流所覆没。但是，隋朝的大运河毕竟“为后世开万世之利”。

（一）贯通南北水上交通网

春秋战国时期所开运河工程，实现了江淮、黄淮之间的连接，人们对河流分布流向及区域地理有了一定认知。至隋朝，通济渠与永济渠开成后形成以洛阳为中心的南北大运河，沟通黄河下游南北与长江下游地区，形成了全国的运河网。至元朝，大运河运河航道取直，不再绕道洛阳，从北京至杭州，海河、黄河、淮河、长江、钱塘江五大水系一脉贯通。京杭大运河自春秋时期最早的邗沟开凿，无论是出于战争或经济原因，大运河的航运路线一直处于扩展之中。几度迁移，最终在元朝形成古代跨流域的内河航运的中央干线，以及沟通南北的水上交通网。

（二）开启古代内河航运新纪元

京杭大运河作为中华文明历程中的标志性工程，同样也是全世界杰出的水利工程。大运河南北跨越五大水系，各河段自然条件差异显著。历史上针对运河不同河段的水流供给、地形高差等问题形成了极具地域性的运河工程类型、建筑结构与工程管理形式。而在解决运河众多难题的过程中，也创造了中国水利史上的诸多科技成就。

由大运河建造初期的邗沟、鸿沟，人们利用自然河道与湖泊分布考量运河路线，只是沟通相邻流域的区间运河。至秦代，已利用分水岭解决越岭运河的航道与水源问题。秦代时灵渠是穿越湘江与桂江的分水岭，越岭高 20 多米，属著名越岭工程。大运河修凿到元明时期，会通河成为越岭运河的典范，它跨越山东地垒，成功利用地形实现水资源跨流域调配。至今，大运河的众多水利工程及水利技术仍在中国的水利、航运事业中发挥重要功能。中国京杭大运河与法国的米迪运河，在《国际运河古迹清单》中被同时列为“最具技术价值的运河”。京杭大运河代表了工业革命之前水利规划和土木工程所能达到的顶峰，其典型工程包括元代所修的会通河以及明代兴建的戴村坝水源王程和南旺分水枢纽，所跨地形高差高达 50 米，均显示出 17 世纪前世界领先水平。同时，它保留下来的水源工程、水道工程、工程管理设施及运河附属设施，也成为大运河极具历史价值的区域。

（三）维系封建王朝生命线

漕运制度作为历代封建王朝的基本国策，在维系社会、经济稳定方面发挥着极为重要作用。如隋朝，为加强中央集权统治，吸纳江淮地区财富，遂建东都洛阳，开通大运河。后来的唐朝盛世更是离不开大运河漕运的功劳，而北宋堪称中国漕运鼎盛期。《宋史·河渠志》载：“汴河乃建国之本，非可与沟洫水利同言也……大众之命，唯汴河是赖。”从张择端名作《清明上河图》可窥见当时汴河给京都带来的繁荣。至元朝，为稳固政治与经济中心的平衡更改了运道路线，以有利于对南方的统治。明清时期，漕运俱为联系京都、运输财粮的重大工程，两朝政府不遗余力地对运河进行修缮。而清朝中后期运河断流，又与王朝的衰落息息相关。

图 16-6　清明上河图（部分）

（四）促进沿河城镇及文化带形成

伴随大运河的开凿与发展，促进了南北物资的大交流，使运河两岸百业俱兴。工商业领域，如造船业、纺织业、瓷器业及各类手工业等得到蓬勃发展。运河沿线城市，从北至南，由北京经天津、沧州、德州、临清、聊城、济宁、徐州、扬州、镇江、常州、无锡、苏州、嘉兴、杭州、绍兴至宁波，宛如镶嵌在运河上的明珠，璀璨夺目。这些伴随运河崛起的城市不仅是古代经济繁荣的象征，更是文化昌盛的标识。

依托于大运河，沿线地方经济繁荣，文化传播、融合广泛。如隋唐两代，运河连接长安、洛阳、开封及长江河口繁华的扬州等几个重要城镇，形成了独具地域特色的文化、宗教、政治、经济活跃带，以及多元一体文化特征。同时，京杭大运河作为交通主干，不仅促进了国内文化大交融，同时还通过贸易往来，与日本、东南亚、西亚、欧洲等与中国略近的地区或国家进行文化交流，使先进的中华文化得以传播。古代大运河承载了重要国家区域间、不同文明间交流的纽带作用，包括人民与财粮的流动，以及由此产生的思想与文化的碰撞、融合，由此京杭大运河也被称作中国的“古代文化长廊”。

图 16-7　潞河督运图

（作者：江萱（清）描绘清朝乾隆年间天津三岔口繁忙的塘运）

第二节　流动的音符

京杭大运河与中国古代两千年封建社会共荣共生，也与近百年中国现代发展同步。它不仅成为连接中国南北地区重要水上交通的命脉，在维系国家社会稳定方面发挥重要作用，而且促进了整个运河区域及南北地区的文化交流、工商业经济发展，并形成了沿运河而兴盛的运河城市文化带。

大运河为航运而建，历史时期大运河的全线沟通以灌运为主要目的，它将所征粮财解往北京及其他地方，满足官俸、军饷和宫廷的消费。大运河发展至今，全线仍有900千米常年正常航道，每年货运量约3亿吨，依然是运输物资、北煤南运、南水北调的南北干道。除此之外，今天的大运河还具有更高的文化价值，它承载的丰富文化内涵，包括中国古代人民改造自然，与自然和谐共处所流传保存至今的物质遗产、非物质遗产与自然遗产，也成为世界文明的重要组成部分。

一、珍贵遗存

京杭大运河蕴含种类丰富的文化景观遗产，伴随运河的开凿与使用，沿线众多运河城镇与村落、水利航运设施、建筑、园林、文人墨客的文学艺术珍品、多元的地方风俗文化等，使京杭大运河成为我国流动着的文化长廊。整体来看，今天的京杭大运河遗产体系包括流河道、水源，沿线17座国家级历史文化名城、水利运河航运设施、运河管理机构及设施、运河建筑及遗址、大运河非物质文化遗产等。

（一）遗产基本构成

运河遗产是人类文化发展与文明进程的历史见证，运河的修凿始于人类对"运"的需求，因此运河遗产的构成主体也与航运息息相关，而衍生出相应的运河文化、运河城市等一系列物质文化遗产与非物质文化遗产。

1. 物质文化遗产

（1）河道：包括运河河道（主河道、支线运河等）、減河、人工引河、城河和内河。

（2）水源：包括湖泊、水渠、水库。

（3）航运工程设施：包括船闸、桥梁、码头、纤道。

（4）运河管理机构及设施：包括河道管理机构、漕运管理机构、钞关、钱铺、仓储、造船厂。

（5）运河城镇及村落：包括运河城镇、运河历史城区。

（6）运河建筑及遗迹：包括与运河相关的古建筑，如苑囿园林、宅第民居、坛庙祠堂、牌坊影壁、亭台楼阁等。古遗址；古墓葬，如洞穴遗址、古城遗址、驿站古道、与运河有关的人物陵墓等。

2. 非物质文化遗产

主要包括航运及河工治水技术、文学和绘画艺术、戏曲、手工业制品、

历史传说、风俗礼仪、民间游艺活动、饮食文化。

3. 自然遗产

大运河沿线自然遗产主要包括林地、耕地、草地、湿地，其中湿地包括南四湖、骆马湖、扬州四湖、太湖、洪泽湖等。自然、人工湖泊与沿线稻田、水系等共同构成湿地系统。

表 16-1 京杭大运河各段工程体系构成

运河河段名称[1]	长度[2]/km	运河河道起止、流向	配套关键设施及典型工程举例[2]
通惠河	50	北京东便门至通州张家湾。水自西北而东南	水源工程：①北京玉泉山引泉工程；②长河输水渠；③昆明湖、什刹海及中南海等蓄水工程；④护城河 支线：长河、坝河 水道节制闸：庆丰、平津、普济等
白河（北运河）	140	通州至天津静海三岔口。水自北而南	减河：武清王家务、筐儿港
卫河（南运河）	600	天津静海至河北临清板闸。水自南而北	减河：青县兴济、沧州捷地、德州马厂、德州四女寺 运口（运河与大清河南北平交）：临清板闸、砖闸
会通河（山东运河）	200	山东临清至东微山南阳镇。南旺为分水点，南旺以北，水自南而北；以南，自北而南	水源工程：戴村坝引汶济运 南旺枢纽：南旺分水口、十里闸（向北分水）、柳林闸（向南分水） 沿线水柜：安山、蜀山、马踏、南旺、马场、南阳、昭阳、独山、微山 水道节制闸：戴庙、靳口、袁口、开河、寺前闸、通济闸、分水闸、天井闸、在城闸、辛店、仲家浅、师庄、鲁桥等 支线：济宁城河
中运河	180	山东南阳镇至宿迁杨庄。水自北而南	运口（在黄淮北岸相交：杨庄闸） 水柜：骆马湖 减河：皂河石坝、禹王台河、刘老涧石坝 水道节制闸：夏镇闸、韩庄闸、德胜闸、张庄闸、万年闸、台庄闸、窑湾闸 支线：六塘河（盐河），自清河县河口闸分出，东通海

续表

运河河段名称[1]	长度[2]/km	运河河道起止、流向	配套关键设施及典型工程举例[2]
南河（淮扬运河）	150	淮安码头镇至扬州瓜州港。宝应—高邮为运河分水点，宝应以北，水自南而北；高邮以南，自北而南	运口：清口枢纽（在黄淮南岸相交），瓜州港（江北岸） 水柜：洪泽湖、宝应湖、高邮湖、邵伯湖 减河：涧河、泾河闸、子婴沟、车逻坝、昭关坝、邵伯闸、湾头闸 支线：杭州城河、运盐河（扬州湾头镇至海）
江南运河	300	镇江至杭州。常州为分水点，以北，水自南而北；以南，自北而南	运口：镇江港（江南岸） 水源工程：京口闸、丹徒镇诸闸（引江潮济运） 水柜：练湖 水道节制闸：吕城闸、奔牛闸、长安坝 支线：苏州城河、无锡城河、嘉兴城河、杭州上下塘河

注：（1）各河段的名称、工程设施以清乾隆至道光时期为主；（2）各河段的长度为约数，据《续行水金鉴》运河卷、运河附编资料统计所得。

（二）主要河道现状

京杭大运河全长 1 794 千米，运河各段气候与地貌等自然环境各异，其水流、河道状况不一，依据这些差异，将大运河自北向南依次分为：

1. 通惠河

通惠河于元二十九年（公元 1292 年）开始开凿，至元三十年完工。它自北京东便口大通桥至通州区卧龙桥接北运河，全长 203.4 千米。民国起，通惠河不再通漕运，目前是北京市区主要排污干道，河水污染严重，航运废弃。

2. 北运河

北运河常称白河，约自汉末三国起开始通漕运，属海河水系河流。其干流在通州北关闸以上称为温榆河，北关闸以下称北运河。它自通县至天津静海县，长 142.7 千米。河道水量稀少，除居家店至天津可季节性通航小船外，其余各段均不能通航。

3. 南运河与卫运河

南运河的修建可追溯到建安九年（公元 204 年）修建的白沟水运工程。南运河是指京杭大运河临清至天津段。中华人民共和国成立后将德州四女寺

水利枢纽以南至天津段称卫运河，长 94 千米，北称南运河，长 320 千米。1970 年，卫运河水源减少，航运功能渐失。1982 年德州航运局撤销，南运河停止通航。

4. 会通河

大运河在聊城境内分为并行的两段，一段是元代开凿的临清至张秋的会通河，初凿于元代 1289 年；另一段是中华人民共和国成立后开挖的临清至位山的位临运河。目前元代的会通河被称作小运河，位临运河则作为京杭大运河的一段。1959 年至 1960 年新开挖的位临运河因工程未能达到通航要求，后只作为灌溉与输水的河道。

5. 梁济运河

梁济运河指山东省梁山县至济宁市之间的运河，此段运河曾是元代所开济州河，部分工程隋朝初期便有修建，现在所讲的梁济运河指 1958 年将老运河裁弯取直，北起梁山县路那里村东，南至济宁郊区李集村西南入南阳湖与湖内运河相接，全长 87.8 千米，1970 年开始通航，后因水源短缺而停航。

6. 南四湖区段

南四湖是微山湖、昭阳湖、独山湖、南阳湖四个相连湖的总称，位于山东省西南部济宁市。京杭大运河南四湖区段包括上级湖从梁济运河入湖口到二级坝微山船闸的航道，下级湖二级坝以下分东西两支：西支由微山船闸沿湖西至蔺家项，长 58 千米，下通不牢河；东支由微山船闸转向东股引河至韩庄，长 50 千米，下通韩庄运河。南四湖区段为六级航道，可通航 100 吨级船舶，水质污染严重。

7. 不牢河段

不牢河段自徐州蔺家坝至邳州大王庙入中运河，1958 至 1960 年国家对其进行整治，1984 年疏浚重建，现已达到二级航道标准，可通航 2 000 吨级船舶，并已成为航运、排涝、灌溉及输水等综合性河道。

8. 中运河

中运河自台儿庄向南至清江浦（淮安）黄淮运三水交汇处，长 186 千米。1959 年国家对中运河宿迁闸至杨庄运道进行疏浚、拓宽、加固，1984 年重点整治淮阴至泗阳段航道，达到二级航道标准，可通航 2 000 吨级船舶。

9. 里运河

里运河自淮阴清江浦至瓜洲古渡入长江，长 170 余千米，是大运河最早修凿的河段，古称邗沟。明代后期，运河在淮安城区（今楚州区）向北直通清江浦河，自此，南起扬州、北至淮阴（今淮安市码头镇）连接江淮的运河形成。清代改称淮阴（今淮安市）、扬州间运河为里运河。目前功能以航运、灌溉和区域排涝为主。

10. 江南运河

江南运河自镇江谏壁船闸至杭州三堡船闸337千米，沿线有镇江、常州、无锡、苏州、嘉兴、杭州等东南重镇，目前江南运河已扩建为3级航道，可通行1 000吨级船舶。

二、问题与机遇

经过历史洗礼，走过繁荣衰落，那些历史遗存依然是运河这个宏大乐章中流动的音符，至今承担着中国南北地区重要的运输任务，而且在输水、防洪、灌溉、生态环境、文化教育等多方面发挥巨大作用。

（一）面临困窘

京杭大运河所经区域是我国人口、城市密集，农业、工业及经济发达区域，因此运河沿岸土壤、大气、水环境污染现象普遍。同时，水量不足与侵淤，断流与改道等也时时威胁着运河的利用与保护。

1. 环境污染

近年北京、天津及河北地区日趋频繁的雾霾天气，已严重危害居民的生活安全。尤其北方地区在缺水的情况下，土壤的污染物不易降解，水体自净能力下降，而沿线发达城市及工业发展城市的大气污染也更加严重。大运河作为人工河渠，水环境是运河遗产保护的重要方面，但从对运河各段水质的观测发现，大运河的水环境污染问题不容乐观，总体来说南方地区水质较北方地区稍好。

从运河沿岸各省市水质污染源看，北京、天津、河北运河段，主要污染源来自生活及工业污水；山东段运河水质污染严重，其污染源主要包括工业废水，加之水资源短缺与地下水过度开采，使这一地区的水质不断恶化；江苏段运河，苏南段较苏北段水污染严重，污染源主要包括工业污水及交通航运污染；而浙江段运河水质劣于江苏段，主要污染源来自生活及农业污水，配水不佳也使水污染问题加重。京杭大运河沿线河段，都存在不同程度的水污染问题，急需综合治理。

2. 断流与改道

航运是京杭大运河的主要功能，自古京杭大运河的兴衰关乎国家安危。随着近代文明的到来，城市化快速发展，新型高效交通工具的出现极大了冲击了大运河作为航运工程的重要作用，加之疏于修缮与自然因素，大运河出现部分河道断流与改道问题，大运河文化的原真性、完整性受到极大威胁。

目前，京杭大运河的通航里程约 1 442 千米。在全部河道中，济宁以北因水源不足，河道未能发挥航运效益，全年通航河道主要分布在黄河以南的山东、江苏和浙江三省。在中国经济高速发展与城市化的今天，大运河成为沿线城市、农村大规模扩张与建设不断蚕食的对象。

大运河流经地区经济发达、人口稠密、城市工商业发展活跃，大量生活与工业污水、废弃物等排向大运河。如北运河为北京市的排污河之一，水质常年为劣五类；南运河沿线成为河南、山东、河北省排放污水的河段，水生态系统破坏，部分河段甚至沦为垃圾堆放场，污染十分严重；而中段运河也由于工业废水的不断排入，水质恶化严重；江南运河虽然整体相对好转，但水污染问题依旧存在，运河许多河段已遭到严重污染或呈现富营养现象。

由于运河断流与改道，长期处于废弃或干涸状态的许多河道，往往成为沿岸居民倾倒垃圾或随意侵占的场所。

（二）历史际遇

大运河所具有的使用价值与文化价值，共同成就了大运河成为人类文明的丰碑与活着的遗产。特别是在申遗和南水北调的伟大工程中，东线工程的输水工程将再次串联起大运河的主要河道，激发沿线经济活力，重新焕发古运河生机。而申遗成功，又将迎来对大运河使用价值与文化价值进一步发展的历史机遇。

1. 南水北调东线工程启动

大运河是我国非常重要的物质与精神文化遗产，目前由于缺水及城市化快速发展，大运河的基本功能逐渐丧失，断流、污染与破坏等问题也严重威胁大运河的生存与发展。对大运河历史文化遗存与自然环境的破坏必将直接影响这一珍贵遗产的真实性与完整性，因此对大运河进行整体性保护已势在必行，这也成为南水北调工程需要重点兼顾的事项之一。

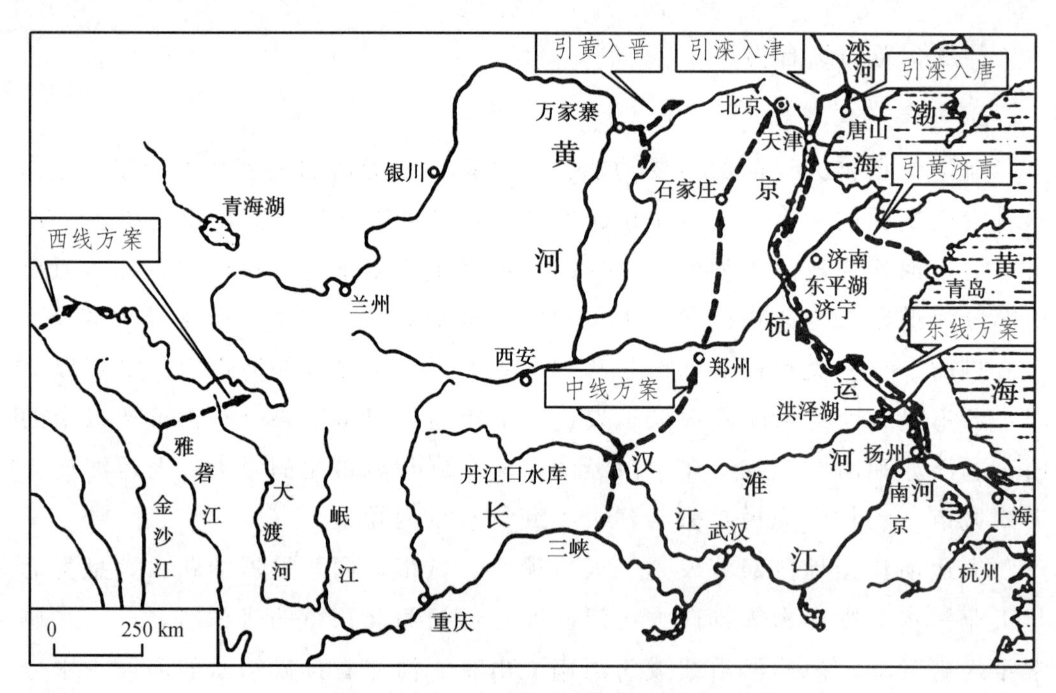

图 16-8 京杭运河与南水北调线路

表 16-2 京杭大运河与南水北调东线工程线路关系

京杭大运河线路（自南至北）	南水北调东线工程	两者重合线路（自南至北）	两者相接线路
江南运河	里运河、三阳河、苏北灌溉总渠、淮河入江水道	里运河	西水东调工程段（东平湖至引黄济青段）
里运河	江水道	中运河	
中运河	中运河、徐洪河	不牢河	
不牢河段	韩庄运河、不牢河、房亭河	韩庄运河	
南四湖段	南四湖段	南四湖段	
梁济运河	梁济运河	梁济运河	
会通河	东平湖	位临运河	
南运河与卫运河	位临运河	卫运河与南运河	
北运河	卫运河		
通惠河	南运河		
	西水东调工程		
	引黄济青渠道		

规划中的南水北调东线工程从长江下游引水，以京杭大运河及与其平行的河道为输水河道，并洪泽湖、骆马湖、南四湖、东平湖为调蓄水库，从长

江至东平湖设 13 级泵站，至东平湖后分两路，一路向北穿黄河后至天津，另一路向东向山东地区供水。东线工程以大运河作为主要输水通道，增加了大运河的水量，引入的长江水再次串联起大运河的主要部分，通过整修恢复断流区域的通航，对大运河航运功能的激活起到至关重要的作用。东线治污工程也将改善大运河的水质与水貌，恢复沿线自然生态环境，使大运河成为清水廊道。同时，东线工程建设也将对大运河作为文化遗产进行一系列保护性修缮，结合输水、旅游发展等功能，对大运河进行整体性的保护与可持续利用，使之在当今和未来的中国文明进程中，犹如历史上的大运河一样繁荣并发挥巨大的作用。

2. 京杭大运河申遗成功

近年来，国家文物局及全国政协高度重视大运河的保护，京杭大运河申报世界遗产的诸方面工作全面展开。2006 年 5 月 12 日起，国家组织全国政协大运河保护与申遗考察团对大运河进行了全线考察，其中包括全国知名的文物、水利、古建筑、历史学等学科的专家学者和沿运河 6 省市政协文史委员会负责人等参与考察与研究，详细地对大运河河道与遗产现状进行了调查与记录，并鼓励社会各界参与合作、协商与对话。同时，各相关学科对大运河的关注度逐渐升温，从多角度展开的研究成果不断丰富，为大运河的保护提供了重要依据。2006 年 12 月大运河被列《中国世界文化遗产预备名单》，2014 年 6 月 22 日，京杭大运河在第 38 届世界遗产大会中成功入选《世界遗产名录》。

应该看到的是，大运河申遗并非目的，而是对其进行保护的一种手段。如何使大运河富有活力地永续在中国大地，是中国水文化建设的长期目标与任务。

参考文献

[1] 郭文娟．京杭大运河济宁段文化遗产构成和保护研究[D]．山东大学，2014．

[2] 毛锋．空间信息技术在线形文化遗产保护中的应用研究——以京杭大运河为例[J]．中国名城，2009，05：20-23．

[3] 张强．京杭大运河淮安段文化遗产保护与利用研究[J]．南京师大学报（社会科学版），2013，02：60-70．

[4] 牛会聪．多元文化生态廊道影响下京杭大运河天津段聚落形态研究[D]．天津大学，2012．

[5] 杨静．京杭大运河生态环境变迁研究[D]．南京林业大学，2012．

[6] 贾婧.申遗背景下京杭大运河的景观设计研究[D].湖北工业大学,2012.
[7] 张志荣，李亮．简析京杭大运河（杭州段）水文化遗产的保护与开发[J]．河海大学学报（哲学社会科学版），2012，02：58-61+92．
[8] 李亮.从京杭大运河的现代复兴看水文化遗产的保护与开发——以杭州段运河为例[J]．黄冈职业技术学院学报，2011，06：65-69．
[9] 蒋奕．京杭大运河物质文化遗产保护规划研究[D]．苏州科技学院，2010．
[10] 张茜．南水北调工程影响下京杭大运河文化景观遗产保护策略研究[D]．天津大学，2014．
[11] 王弢．明清时期南北大运河山东段沿岸的城市[D]．中国社会科学院研究生院，2003．
[12] 俞孔坚，李迪华，李伟．京杭大运河的完全价值观[J]．地理科学进展，2008，02：1-9．
[13] 谭徐明，于冰，王英华，等．京杭大运河遗产的特性与核心构成[J]．水利学报，2009，10：1219-1226．

第五篇

人水和谐推动人类可持续发展

原始文明在底格里斯河、幼发拉底河、约旦河冲积出的“新月沃土”上，创造了如楔形文字、汉谟拉比法典、古巴比伦空中花园等奇迹；在尼罗河东西两岸，金字塔、木乃伊、古埃及太阳神庙，拔地而起，直逼苍穹；在古印度河流域，集度量衡制度、文字铭刻与印章雕画、珠宝装饰艺术、古代医学、建筑技术于大成；而在长江、黄河流域，象形文字、四大发明、长城等等灿若星辰的华夏文明，赋予华夏儿女无尽的遐想和无比的骄傲。尽管文明产生的自然环境、原因各不相同，但河流的贯穿，始终如一。

无论古代或现代，凡是有水的地方，必有城市的兴起和区域经济的发展、崛起。近现代以来，世界上主要的大城市也基本上是傍水而建，如伦敦有泰晤士河，巴黎有塞纳河，柏林有施普雷河与哈维尔河，莫斯科有莫斯科河，里斯本有特茹河，罗马有台伯河，伊斯坦布尔有博斯普鲁斯海峡。纵观世界经济，我们不难发现：河流中下游地区往往成为经济相对发达的地区。在中国，七大江河的下游地区，人口稠密、城市聚集、经济发达，集中了全国1/2的人口，1/3的耕地和70%的工农业产值。而由河流入海口泥沙沉积形成的三角洲，更是经济中心所在。如地处上海经济区核心的长江三角洲，中国深圳、广州、珠海经济区的珠江三角洲。还有全世界的大海港，比如纽约港、香港、新加坡、上海港、深圳盐田港等，都是因水而兴并发展。

《史记》有载，秦国因得郑国渠引水灌溉，“关中为沃野，无凶年，秦以富强，卒并诸侯”。又载，“昔伊、洛竭而夏亡，河竭而商亡”。“水能载舟，亦可覆舟”，人类文明因水而生，因水而兴，因水而盛，同样也可能因水而衰。如湮没在黄沙下的古楼兰、古巴比伦，诱发阿以水资源冲突的约旦河。和世界许多国家一样，水问题也困扰着华夏民族。缺水之痛，水患之害，水污染之严重，已成为新兴大国发展的共同瓶颈。

第十七章 水患湮没古城辉煌

冰河世纪末期，由于气候的转暖，冰雪消融，形成了一场世界范围的大水灾，而一场大水恰恰是人类登上世界舞台的开端。这个给幼年人类以洗礼的大洪水，在各民族的记忆中留下了不可磨灭的回念。中国上古神话典籍中保留着大量的洪水故事，如《山海经·海内经》《庄子》等记载的大禹治水，《淮南子·览冥训》记载的女娲补天的故事等。古巴比伦最早的文献记录，以追叙“大洪水”为记史之始。希伯来人的圣典《旧约·创世纪》，记载着著名的“诺亚洪水”的故事。印度、古希腊以及美洲印第安人的文明发端，亦无不从洪水谈起。

洪水自洪荒年代之始，经过漫长年代的不断复制与重构，早已不仅仅存在于某种单一具象和原生的状态之中，而是显示出惊人的延展性和丰富的广阔性。洪水在不同民族文化、不同时代语境下存在，呈现出风格、形态、功能迥异的文化特质。它不仅包括文明兴起，也涵盖文明覆灭。

第一节 洪水之“猛兽”

《尚书·尧典》《史记·夏本纪》《孟子·滕文公上》等诸多古文典籍记载表明：中国古代神话和先秦文献中多有尧时发生大洪水的记载。冰河世纪末期那场大洪水，在华夏大地肆虐。洪水淹没了土地，冲毁了庄稼，房屋倒塌，人畜死亡，到处是白茫茫的水波，传说中尧因之率领部落聚居高丘避洪水之患，然有大禹治水开启华夏文明。

“洪水猛兽”，“水火无情”，人类一向视水患为自然灾害的元凶。据统计，全世界每年自然灾害死亡人数的75%、财产损失的40%为洪水所造成。水灾高发地区都是在人口密集、垦殖度高、河湖众多、降雨丰沛的北半球暖温带、亚热带。以国家而论，中国、孟加拉国为最，美国、日本、印度和西欧各国次之。以江河而说，黄河、密西西比河、长江、恒河、淮河、海河、印度河等流域的水灾频率最高。水灾作为相当复杂的灾害系统，既有整个水系的泛滥，又有小范围暴雨造成的局部灾害，既有纯自然性质的水灾，又有人为造成的水灾。凡河流、湖泊、海洋等水体上涨超过一定水位，威胁有关地区的安全，并造成一定灾害者，都可称为水灾（洪水、大水）。中国是洪水灾害频发的国家。据史书记载，从公元前 206 年至公元 1949 年中华人民共和国成立的 2 155 年间，大水灾就发生了 1 029 次，几乎每两年就有 1 次。

一、历史时期黄河下游地区的重大洪水事件

根据历史文献记载，春秋至今，两千余年间，黄河下游多次泛滥决口，重大者有以下数次。

王莽建国三年（公元 11 年），“河决魏郡（今淮阳西），泛清河以东数郡”。在此以前，王莽常恐“河决为元城家墓害，及决东去，元城不忧水，故遂不堤塞”。因此自淮阳以下，大河自由泛滥近 60 年，至公元 69 年（汉明帝永平十二年）王景治河时，才筑堤使大河经今河南淮阳、范县及山东高唐、平原至无棣一带入海。

北宋景佑元年（1034 年）7 月，河决澶州横陇，于汉唐旧河之北另辟一新道，史称横陇河。邹逸麟《宋代黄河下游横陇北流诸道考》定此河“经今清丰、南乐，进入大名府境，大约在今馆陶、冠县一带折而东北流，经今聊城、高唐、平原一带，经京东故道之北，下游分成数股，其中赤、金、游等分支，经橡、滨二州之北入海”。

南宋建炎二年（1128 年），为阻止金兵南下，宋东京留守杜充，“决黄河自泗入淮，以阻金兵”，黄河下游河道，从此又一大变。这次决河改道，使黄河从此打下了长期夺淮入海的局面。

清乾隆二十六年（1761 年）7 月，黄河三门峡——花园口区间（简称三花间）发生了一场罕见的特大洪水，黄河三花间的伊洛河、沁河及干流区间洪水同时遭遇，形成了三花间自 1553 年以来的最大洪水。这场特大洪水给黄河中下游造成了非常严重的洪涝灾害。

清咸丰五年（1855 年）6 月 19 日，兰阳铜瓦厢三堡下无工堤段溃决，到 6 月 20 日全河夺溜。铜瓦厢决口后，溃水折向东北，至长垣分而为三，一由赵王河东注，一经东明之北，一经东明县之南，三河至张秋汇穿运河，入山东大清河。自此改道东北经今长垣、淮阳、范县、台前入山东，夺山东大清河由利津入渤海。1855 年黄河夺大清河改走现行河道后，汶河成为黄河下游一大支流，由于黄河泥沙的淤积抬高，在黄汶交汇洼地，逐渐形成了东

平湖，并成为黄河下游的主要自然滞洪区。

民国时期，有两次大的洪水：一是民国 22 年（1933 年）特大洪水，给两岸人民生活造成极大灾难；一是民国 27 年（1938 年）6 月，南京国民政府为阻止日本侵略进攻而扒决黄河，这在黄河水患历史上是一次较大的人为决河。

图 17-1　1938 年黄河花园口决口，灾民流离失所

图 17-2　黄泛区廿县遍地蔓草黄沙

1958 年 7 月中旬黄河在三门峡至花园口（三花间）发生了一场自 1919 年黄河有实测水文资料以来的最大的一场洪水。此次洪水对黄河下游防洪威胁较大，山东、河南两省的黄河下游滩区和东平湖湖区，遭到不同程度的水灾。

二、历史时期长江上游地区的重大洪水事件

大量的历史资料表明，从形成全流域性的洪灾看，长江洪水的主要威胁来自上游川江。汉唐以前的长江水灾不可细考。根据文献记载和水文考古调

查，宋代以来长江发生过的特大洪水灾害主要如下：

1153 年（南宋绍兴二十三年）的特大洪水，《宋史・五行志》中记载："绍兴二十三年，金堂县大水，潼川府江溢，浸城外民庐。"金堂县位于沱江上游，三台县在嘉陵江支流涪江河畔。涪、沱二江的大水注入长江干流，形成当年长江特大洪水的主要水源。根据洪水题刻洪痕推算的水位高程得知，此次洪水仅次于长江 1870 年特大洪水。

1788 年（清乾隆五十三年）的特大洪水，史籍记载和洪水碑刻则更为丰富、详细。据有关史料：是年 6 月，长江上游支流岷江、沱江和涪江流域连降暴雨，山洪暴发，沿江城市普遍受灾。另据咸丰《内江县志祥异》载："六月，大水入城，较前庚午岁（1750 年）高六尺。"1788 年长江上游洪水冲出三峡，与中游地区洪水遭遇，造成罕见洪灾。据估算，当时荆江河段枝城处的洪峰流量约为 86 000 米^3/秒，大大超过中游河道的泄洪能力。中游地区仅湖北省就被洪水淹没 36 个县。鄂西长阳一带平地水深八九尺至丈余不等。江陵因万城堤溃口，城垣倒塌无数，水深一丈七八尺，城内外淹死 1 700 余人，房屋倒塌 4 万余间。许多村落一片汪洋，甚至武昌城也未能幸免，"学宫水深两丈，二月不退"。

1860 年（咸丰十年）的特大洪水，据历史文献记载主要源自金沙江。光绪《屏山县志》记载，是年"五月二十七水大涨，涌入城中，与县署头门石梯及文庙宫墙基齐。明嘉靖间洪痕刊有字记，此次适与之同"。川江洪峰奔涌而下，在中游受到汉水顶托，无法宣泄，形成流域性特大洪灾。受灾最重的是宜昌地区荆江河段，宜昌城平地水深六七尺。公安县水位高出城墙一丈多，江湖连成一片。江陵县民楼屋脊浸水中数昼夜。据估计，当时长江枝城段洪峰流量约 96 000 米^3/秒。

1870 年 6 月，长江中下游汉江流域和鄱阳湖一带暴雨成灾，湖水满盈。7 月上、中旬暴雨移至上游嘉陵江流域，同时，金沙江、岷江、沱江、长江干流区间也产生较大洪水并与之相遇，致使宜昌出现 1 153 年以来最大的一次上游型区域性洪水，洪峰流量高达 105 000 米^3/秒。当上游洪水东下时，暴雨又移向洞庭湖滨湖地区及汉江流域，造成空前洪水灾害。民国《合川县志》载："嘉陵江畔的合川城，是年六月大水入城，深四丈余，城不没者仅城北一隅。登高四望，竟成泽国，各街房倾圮几半，城垣倒塌数处，压毙数十人。"

1931 年，长江出现流域性洪水，长江上游金沙江、岷江、嘉陵江均发生大水，当川水东下时又与中下游洪水相遇，造成沿江堤防多处漫决。

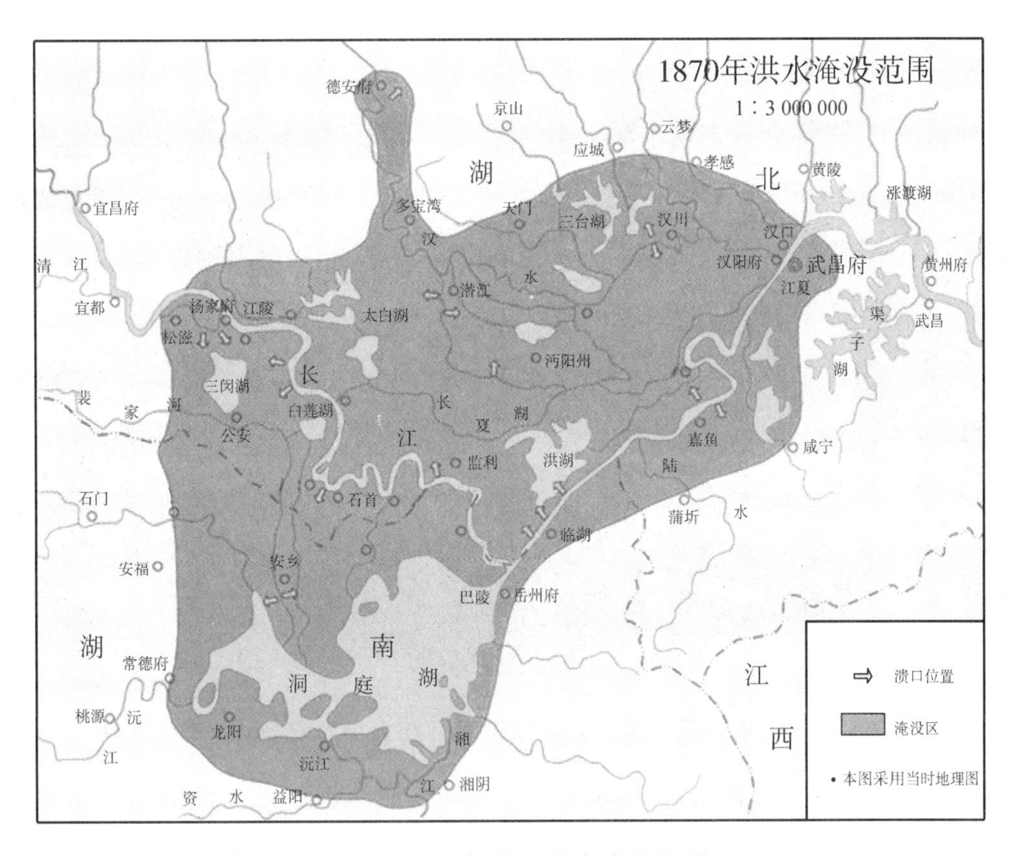

图 17-3　1870 年长江洪水淹没区图示

图 17-4　1931 年长江洪水使使九省通衢的大武汉成为泽国

图 17-5　1931 年长江大洪水，汉口市区行驶大小船只多达 2 200 余艘

1935 年 7 月，鄂西五峰、兴山一带和汉江的堵河、丹江流域均发生集中性特大暴雨。其中尤以五峰的 1 281.8 毫米为最大，以兴山的 1 084 毫米次之，是我国历史上著名的“35.7”暴雨的最大暴雨中心。由于暴雨急骤，三峡地区、乌江、清江、澧水、汉江洪水陡涨，宜昌至汉口区间总入流量占汉口总入流量的 50%以上，其中洞庭四水和汉江占汉口总入流的比重较其他年份约大 10%，清江约大 1 倍。

第二节　开封“城摞城”

河流对城市的形成和发展起着重要的作用，古人形象地把河流比喻为“城市之血脉”。几乎每一座城市的形成和发展都与所在地的河流水域紧密相关。现代社会如此，历史上更是如此。“七朝古都”开封，是中国著名的历史文化城市，至今已有 2 700 多年的历史。它始兴于战国，发展于晚唐时代，至北宋达到极盛。金、元之世，始趋衰落，明末后，元气大伤，一蹶不振。纵观开封数千年的历史，可以发现开封这座城市，盛衰至极，反复变化，究其原因十分复杂。有诸如政治、经济、军事、地理等各方面因素，而地理因素所起的作用应该说更为重要。地理因素无外乎山川、植被、水系等，但对开封来说，黄河及其支流的历史演变与开封城市的兴衰演变密切相关。至今，从考古发现的“城摞城、墙摞墙、路摞路、门摞门、马道摞马道”等世界奇观，仍然可以清晰触摸古开封因水而兴、因水而衰的历史脉络。

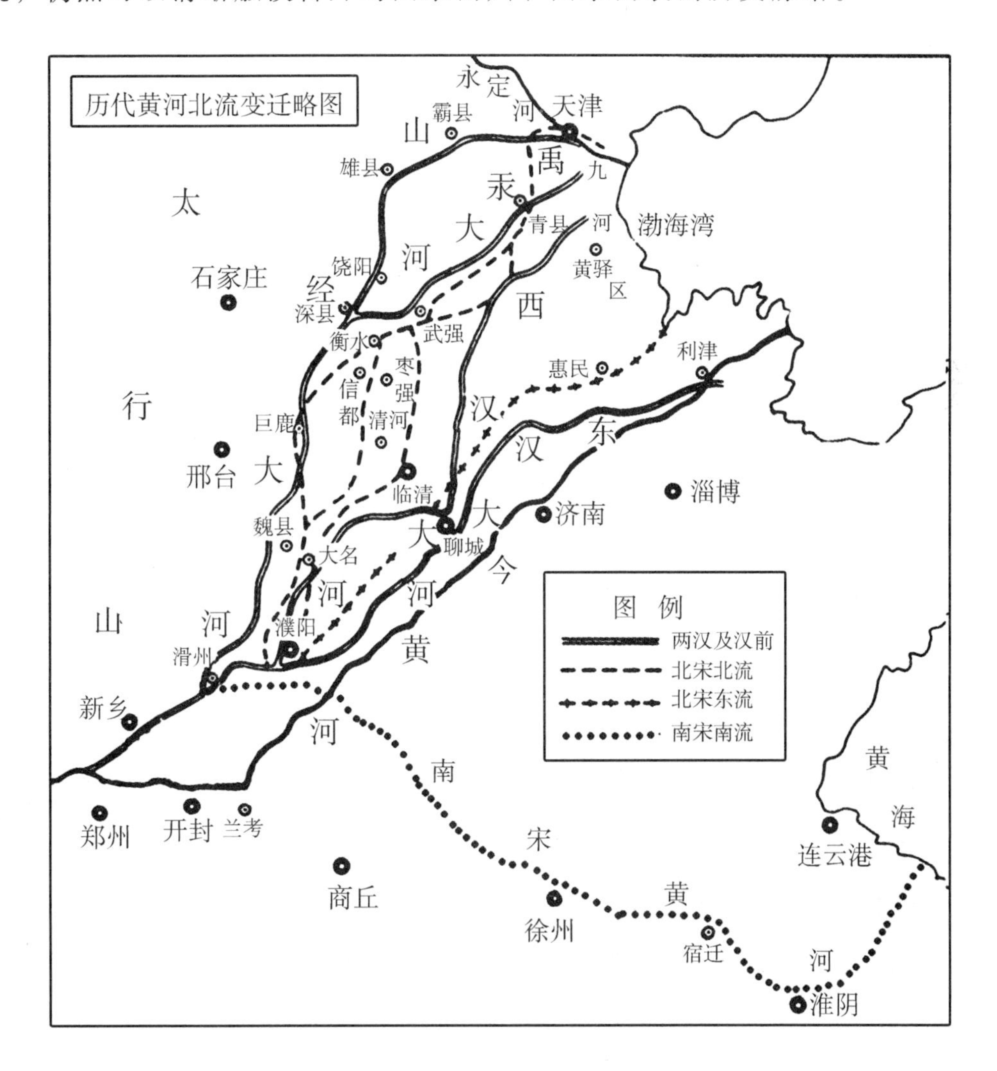

图 17-6　历代黄河北流变迁图

开封城市的历史发展，既得益于黄河丰沛的水源，又受害于其频繁的决溢、泛滥、改道。战国时期，大型引黄水利工程——鸿沟水系的开凿促使开封成为水上交通枢纽。隋朝建立后，黄河分支——通济渠的疏浚使开封逐渐成为中原军事重镇和政治、经济、文化中心。北宋时期，以黄河、汴河为主的四河漕运更促使开封成为高度繁荣的经济都会。而至金、元、明、清及民国时期，黄河河道南移，大规模泛滥不断改变开封城市的水域格局。除淤塞河道、湮灭湖泊、城区洼地积水成湖之外，频繁的河患使流域内的土质也发生了重大变化，给农业生产带来严重影响。每次洪水泛滥，土地受到长期漫流浸渍，使低地土壤盐分积聚，矿化度增高。黄河滚流泛滥，造成“一条泛道，一带盐碱”，致使庄稼难以生长，树木枯萎。遥望四野，茫茫然一片沙荒盐碱。开封周围数千顷良田变成一片荒漠，“膏腴之地尽成砂卤，飞沙滚滚，东作难望西成”。

一、水系纵横与开封兴盛

历史时期，开封城是中原大地上的一朵奇葩。从战国到北宋，开封逐渐由一个地方性城市跃升为全国的政治、经济、文化中心。尤其是北宋时期，汴河、五丈河、金水河、惠民河等水系均通入城中，发达的水运交通造就了“舳舻相衔，千里不绝”的喧嚣局面，城内酒肆更是“彩楼相对，绣旆相招”，繁华程度由此可见一斑。这个时期，除了政治、经济因素起了决定性作用以外，黄河除个别时期曾经南下汇入淮河以外，大都在现河道以北行河。也就是黄河出了邙山后，总是往东北流去，从汲县、浚县一带，经濮阳、大名等地，由天津附近入渤海。今天的原阳、封丘、延津等地，彼时都是在黄河以南。彼时开封离黄河较远，黄河河道本身又较为稳定。再加上千百年来广大人民多次兴利除弊行动，从而为开封城市的发展与繁荣创造了十分有利的条

图 17-7 清明上河图（局部）

件。鼎盛时期的开封拥有人口约150万，日常消费的粮食、蔬菜、木材、燃料等大量物品，全都依赖穿城而过的汴河水运供给。作为开封城命脉的汴水，每年往返其上的漕船有3 000多艘，每年通过汴河漕运的江淮、湖、浙米粮达五六百万石之多，最多时达七八百万石。著名的《清明上河图》所定格的历史瞬间，正是反映了北宋都城东京（开封）在清明时节以虹桥为中心的汴河两岸百业兴盛的市井生活，以及当时的社会生活和城建格局。画中呈现出稠密的茶楼酒肆、店铺馆阁、繁忙的船只、形态各异的居民，还有古雅拱桥、依依杨柳，无不显示汴京无比繁华景象。

二、地上河与开封衰落

北宋之后黄河河道南移，使开封城池紧靠黄河险工河段，因而使其成为首当其冲的最大受害者。据《开封府志》和《祥符县志》记载，从金明昌五年（1194年）至清光绪十三年（公元1887年）的近700年间，黄河在开封及其邻近地区决口泛滥达110多次，最多时每年一次，最少也是10年必泛。元太宗六年、明洪武二十年、建文元年、永乐八年、天顺五年、崇祯十五年、清道光二十一年，开封城曾7次被黄河水所淹。明天顺五年七月（公元1461年），河南监察御史陈壁同奏文："七月初四决土城汴梁，当时筑塞砖城五门以备。至初六日，砖城北门亦决，城中稍低之处，水入深丈余，官舍民居，漂没过半，公帑私积，荡然一空，周府宫眷并臣等各乘舟筏避于城外高处。"

灾情最严重的是明崇祯十五年（公元1642年），李自成围开封，明河南巡抚高名衡在城西北17里的朱家塞扒开河堤，妄图淹没义军。洪水自北门冲入城内，水与城平，深2~4丈，全城尽为洪水吞灭，人口死亡达34万，城中建筑所剩无几。

清康熙元年（公元1662年）重建开封城。清道光二十一年（公元1841年），黄河决口张家湾，淤灌开封城，有些地方水深一丈多，庐舍尽灭，人都居在城墙上，孝严寺、铁塔寺、校场、贡院等建筑，也被拆毁以作堵塞洪水之用。

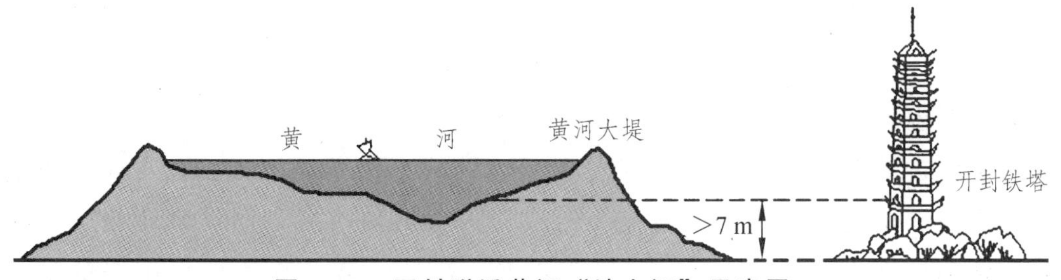

图17-8　开封附近黄河"地上河"示意图

黄河是一条很独特的河流，一是水少，二是沙多。而开封附近的河流大都以黄河为水源，随着黄河的多次决溢泛滥，这些河道都摆脱不了黄河泥沙淤积的严重影响，虽然历朝历代都对河流的清淤治沙采取了一定的措施，但淤塞湮没仍在所难免。如北宋时期，以黄河汴河为主的“四大漕运”都因黄河的泛滥而在元明时期逐渐淤没，使开封逐步成为不通航的城市。明及清初，能够通航的河流只有贾鲁河一条，且航运起点已不在开封，而移至它的外港，城南 20 多千米的朱仙镇。清道光以后，贾鲁河因受黄河多次泛滥，也被淤塞，朱仙镇也衰落了。水运网络破坏的结果，使凭借水运枢纽地位发展成为商业重镇和都城的开封一落千丈，降为地区性政治中心。

由于黄河携带泥沙在开封附近大量堆积，河床不断抬高，水位相应上升。为了防止水害，两岸大堤随之不断加高，年长日久，使河床平均高出两岸地面 4~5 米以上，成为举世闻名的“地上河”。

第三节　楼兰古国湮没

距今 10 000~7 000 年的中石器时代，楼兰古国所处的新疆罗布泊地区已有人类活动。张骞通西域时，楼兰是西域三十六国中最负盛名的。此后一直到魏晋，楼兰都是古代丝绸之路南、北两道的必经之地，还曾是魏晋西域长史府的所在地。根据本世纪初瑞典探险家斯文·赫定在罗布荒漠的探险发现，及 20 世纪 80 年代初中国考古队对楼兰古城进行考古发掘的大量文物，以及在古城附近发现的古水道、古农田、古佛塔和古墓葬等遗迹判断，处于鼎盛时期的楼兰城，周围水道纵横，绿树成荫，城中屋宇鳞次栉比。当年作为“丝绸之路”重镇的古楼兰国，曾“立屯田于膏腴之野，列邮置于要害之路。驰马走驿，不绝于时月；商胡贩客，日款于塞下”。“负水担粮，送迎汉史”(《汉书·西域传》)，可谓商旅云集，贸易繁忙。但繁荣昌盛、闻名遐迩的古楼兰，却在公元 5 世纪末神秘消失。直到 1 000 多年后的 1999 年，这个坐落于新疆若羌县的王国遗址终于被发现。

楼兰古城位于古代塔里木河尾端形成的一个小三角洲上，在古代罗布泊的西北端。据《史记·大宛列传》记载，张骞出使西域，向汉武帝报告“楼兰、姑师邑有城郭，临盐泽”。丝绸之路开通后，楼兰作为西出阳关的第一

站，历史地成为古代东西交通咽喉和战略要地，也是中西文化交汇处。中西亚交通所带来的东西文化交流，以及中国边疆与内地的联系使楼兰的城市文明飞速发展。古城中出土的晋代手抄字纸，仅比蔡伦发明纸晚一百多年，但比欧洲人最早的字纸要早六七百年。魏晋时，楼兰已经是中原王朝管理西域的最高行政与军事首脑西域长史的驻地，是中原王朝在西域的政治和军事中心，可谓盛极一时。而古城出土的汉五铢钱，贵霜王国的钱币、唐代钱币、丝毛织品残件、漆器、木器、金银戒指以及玻璃器皿碎片等文物，亦可略见一斑。

图 17-9 楼兰遗址

但大约在公元 5 世纪前后，楼兰这个昔日文明鼎盛之地转眼成为一片废墟。对于这一千古之谜，有人认为是一场大瘟疫的结果，更多人认为是自然条件恶化造成的。相关研究根据楼兰古国地质时期推断表明：现今古楼兰区域的主要植被成分蒿、藜等于第四纪初或中期即已在这里繁衍生长，因此这里少雨、干旱气候环境至少可溯源至第四纪早期和中期，也就是说至少两万年以来，这里就是荒漠气候环境。又据《汉书·西域传》载："鄯善国，本名楼兰……地沙卤，少田……多葭苇、柽柳、胡桐、白草。""鄯善国"即位于今罗布泊周围。这里的柽柳又名红柳、西河柳，属保持水土、防止沙漠化的优良树种，也是极少数能在塔克拉玛干生存的植物之一。胡桐又称胡杨、梧桐、并叶杨，是干旱荒漠气候条件下的一种特殊树种，大约在 1 200 万年前，它遍布中亚和我国西北地区。这两种树种都是现今塔里木河下游特有的植被，说明自西汉至今楼兰地区的气候变化不大。同时，相关出土文物研究也证明，楼兰地区至少从汉代开始就与今天的气候基本相同。楼兰古国的鼎盛期在东汉末年（公元 2 世纪），它的消亡期在公元 5 世纪，距今约 1 800 ~ 1 600 年，在气候相对稳定的背景下，究竟是什么导致楼兰地区由绿洲变成了荒漠呢？

楼兰古国位于罗布泊西岸，孔雀河的下游。塔里木河北河下游注入孔雀河，孔雀河下游注入罗布泊。塔里木河南河下游注入台特马湖，然后有多余的水再注入罗布泊。就是说，实际上古楼兰是处在塔里木河水系的最下游，是塔里木河南、北两河水流的最终归宿地，也是塔里木河水流减少首先受到影响的地方。古楼兰的植物生长依靠塔里木河水的滋润，农业生产也靠引塔里木河的水流灌溉。因此塔里木河能否有充足的水源流入孔雀河，再由孔雀河注入罗布泊，这是古楼兰生态环境变迁的关键。

一、遍垦后撂荒造成生态破坏

干旱地区光热资源丰富，只要有水，其农业生产的潜力是最大的。因此在有水源的情况下，会激发人们垦荒造田的积极性，尤其是对当地生态环境缺乏认识的内地迁入的农业居民，在起初水源丰富的条件下对楼兰的土地进行了大规模的垦殖。之后，随着垦荒面积的扩大和中、上游农业的开发，用水增加，供不上水的土地就被撂荒。固定土壤的植被被取走，撂荒的土地在干旱和风力的作用下，荒漠化的潜在因素被激活，邻近的沙源侵入，原有的耕作土壤变得疏散而易流动，在风力的搬运下不断流失。

（一）荒地遍垦

张骞通西域时，古楼兰还是“少田，寄田仰谷旁国”，“民随畜牧逐水草”（《汉书・西域传》），该区大规模的农业开发始于西汉。在西域各国中，由于楼兰距内地最近，地处“丝绸之路”南、北两道的交叉口，是汉通西域必经的咽喉，又属汉政府直接管辖，当时水土资源丰富，因此自从公元前 77 年汉昭帝派军占领楼兰城后，这里的农业生产便迅速地发展起来，成了汉政府在西域驻军的大本营和汉经营西域、维护丝绸之路的粮食生产和储存供应基地。此后到公元 8 年西汉灭亡，楼兰的屯田一直持续不断。

1935、1950 年，考古学家黄文弼先生两次到罗布泊地区考古，在孔雀河下游罗布泊北岸，发现了汉军屯垦的沟渠、堤防和兵营住宅，还有西汉古烽、燧、亭的遗址。遗址中发现汉简数十枚，上面记有“黄龙元年”（公元前 49

年）、“永光五年”（公元前 8 年）等。说明这里是西汉宣帝、元帝、成帝时的屯田基地。

罗布泊地区出土的汉简中有很多关于粟的记载。楼兰汉遗址考古，也曾见到粟的遗物。粟是开荒的先锋作物，说明汉代楼兰地区的屯垦主要是开荒。在罗布泊晋木简中，楼兰屯田军增加了小麦、大麦等作物的种植，但仍然种植开荒先锋植物——粟，开荒仍占一定的比重。在汉晋时期的楼兰古城中，古建筑物的墙皮上，掺杂有大量麦秸、糜秆的碎节和壳粒。在古城塔东侧不远的一堆朽乱木材下，曾发现深达 70 厘米的糜子堆。楼兰土垠遗址是西汉著名的粮仓——居卢仓，说明楼兰屯田的效果是在荒地上收获了大量的粮食。

西汉时，在楼兰屯田区曾大力推广牛耕技术，并建立了技术考核制度。铁犁、牛耕、铁锄、铁镰、锸、枷、耙、博等内地先进农具大量传入，使大面积开荒屯田有了工具保障。同时，为了满足大规模开荒屯田对水资源的需要，屯田军还大规模开凿水利工程。据《水经注》记载，索励曾带领士卒 4 000 人横断注滨河，兴修水利，“大田三年，积粟百万”。

因为楼兰地区光热资源丰富，彼时又天旱、水宜，这种优越的农业生态气候资源会激发人们加倍向土地索取。从出土的农作物、农具，古灌溉渠道遗迹以及史料记载的屯田情况来看，楼兰城的土地都经过了大面积的开荒垦殖，并且几乎是荒地遍垦。

（二）垦后撂荒

东汉时，楼兰依然是西域东南的军事要地和交通要冲，是丝路南道东段最大的物资供给地，因此楼兰依然屯田，但屯田人数却随着整个东汉屯田的衰落而减少，分布地区也狭窄，而且随着西域的“三通三绝”，屯田也“三办三停”。由于楼兰四周沙漠辽阔，罪人难以逃跑，东汉楼兰主要作为犯屯基地，而犯屯的规模不可能太大，这样就必然有相当部分原已开垦的土地被撂荒。

古楼兰至曹魏时期是西域最高军事长官的驻地，至西晋时期是西域长史和椽属驻地。晋末年楼兰仍驻有安抚西域各族的边防军，楼兰驻军在城内种有田地，并且修有灌溉工程。但由于魏晋在新疆屯垦的规模比两汉大为缩小，屯垦的人数更为减少。楼兰虽为屯戍重镇，总屯田人数也只有 1 000 多人。魏晋时期就有更大面积的已开垦土地被撂荒。这样垦后撂荒的结果使大面积的土地失去植被的固着。

二、大规模屯田引发下游干涸

在楼兰屯田的同时，汉政府为了抗拒匈奴，自敦煌顺着罗布泊沙漠北缘向西北行，在中部天山南麓的塔里木河中游的轮台、渠犁、伊循建立基地，经营屯田，再从这里向东部天山的吐鲁番盆地推进。此后，汉政府加快了统一新疆的步伐，西域各国先后臣属汉朝，汉军在西域的屯田迅速发展。从公元前 59 年开始，到西汉灭亡为止，除原有屯田基地获得更大的发展外，新的屯田范围扩大到了塔里木河中、上游的焉耆、龟兹、姑墨和莎车。后经魏晋、南北朝、十六国及隋朝的缓慢发展，到唐朝又有了更大的发展，屯田范围一直到达了塔里木河源头的疏勒。随着屯田的不断发展，塔里木河中、上游的农业开发规模日益扩大，用水日渐增多，下游的来水则不断减少。

（一）中上游农业开发

塔里木河中、上游农业开发地区以距楼兰的远近大致依次为尉犁（后并入焉耆）、渠犁、轮台（乌垒）、龟兹、姑墨、疏勒。

焉耆屯田在楼兰屯田后 26 年开始。公元前 51 年（汉宣帝甘露三年），汉政府始在焉耆屯田。汉统一新疆后，焉耆屯垦迅速扩大。据《汉书·辛庆忌传》载，汉辛庆忌随常惠在赤谷屯田时，曾“与歙侯战，陷陈却敌。惠奏其功，拜为侍郎，迁校尉，将吏士屯焉耆国”。西汉末年焉耆已发展成西域第四大强国。至唐代，在西域设四镇，焉耆为其中之一，与龟兹、疏勒、于阗统属于安西都护。焉耆自纪元后二世纪至八世纪留下了众多的古城遗址和农业生产遗迹，可见其繁荣昌盛，而楼兰城则在这期间由盛到衰，以至完全荒漠化了。

渠犁屯田大发展时期较楼兰晚 9 年，约在汉宣帝时。为了和匈奴争夺姑师国，汉政府决定增加渠犁屯田军。“宣帝时，吉以侍郎田渠犁，积谷”（《汉书·郑吉传》），公元前 68 年（汉宣帝地节二年），汉政府派郑吉率免刑罪人 1 500 人增援渠犁屯田。渠犁屯田军为统一战争提供了大量军粮。到了公元 330 年左右，可能与楼兰屯田区同时或略晚，渠犁屯田区逐渐沦为了沙漠。

轮台屯田较楼兰早 24 年，即在公元前 101 年（汉武帝太初四年），汉政府在轮台设置使者校尉，率领几百名汉军开始垦荒种地。但这期间总规模较小，并且在公元前 89 年由于李广利战败投降匈奴等原因有过一段中断。在楼兰屯田的公元前 77 年，轮台恢复了屯田。“昭帝乃用桑弘羊前议，以扜弥太子为校尉，将军田轮台，轮台与渠犁地皆相连也”（《汉书·西域传》）。但由于龟兹贵族反对赖丹在龟兹屯田，暂时挡住了轮台屯田区的向西发展。轮台屯田的大发展时期，是汉宣帝以后，约在楼兰屯田9年之后。随着统一事业的完成，西域都护府的建立，轮台屯田区获得了大发展，东面和渠犁、焉耆屯田区连成一片，西面扩大到龟兹东南，形成了汉朝在西域最大的屯垦基地。

龟兹屯田在楼兰屯田26年后兴办，即在公元前51年。古代龟兹绿洲由于有渭干河和库车河水（均注入塔里木河）的灌溉，它的绿洲面积较轮台县至少大五倍以上。其中以渭干河水量最大，多年平均径流量为22.46立方米，库车河多年平均径流量为3.53亿立方米，这两条河的年径流量已达25.99立方米，较之轮台绿洲的年径流量多4.6倍。考古发掘证明这个遗址从远古直到汉唐时期一直是一个重要都城，从未废弃过，到了唐朝还大量军屯。龟兹水利事业发达，有西域历史上著名的灌溉工程“汉人渠”。龟兹屯田区的发展壮大、水利设施的修建，对塔里木河两大支流——渭干河、库车河水的截流，对下游来水减少有重大影响。

姑墨位于塔里木河上游上段，在今阿克苏。姑墨发展屯田较楼兰晚37年。汉成帝建始三年（公元前30年），汉政府为了防御乌孙反汉势力叛乱，派戊己校尉率军一千人到姑墨屯田。

疏勒在今喀什附近，位于塔里木河源头上。疏勒气候温和，田地肥美，水源丰富，“兵可不费中国而粮食自足”。西汉时，有“户千五百一十，口万八千六百四十七，胜兵二千人”。东汉时徐干率汉军一千人援班超，在疏勒屯田。班超和徐干在疏勒屯田成效显著，做到了粮食自足。到了汉末魏初，疏勒吞并了莎车、蒲犁、无雷、亿耐、西夜、子合、乌、捐毒、休循、竭石、渠沙等小国。

上述屯田区除了渠犁、轮台屯田较楼兰早24年外，其余都是在楼兰屯田之后开始农业开发的，并且日益发展繁荣，这必然加大用水量。而且史料记载上述屯田区在北朝时期广泛种植了水稻，如焉耆国“土田良沃，谷有稻、粟、菽、麦”，龟兹国“物产与焉耆略同”，疏勒国“土多稻、粟、麻、麦”（《北史·西域传》）。《魏书》中的《焉耆传》《龟兹传》和《疏勒传》都有焉耆、龟兹和疏勒种植水稻的记载，这无疑更加大了中、上游的用水，而对最下游的楼兰产生影响。

（二）下游来水量减少

楼兰城水源不足西汉时已露端倪。由于处于塔里木河最下游，在水资源总量有限的情况下，只要中、上游截流，楼兰首先就会受到影响。西汉开始在塔里木河中游的渠犁、轮台屯田后，索励率屯田士卒将位于罗布泊西南的注宾河（古塔里木南河）的水引入位于罗布泊西北的楼兰城灌溉农田，说明当时位于孔雀河下游的楼兰城已缺乏足够的灌溉水源。

楼兰地区水源不足，魏晋时愈来愈严重。在魏晋出土文书中，有诸多记载。如“史顺留矣，口口为大涿池，深大。又来水少，计月末左右，已达楼兰”，“大琢池”，即大涝坝，用来蓄水以供灌溉和饮用。史顺留部将涝坝修的又深又大，但塔里木河流来的水少，“月末”才流到楼兰。此时，“水大波深必汛”的“水乡”楼兰已需要靠蓄水度日了。

至十六国时期，情况愈加严重。公元 317—327 年，前凉保留了西晋的西域长史，命令所辖军在楼兰地区继续屯田。公元 327 年，前凉把西域长史改为西域都护，楼兰屯田继续，直到公元 330 年。但彼时塔里木河水量已逐年减少，楼兰屯田用水缺乏，粮食减产严重，屯田军口粮供给日益紧张，不得已而减少官兵口粮供应标准。更为严重的是公元 330 年后，由于塔里木河“改道”干涸，楼兰城水源断绝，前凉政府被迫把西域都护府迁往海头。公元 330 年后，海头变成了前凉在西域的屯戍重地，楼兰城的屯田在缺水声中终止了。此后虽有多种游牧民族曾在此活动，但也是作为与西域诸国交往的通道，并没有一直坚守，因此土地的撂荒不可避免。

在楼兰特定的干旱条件下，土地撂荒后不可能依靠天然降水生长植被，原来被植被固定的土地开始活化，在干旱和风力的作用下开始移动或被风蚀，沙漠化的潜在因素被激活，为荒漠化的发展创造了条件。

三、风沙侵蚀绿洲

根据中国科学院新疆土壤沙漠研究所和新疆林业科学院研究：林草植被具有显著的降低近地层风速、阻截流沙的作用。如在中等风速下，稀疏结构林带与主风向垂直时，林高 30 倍范围内降低风速 39.1%；成 45°角时，降低风速 31.7%。阻截流沙：单带式紧密结构防沙林带平均每米长林带年阻积沙量可达 3.78 米；单带式稀疏结构防沙林带以及片林平均每米年阻积沙量都可达 3.06 米；防沙效果最差的单带式通风结构防沙林带每米年阻积沙量也可达 1.02 米。植被的破坏，尤其是森林的破坏，实质是撤掉了阻截风沙入侵绿洲的屏障，为荒漠化在绿洲的发展创造了先决条件；紧接着在荒漠化的气候条件和土壤条件现实存在的情况下，流沙侵入、风蚀发展，荒漠化在绿洲得以实现，最终导致绿洲废弃。

楼兰城的农业开发，正是在第一阶段荒地遍垦，造成了原有经亿万年进化而留存下来的野生植被系统被破坏，而开荒后生产的农作物又被人类取走，从而使地表完全裸露。第二阶段中、上游开发增加用水，造成下游缺水，以至断流，导致水资源分配格局发生变化，使新植被无法生长，从而给风蚀或风沙侵入造成了无阻力长驱直入的条件。

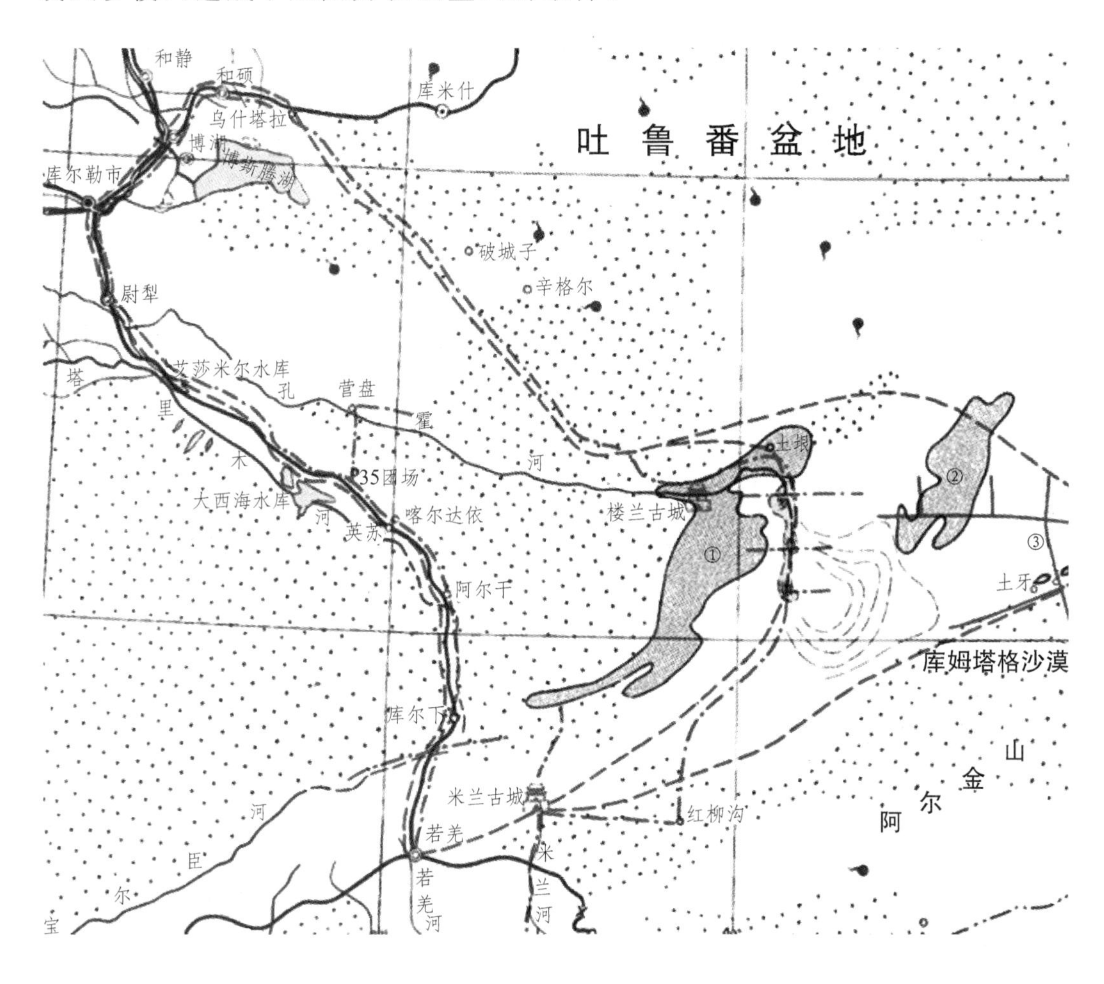

图 17-10　楼兰地区水系图

在《汉书·西域传》中记载的塔里木诸绿洲国家中，楼兰是唯一需要“寄田仰谷旁国”的国家。同时，今人在被命名为三间房的老楼兰，曾发现了中国也是世界上第一部“森林法”。“凡砍伐一棵活树者罚马一匹，伐小树者罚牛一头，砍倒树苗者罚羊两头。”从法令的严厉程度不难看出，古代楼兰自然环境的恶劣程度以及生态较脆弱的情况。在这样的一种环境下，早期（汉代及以前）的楼兰城规模较小，人口数量较少，其居民主要从事畜牧业，“民随畜牧逐水草”，由于土地不太适合开垦和种植，所以农业在经济活动中所占比重很小，人类的生产活动基本上是以适应自然环境为前提，这种状况从公元前 1800 年直到公元初，维持了长达近 2 000 年的漫长时间。

丝绸之路使楼兰成为重镇后，这一和谐的状况开始发生改变。伴随楼兰的地位逐渐变得重要，越来越多的行政官员、军人、僧侣和平民百姓以及过往商旅在这里停留甚至定居。楼兰为了解决人口增长带来的粮食问题，就要开垦耕地，发展农业。但这里的自然环境原本就恶劣，耕地盐碱化严重且面积不足，水资源也不稳定，无论是年内变化还是年际变化都很大，时而出现缺水，时而出现洪水。过度的开发和资源利用，使楼兰的自然环境不堪重负，从此埋下悲剧的种子。

曾经繁荣而辉煌的楼兰古国，如今荒凉广漠，只留下平坦的黏土层记载着这儿曾是湖泊，白色的盐碱地预示着这儿曾有过碧绿。文献记载此地曾有野骆驼、野马、黄羊、新疆虎等野生动物，如今随着湖水的干涸均消失殆尽。古楼兰虽已成为过去，可是今天还有更多的绿洲正在沿着“荒地遍垦——水源减少撂荒——风沙侵入”的“绿洲废弃三部曲”迈进。

老子曰：“人法地，地法天，天法道，道法自然。”人类活动在向自然索取的过程中一旦不遵循其法度，将有灾难的警示。楼兰古城已经尘封在沙海中，地上的开都河、孔雀河依旧变化着。人们当今的生产活动，若是因循旧路，丧失人与环境和谐相处的理念，如今的敦煌会不会变成第二个楼兰城，碧波荡漾的博斯腾湖会不会变成第二个消失的罗布泊，值得深思。

参考文献

[1] 冯峰，孙五继．洪水资源化的实现途径及手段探讨[J]．中国水土保持，2005，09：4-5+50．

[2] 金磊．中国城市水灾透视[J]．城市问题，1997，02：23-26+29．

[3] 孟繁仁，孟文庆．[漫话中华文明起源]之十一“女娲神话传说”与“史前洪水”[J]．世界，2006，08：74-77．

[4] 孙涛．中国现代文学的洪水母题[D]．南京师范大学，2014．

[5] 曹新向．开封市水域景观格局演变研究[D]．河南大学，2004．

[6] 王涌泉．特大洪水日地水文学长期预测[J]．地学前缘，2001，01：123-132．

[7] 金磊．1998 年中国大洪水的警示[J]．劳动安全与健康，1998，09：8-11．

[8] 李润田，丁圣彦，李志恒．黄河影响下开封城市的历史演变[J]．地域研究与开发，2006，06：1-7．

[9] 席明旺．交通、水利与城市的兴衰[D]．四川大学，2007．
[10] 王慧．《楼兰古国》教学设计[D]．吉林大学，2012．
[11] 谢丽．绿洲农业开发与塔里木河流域生态环境的历史嬗变[D]．南京农业大学，2001．
[12] 蓝颖春．楼兰古国消失之谜[J]．地球，2014，11：96-99．

第十八章　水利撬动国民经济

水，是人类赖以生存和发展不可或缺的宝贵资源，也是支撑人类可持续发展的基础条件。城市的存在和发展离不开水，充足的水资源可加速城市经济持续发展，提高人民生活水平，美化城市生态环境。然而，随着世界各国经济和人口的增长，水资源的需求量不断增加，加之水资源的不合理开发导致水资源缺乏、水环境恶化，使水资源短缺已经成为全球性问题。一方面城市水资源的缺乏随城市化的高速发展日益严重，大量开采地下水导致地面沉降，另一方面水资源又存在着严重的污染和浪费。联合国在 1997 年《对世界淡水资源的全面评价》报告中指出“缺水问题将严重制约世界经济和社会发展，并可能导致国家间冲突”。因此，要促进一个地区的可持续发展，必须首先对水资源进行合理开发利用，以“节流优先，治污为本，多渠道开源”作为城市水资源可持续利用战略，实现水资源的可持续发展。

第一节　节水农业带动沙漠经济腾飞

以色列人口密度很高，达每平方千米近 300 人。但是，它的土地资源却十分贫瘠，国土总面积的 45% 是沙漠，另一半不是高山就是森林；只有不到 20%的土地是可耕地，其中一半又必须经过灌溉才能耕种。以色列的水资源也极其贫乏，是世界上人均占有水资源最少的国家之一。然而，面对恶劣的自然环境，加上阿以冲突持续不断的周边环境，以色列却实现了农业的高速和可持续发展。近 20 多年来，农业总产值年增长率始终保持在 15%以上，不仅以占总人口不到 3%的农民供给全国农林产品，而且每年还出口价值约 13 亿美元的农业产品。农业产值占其国民总产值的 2%，占全国出口总值的 7%。其中大量销往欧洲，因之享有“欧洲厨房”的美誉。联合国粮农组织及其他国际农业机构，纷纷向许多国家推荐以色列农业发展的先进经验。

一、弱小贫瘠的以色列

以色列，国土面积 2 万多平方千米，其中 60%以上的国土为年降水量在 300 毫米以下的荒漠，自然条件严酷。以色列西部是地中海，东面有死海和约旦河，南部是沙漠，北部是高山。气候、土质、地形十分复杂，亚热带气候和沙漠气候并存，沙丘戈壁与冲积土壤相连，地势从海拔-400 米一直升高到 1 200 多米，为世界所罕见。“在所有景色凄凉的地方，这里无疑堪称首屈一指。山上寸草不生，色彩单调，地形不美；一切看起来都很扎眼，无遮无拦，没有远近的感觉——在这里，距离不产生美。这是一块令人窒息、毫无希望的沉闷土地”。后任以色列首任总理的本·古里安，1906 年第一次巡视他未来的国土时，踏上的就是著名美国作家马克·吐温笔下这片毫无生机的荒漠。

图 18-1　以色列地图

以色列自来水水质不好，很多人日常饮用的是经过一般净化处理的瓶装水。一瓶 0.5 升的水价格是 2.75 谢克尔，相当于人民币 5.5 元，而货架上一瓶同样体积鲜奶的价格则只有 2.45 谢克尔，相当于人民币 4.9 元。水比牛奶贵，这就是以色列。

1953 年，67 岁的本·古里安辞去总理一职，来到沙漠之城比尔谢巴附近的萨德博克基布兹定居，日出而作，日落而息，立誓“让沙漠盛开鲜花”。

而今，同样是这片经历了千年洪荒的内盖夫沙漠，万余公顷的沙漠绿洲点缀其间，每公顷温室一季已可收获 300 万支玫瑰，1 公顷温室西红柿产量最高达 500 吨。唯一没有改变的是，这里的年降雨量依旧不足 180 毫米。

二、节水创造沙漠奇迹

传统经验认为：自然资源是经济发展的前提，其次有适用的技术，变资源为财富；再要有资金的投入，以启动转化；最后要有人来管理、运作。在经济开发成效中，四要素的份额比大体是 40：25：25：10，即资源最重要（占 40%），这种思维模式曾制约以色列的发展，因为以色列没有大片的肥沃土壤和丰富的水资源。以色列人从艰苦的实践中改变了上述传统的经济学观点。现在，他们认为，这四个要素按其重要性，应该倒置过来排列：主导的、决定意义的是人的管理、人的素质；其次，才是有人来筹划资金，寻找技术，开发资源。由此，以色列人在干旱荒芜的土地上将原始经济转化为现代经济，创造了全世界首屈一指的节水农业。

图 18-2 以色列内盖夫沙漠景观

（一）推广滴灌与微灌

滴灌与其他灌溉技术相比有许多好处，如：可用于长距离和坡地灌溉；肥料可以与水一起直接输送到植物根部附近的土壤中，节约了水和肥料；由于水和肥料集中在植物的根系部分，减少了杂草的生长；直接将水输送到根系附近的土壤中，水的蒸发极微，大大提高了水的利用率；滴灌避免了水与叶子的直接接触，可以用微咸水灌溉而不灼伤叶子；在用微咸水灌溉盐碱地时，可以冲走根部的盐分，避免根部盐分的积聚。研究表明，地表灌溉水的利用率仅为 45%，喷灌为 75%，而滴灌可高达 95%。发明滴灌以后，以色列农业用水总量 30 年来一直稳定在 13 亿立方米，而农业产出却翻了 5 番。以色列喷微灌溉面积占灌溉面积的 100%，喷微灌中滴灌比例已达 70%。最近几年还推出了低耗水滴灌技术、脉冲式微灌技术、地下滴灌技术等。

（二）强化废水再利用

随着水资源的日益紧缺，以色列每年所需的近 30 亿立方米的水资源，靠包括淡水、咸水和污水再利用等三种水源的联合运用来满足。以色列重视研究利用废水进行农田灌溉的再循环利用，并获得成功。他们将废水通过不同的过滤装置，降低其污染物质和细菌含量，使废水变为适宜灌溉的水源。灌溉时，综合考虑水质、土壤质地与状态，制定出合理的灌溉策略与方式，并选定适宜的作物，以利于水中物质的分解和避免地下水质的污染。以色列目前已将污水中的70%用于农业灌溉，称之为“污水农作”(sewage farming)。这样，不但充分利用了水资源，还避免了污水、废水污染损害环境。

（三）实施产业化节水

20世纪80年代伴随塑料工业的发展，围绕节水灌溉技术，以色列研制、开发和生产出成套的多品种、多规格、系列节水器材和设备，促进了滴灌系统工业兴起，形成了一个完整的节水灌溉设备行业，出现了NETAFIM和NAAN两大现代灌溉和农业系统公司。目前，NETAFIM公司已成为以色列最大的农业综合公司，世界最大的滴灌系统产品专业厂家，其产品包括各种规格的节水灌溉设备及配套产品。NAAN公司的产品包括微喷灌系统、滴灌带等。目前，以色列的节水技术设备居世界领先水平。

（四）研发节水作物

以色列农业科学的研究紧紧围绕节水这一中心环节进行，开发了许多需水量极少的作物，以及能依靠微咸水茁壮成长而又不减少产量的作物和花卉品种。过去一直认为，盐水，即使是微咸水也不能用于灌溉。然而，极其缺水的以色列却被迫开始了利用微咸水进行农业灌溉的开发应用研究。20世纪60年代成功开发的滴灌系统，解决了水中所含盐分在作物根系附近停留积聚等问题，使得微咸水灌溉成为可能。研究发现，棉花、西红柿和西瓜可以轻易地接受最高浓度达 0.41%～0.47%的微咸水浇灌。微咸水灌溉的作物在产量上会有所下降，但产品质量却得到提高。如：微咸水灌溉的甜瓜甜度增加，瓜形变得更有利于出口；而西红柿的可溶性总物质含量提高，甜度增加。以色列利用淡化咸水进行灌溉的面积达到45 000公顷，灌溉面积大于西班牙和意大利。

（五）构建精准节水管控体系

以色列对灌水、栽培、植保、施肥和高产品种使用是非常精确的。建立了计算机控制灌溉时间、灌溉量的水肥联合调度系统。选取优质高产、耗水量少、抗病抗虫、耐盐的适于不同土壤、不同气候条件下的作物品种。为降低生产成本、环境保护、人类健康和农业可持续发展，以色列近年来大量减少化学农药的施用，转而运用综合生物害虫防治技术。

以色列针对自身水源贫乏，推广滴灌与微灌技术，并采取了一系列经济用水的措施。他们首先把有限的水纳入全国统一的水网体系——全国输水工程，有计划地收费供水，不再使用大水漫灌技术。以色列的鲜果产品，如柑橘、橄榄、番石榴、芒果、香蕉、荔枝、柿子、苹果、梨、樱桃、柠檬、柚子等，可一年四季供应世界五大洲的食品店，西欧市场 3/4 的油梨是以色列生产的。

从 20 世纪 60 年代起，以色列相继成立了若干家滴灌设备公司，并不断优化技术。以色列的第五代滴灌设备，附加了一个过滤器，用以调节水压和污水净化。

如今的以色列大地遍布管道，公路旁蓝白色输水干管连接着无数滴灌系统。大田地头是直径一米多的黑塑料储水罐，电脑自动把掺入肥料、农药的水渗入植株根部。以色列的污水利用率超过了 90%，水资源利用率也将近 90%，大大高于高效用水的日本（30%）。由于一系列新技术的应用，数十年来以色列的农业淡水用量逐年减少，农产品的销售利润却直线上升。

图 18-3　以色列的滴灌设备

由于淡水资源十分珍贵，以色列因地制宜地在各地修建各类集水设施，尽一切可能收集雨水、地面径流和局部淡水，供直接利用或注入当地水库或地下含水层。从北部戈兰高地到南部内盖夫沙漠，全国分布着无数集水设施，每年一般收集 1 亿 ~ 2 亿立方米水。以色列已成为世界上循环水利用率最高的国家，处理后的污水利用率达 70%，其中 1/3 用于灌溉，约占总灌溉水量 1/5。应用面积从 1970 年代的 1 620 公顷扩大到 90 年代中期的 36 840 公顷，现在，以色列每年大约有 3.2 亿立方米的废水经过处理以后用于农业生产，分布在城镇周围的果园主要用污水灌溉。

第二节 “黄金水道”领跑世界经济贸易

“黄金水道”是指水运便捷、货运量大、对区域经济发展具有重要意义的河流、运河和海峡。长江、密西西比河、莱茵河、巴拿马运河、苏伊士运河、马六甲海峡、霍尔木兹海峡等，都是世界上著名的“黄金水道”。

一、密西西比河

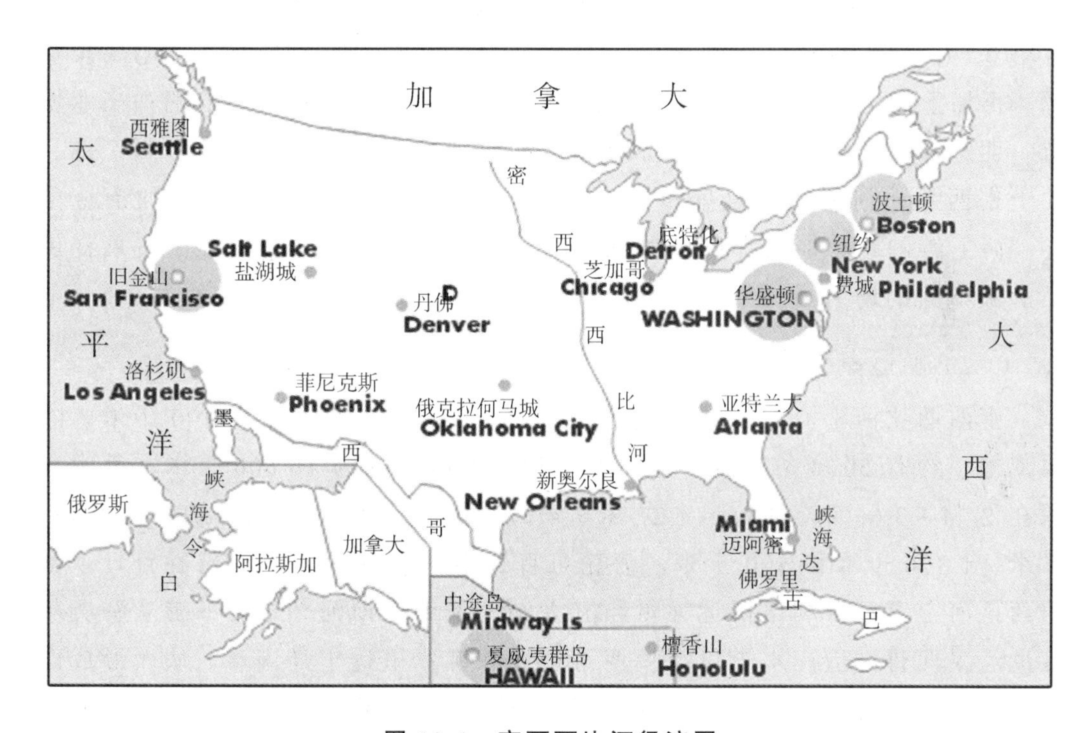

图 18-4 密西西比河径流图

密西西比河（The Mississippi River）是北美洲流程最长、流域面积最广的水系。“密西西比”在当地印地安语中意为“大河”或“河流之父”。全长 6 262 千米，为世界第四长河。流域面积 322 万平方千米，涵盖美国 31 个州和加拿大的两个省，占美国国土面积的 1/3 以上，约占北美洲面积的 1/8。汇集了共约 250 多条支流，形成巨大的不对称树枝状水系。其中，密西西比河干流长 3 950 千米，流经明尼苏达、威斯康星、艾奥瓦、伊利诺伊、密苏里、肯塔基、田纳西、阿肯色、密西西比和路易斯安那等 10 个州。此外，密西西比河还拥有两条重要的通航支流：东侧的俄亥俄河是流量最大的支流，长 1 579 千米，流经宾夕法尼亚、俄亥俄、西弗吉尼亚、印地安纳和肯塔基等 5 个州；西侧的密苏里河是最长的支流，长达 4 125 千米，流经蒙大拿、北达科他、南达科他、内布拉斯加、艾奥瓦、堪萨斯和密苏里等 7 个州。1997 年，密西西比河干流流经各州的地区生产总值占全美 GDP 的 16.4%；俄亥俄河和密苏里河流经各州分别占 11.9%和 4.4%。三者合计共占 29.2%。密西西比河作为高度工业化国家的中央河流大动脉，已成为世界上最繁忙的商业水道之一。密西西比河黄金水道及其流域具有显著的资源优势。

（一）矿产资源丰富多样

丰富多样的矿产资源是密西西比河流域开发的重要物质基础。中上游的肯塔基、西弗吉尼亚、伊利诺伊、密苏里、印地安纳等州具有丰富的煤炭资源，再加上附近高品位的铁矿石，造就了以匹兹堡为代表的一批钢铁工业城市。明尼苏达、威斯康星、密苏里和田纳西则是美国重要的有色金属产地，加上密西西比河流域充足廉价的水电，形成了诸如圣路易斯这样的冶金中心。而下游的路易斯安那则是美国三大石油产地之一，为美国经济发展提供了源源不断的动力。

（二）航运资源便捷廉价

密西西比河干流可从河口航行至明尼阿波利斯，航道长 3 400 千米。除干流外，约有 50 多条支流可以通航，现有通航里程约 16 600 千米。其中水深在 2.74～3.66 米、3.66～4.27 米、4.27 米以上的航道里程分别约为 9 180 千米、1 370 千米和 500 千米。海轮可直达距河口 395 千米的巴吞鲁日。密西西比河上游经伊利诺伊运河可与五大湖—圣劳伦斯河相通；下游从新奥尔良港经墨西哥湾沿岸水道可至墨西哥边境和佛罗里达半岛南端，从而形成四通八达的水运交通网，使密西西比河成为美国内河航运的大动脉。除干流上游及支流伊利诺伊、密苏里河 1～2 月结冰外，全年皆可通航，每年完成的货运量稳定在 5 亿～6 亿吨，主要包括石油、面粉、棉花、煤、金属及机械产品等，约占全美内河航运的 60%。沿岸主要港口有圣路易斯、孟菲斯、巴吞鲁日和新奥尔良等，其中路易斯维尔是在俄亥俄河畔。流域内水力蕴藏量为 2 630 万千瓦，主要分布于俄亥俄河及其支流，开发程度较高。

据美国研究，一个由 15 艘 1 500 吨驳船组成的船队，其载重量相当于 2.25 列分别由 100 节车皮组成的火车或 870 辆大型卡车的载重量；同时内河运输的运费与铁路、公路的运费之比却约为 1∶4∶30。密西西比河便捷廉价的航运资源，极大地促进了密西西比河流域的发展。

图 18-5　密西西比河河口

（三）农业资源得天独厚

密西西比河流域得天独厚的农业资源是美国西进运动得以成功的保证。当第一批移民越过阿巴拉契亚山后，很快就发现了这一片神奇的土地：肥沃的土壤、适宜的气候、便利的灌溉、广阔的牧场。于是，美国的农业开始迅速发展。今天，美国能够成为世界上最主要的小麦、玉米、大豆等农作物以及肉、蛋奶等畜产品的生产国，绝大部分应归功于密西西比河流域的农业发展。同时，便捷的水上交通和众多的港口城市也为美国成为世界上最大的农产品出口国提供了条件。因此，美国的兴起首先是一个农业帝国的兴起，然后才成长为一个工业帝国；并且在成为工业帝国之后，农业始终没有衰落，这在世界各国是独一无二的。显然，密西西比河流域广袤的土地和丰沛的水资源，是这个农业帝国的核心。

二、巴拿马运河

巴拿马运河（英语：Panama Canal；西班牙语：Canal de Panama）位于中美洲的巴拿马，横穿巴拿马地峡，连接太平洋和大西洋，是重要的航运要道，被誉为世界七大工程奇迹之一和“世界桥梁”。巴拿马运河由巴拿马共和国拥有和管理，属于水闸式运河。其长度，从一侧的海岸线到另一侧海岸线约为 65 千米（40 英里）。

（一）战略要冲

素有“世界桥梁”和“黄金水道”美誉的巴拿马运河的运营使用，彻底改变了海上交通线的走向。它不仅缩短了两大洋之间的航程，而且缩短了美国、加拿大东、西两岸之间，美国东海岸与东亚之间，以及中、南美洲各国之间的航程，是世界上最具有战略意义的人工水道之一。

图 18-6　巴拿马运河地理位置图

行驶于美国东西海岸之间的船只，原先不得不绕道南美洲的合恩角（Cape Horn），使用巴拿马运河后可缩短航程约 15 000 千米（8 000 海里）。由北美洲的一侧海岸至另一侧的南美洲港口也可节省航程多达 6 500 千米（3 500 海里）。航行于欧洲与东亚或澳大利亚之间的船只经该运河也可减少航程 3 700 千米（2 000 海里）。巴拿马运河水深 13～15 米不等，河宽 152～304 米。整个运河的水位高出两大洋 26 米，设有 6 座船闸。船舶通过运河一般需要 9 小时，可以通航 76 000 吨级的轮船。冷战结束后，由于苏联的解体，美国实际上已成为独一无二的超级大国，并拥有世界最强大的军事力量。近年来，美国为了其保持全球战略和国家利益的需求，依然坚持 20 世纪 80 年代中期宣布的控制 16 个海上咽喉航道，即全球范围内的 16 个天然、人工海峡的政策。其中，巴拿马运河，这个美国视为“国防和经济生命线”的航运要道，就是其公布的两个人工海峡之一。

运河区曾是美国在海外的最大军事基地之一。美、巴 1903 年签订的不平等条约——《美巴条约》，使得美军侵占了从中流线向两岸扩展共宽 16.09 千米的地带，面积达 1 432 平方千米，成为了名副其实的“国中之国”。早在第一次世界大战时期，运河区内就修筑了许多军事设施。对着巴拿马湾的小岛上建有固定海岸炮台，在闸室和水坝附近设有高炮和雷达。第二次世界大战期间，美军又在运河区以外的巴拿马领土建立了 134 处军事设施。战后，虽然陆续撤销了多处基地和设施，但始终保持着比较大的 14 个军事基地和训练中心。美军七大总部之一的南方司令部也设在这里。1989 年 12 月 20 日，美军入侵巴拿马的行动之所以比较迅捷，就是依靠了运河区内的美军克莱顿堡等军事基地。

事实上，运河通航后，美国即对运河实行殖民统治，逐步将运河区基地化。靠近太平洋一侧建有克莱顿堡、阿马多堡、巴尔博亚、罗德曼等基地；靠近大西洋一侧有谢尔曼堡、科科索洛等基地。长期以来，巴拿马人民为收复述河区主权进行了不懈的斗争，终于在 1977 年 9 月 7 日迫使美国签订了新的《巴拿哥马运河条约》和《关于巴拿马运河永久中立和经营的条约》。1979 年 10 月 1 日上述条约正式生效后，巴拿马政府开始参与管理运河。条约规定：到 1999 年年底之前，运河管理机构由巴、美两国组成的委员会共同领导；到 1999 年 12 月 31 日期满后，巴政府即收回运河区的领土主权。

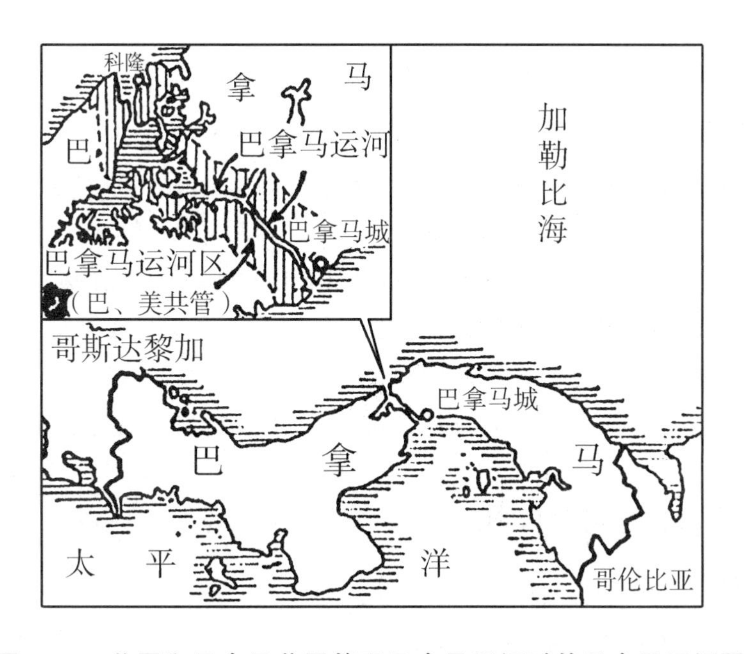

图 18-7　美国和巴拿马共同管理巴拿马运河时的巴拿马运河图

（二）经济晴雨表

巴拿马运河位于中美洲巴拿马共和国境内中部，该运河地处巴拿马地峡最狭窄的地段：北有注入加勒比海的恰格雷斯河，南有注入太平洋的格兰德河，中间有加通湖，又有塔瓦萨拉山和圣布拉斯山之间的缺口。运河正是利用这些有利条件，凿通两山之间的缺口而建。巴拿马运河于 1914 年 8 月基本完工，次年正式通航，并于 1920 年正式向国际开放。运河的通航，使太平洋和大西洋之间的航程大为缩短，比绕道麦哲伦海峡整整缩短了 5 000～14 000 千米，使其独具重要的经济和战略价值。20 世纪 80 年代初，每年大约有 1.4 万多艘次、近 1.6 亿吨的货物通过运河，货运量占世界海上货运量的 5%。全世界约有 60 多个国家和地区使用运河，其中美国居首位。主要运输货物有谷物、煤、焦炭、石油、矿石、木材等。

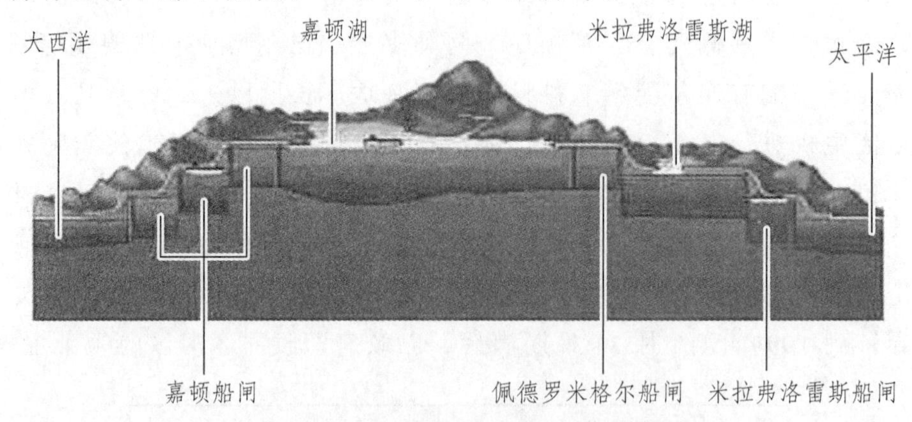

图 18-8　巴拿马运河航道示意图

通过巴拿马运河的交通流量是世界贸易的晴雨表，世界经济繁荣时交通量就会上升，经济不景气时就会下降。1916 年通过船只 807 艘是最低的，1970 年交通量上升，通过各类船只高达 15 523 艘。当年通过运河的货物超过 1.346 亿公吨（1.325 亿长吨）。2004 年总共有 14 035 艘船只，总吃水 266 916 576 吨通过巴拿马运河。在运河的国际交通中，美国东海岸与东亚之间的贸易居于最主要地位。通过运河的主要商品种类是汽车、石油产品、谷物，以及煤和焦炭。

1999 年，运河的主权完全交还巴拿马。过往船只通过运河的全程需花费 10 小时，平均每艘船通行费约为 13 430 美元。到 2014 年扩建结束通航 100 周年时，巴拿马的运河收入增加 1 倍，成为该国的三大经济支柱之一。

（三）海运新格局

与之前用 4 500 TEU 左右的集装箱船通过巴拿马运河的全水路运输成本相比较，巴拿马运河扩建以后用 8 000 TEU 规模为主集装箱船（甚至可用

12 000 TEU 的集装箱船），成本大幅下降。东北亚至美国东海岸线路上的所有运输服务，与苏伊士线路相比，巴拿马运河使得航运公司能够降低相应的成本。

1. 船　型

运河的扩建，重点将建设一个深度 60 英尺，宽度 190 英尺，以及长度 1 400 英尺的船闸，可以容纳 12 000 TEU 集装箱船舶的通行。巴拿马运河扩建计划的实施，很快在新造船市场中起到作用，船东纷纷开始购买和融资建造与扩建后的巴拿马运河相匹配的船型，从近年的数据统计看，各型未来确定能够在新运河通航的经济型船舶成交极其火爆，这些经济型船舶主要是指目前的超巴拿马型船舶（5 000 ~ 7 999 TEU）、大型（8 000 ~ 9 999 TEU）以及超大型（10 000 TEU 以上）集装箱船舶。

2. 航　线

运河扩建以后，对全球集装箱运输航线的格局也将造成相应的影响。从长远来看，以巴拿马运河扩建为基础，全球集装箱海运将形成更广的航线网络格局。

（1）环赤道航线

随着巴拿马运河的扩建，航运公司使用大容量的 8 000 至 12 000 TEU 集装箱船舶建立来回两个方向的环赤道航线。在运河扩建后，这种高效率的航运“枢纽带”完全可以以较低成本的方式支撑全球集装箱货运东西方向的运输贸易。赤道航线网络的设置取决于航运公司的航运服务市场情况，并不意味着几种不同挂靠港口都有可能沿着这条路线。

（2）南北钟摆航线

这些集装箱航线是作为支线的模式存在，如南美/北美，非洲/欧洲或澳大利亚/亚洲等。在巴拿马运河扩建后，环赤道航线上配置 8 000 至 12 000 TEU 等大型集装箱船舶后，需要支线南北钟摆式航线作为支撑航线网络。从全球布局来看，形成南北钟摆式航线的缘由在于南北区域国家的近洋贸易或者货物集疏运沿纬度序列的港口，扩大与环赤道航线转运的机会和规模。

（3）跨洋钟摆航线

通过钟摆式航线衔接大洋两边的港口群。巴拿马运河的畅通，使得跨洋的航线衔接更加有效和灵活。三个主要的链接航线布局在太平洋、亚欧（通过印度洋）和跨大西洋。中国因素及其工业化，使得亚洲和欧洲的航线衔接尤为重要。巴西、印度和中国等“金砖五国”成员的外向型经济，在巴拿马运河扩容后将促进这些跨洋钟摆式航线的活跃。

（4）区域内部中转运输支线网络

在南亚、地中海和加勒比等区域内部构建区域中转运输支线网络，支线连接区域港口系统和环赤道大洋航线，形成“干支结合”的“轴辐式”全球集装箱海运航线网络。支线负责区域内部集装箱货物的集疏运，并在环赤道航线上中转至远洋运输。

3. 区域港口

历史上巴拿马运河一直担任越洋贸易和北美东、西部海岸之间的港口运输的“纽带”。这种“纽带”角色将随着港口运河的扩展以及南美贸易的更高层次的经济一体化和北美自由贸易协定推行而发挥更大的作用。

（1）北美区域港口系统

该系统有三个海岸港口群即太平洋港口群（美西岸港口群）、大西洋港口群（美东岸港口群）和海湾港口群。随着运河的扩建，原来的内陆铁路运输至美东港口的集装箱货物运输将受到挑战，从而导致美西岸的港口发展将受到一定负面影响，但东海岸和海湾港口群则迎来发展的契机。

（2）南美区域港口系统

南美区域两岸港口的衔接并不像北美区域的集疏运发达，内陆的铁路等集疏运系统无法实现两岸港口的互动和竞争。因此，南美两岸港口目前各自具有腹地市场，相互竞争比较有限。在这一背景下巴拿马运河的扩建将进一步有效衔接两岸的港口，对港口竞争和布局设置就有较大的影响。

（3）中美/加勒比区域港口系统

巴拿马运河是这一区域实现港口转运的主要通道。该区域具有较小的经济腹地，除了古巴和哥伦比亚等国家贸易相对活跃，其他地域经济发展不活跃，贸易环境不理想。因此，区域港口影响力和辐射力有限，发展潜力空间也相对有限。

第三节　两大工程助推母亲河奔向未来

新中国成立以来，我国成功实施了一大批国家战略工程，如“156 项”工程、“两弹一星”工程、长江三峡工程、青藏铁路工程、载人航天工程、南水北调工程等。这些工程的实施，极大地提升了国家的综合实力和核心竞

争力，加快推进了区域经济快速协调发展，有效地缓解了国民经济发展中的一些重大瓶颈制约，对中国特色社会主义建设发挥了举足轻重的作用。其中，长江三峡工程、南水北调工程不仅成为近现代中国乃至世界水利建设的里程碑，而且更使古老的华夏母亲河成为奔向未来的大河。

一、长江三峡工程——举世瞩目的现代水利枢纽工程

三峡工程是当今世界建设规模最大、技术最复杂、管理任务最艰巨、影响最深远的水利枢纽工程之一，是综合治理和开发长江的关键性骨干工程。1993 年 6 月，国务院三峡办批准《长江三峡工程水库淹没处理及移民安置规划大纲》（试行稿）并在宜昌等县实施移民规划试点，拉开三峡工程的序幕。2006 年 5 月 20 日大坝封顶，三峡大坝全线建成。2009 年整个三峡工程竣工，标志着正常蓄水位 175 米，总库容 393 亿立方米，总面积 1 084 平方千米，长 632 千米，均宽 1～1.5 千米的河道型水库建成，以及三峡独特地理单元形成。三峡工程历时 20 年，连续经受了 6 年试验性 175 米蓄水检验。2015 年年底，国务院长江三峡工程整体竣工验收委员会完成各项工程的竣工验收，形成整体竣工验收报告。2016 年第一季度，国务院审查批准的验收报告标志着三峡工程全面建成。

图 18-9　三峡大坝

（一）工程概况

在长江三峡建坝的设想，最早始于 20 世纪 20 年代孙中山《建国方略》提出的设想。1932 年，国民政府建设委员会专为开发三峡水力资源进行了第一次勘测、设计开始启动；1944 年，“萨凡奇计划”将设想转化为工程开发方案；1945 年国民政府资源委员会成立了三峡水力发电计划技术研究委员

会、全国水力发电工程总处及三峡勘测处，从组织上落实了三峡工程的调研、设计的权力机构；新中国成立后，1953年毛泽东提出“先修……三峡水库”，1958年又提出“高峡出平湖”的伟大梦想；1970年兴建葛洲坝工程，为三峡工程积累经验；1985年邓小平曾设想过“中坝方案”；1992年4月3日全国人大七届五次会议通过《关于兴建长江三峡工程决议》，几代人的梦想开始走向现实；1994年12月14日，长江三峡工程正式开工；2006年5月20日大坝封顶，三峡大坝全线建成；2009年三峡工程竣工，全面完成移民、输变电、枢纽工程的建设。

1. 移民工程

三峡工程涉及百万移民跨世纪迁徙，是古今中外最宏伟的水利迁徙工程。自1992年10月开始，至2008年8月四期移民工程通过验收结束，三峡工程累计搬迁安置移民137.92万人（重庆111.96万人、湖北25.96万人）。迁建城市2座、县城10座、集镇114座、工矿企业1 632家；复建各类房屋5 054.76万平方、公路830.32千米、港口7座、码头270处、输变电线路2 457.6千米、通讯线路4556.3杆千米、广播电视线路3 541杆千米；实施文物保护项目1 093处。2009年到2013年，完成移民工程扫尾任务和资金、竣工决算，拨付移民资金856.53亿元。

2. 枢纽工程

三峡大坝位于西陵峡中段，湖北宜昌三斗坪，枢纽工程由大坝及电站建筑物、通航建筑物、电站机电设备四部分组成，动态总投资1 263.85亿元，2009年8月29日，三峡枢纽工程通过175米蓄水验收。经过6年试验性蓄水运行检验，安全性、可靠性达到并超过设计水平。

（1）大坝

大坝土石方开挖量8 789万立方米、填筑3 124万立方米、混凝土浇筑量2 689万立方米，均为世界第一；共用水泥1 082万吨、钢材25.52万吨、木材160万立方米、钢筋29.01万吨。由右岸的非溢流、厂房、纵向围堰、泄洪溢流坝段，以及左岸的导墙坝、左厂房、坝后式厂房、非溢流Ⅰ、临时船闸、升船机、左岸非溢流Ⅱ等坝段组成的坝顶高程185米、最大坝高175米、坝顶长度1 983米、轴线全长2 335米的巨型拦河大坝，于2006年建成。

（2）电站建筑

电站建筑由左岸电站、右岸电站、地下电站及电源电站组成，装机共32台，单机容量均为70万千瓦，总装机容量2 240万千瓦，平均年发电量882

亿千瓦时。电源电站安装 2 台单机容量 5 万千瓦的水轮发电机组，2012 年全部投产。

（3）通航建筑

通航建筑由船闸和升船机组成，永久通航船闸双线 5 级，船闸主体结构段总长 1 621 米，可通过万吨级船队，设计能力为单向下行 5 000 万吨/年；升船机最大过船（客货船）吨位 3 000 吨级，最大提升高度 113 米、重量 15 500 吨，为世界规模最大、难度最高；临时通航船闸实行单线单极，单向下水通过能力为 5 152 万吨/年。

（4）电站机电设备

电站机电设备是最终产生发电效果的基础设施。机电主体设备选择的巨型水轮发电机组、发电机推力轴承、主变压器、发电机大电流母线都是世界一流的；分别采用半水冷、外循环冷却、水冷、自冷等冷却方式。电工一次设备，高压配电装置为 GIS，厂用电及坝区供电采用户外油浸式厂用电变压器。电工二次设备，计算机监控系统采用开放式、分层、分布系统，继电保护选择了全微机方式，枢纽通信采用计算机、自动化技术并在整个通信网中设置监测、管理系统。

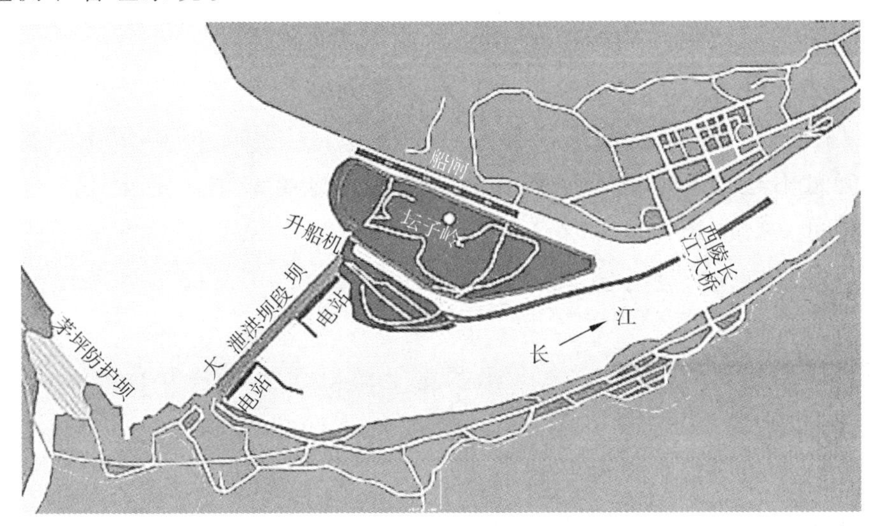

图 18-10　三峡工程枢纽布置示意图

3. 输变电工程

三峡输变电工程是三峡工程的又一主体工程。1997 年开建，2007 年完成。工程由 92 个单项工程组成，建成投产线路总长度为 9 248 千米和变电容量 2 275 万千伏安、换流容量 1 800 万千瓦的一流输变电设备。为配合地下电站建设，2010 年完成葛沪直流增容改造工作，新增林枫直流输电 300 万千瓦。

同时，输变电工程建设推动了全国电网互联格局的形成，加快了直流输电项目国产化水平的提高，完成投资364.99亿元，供电区域覆盖湖北、湖南、河南、重庆、上海、江苏、安徽、江西、浙江和广东10省（市）。

通过长期监测，移民工程全面完成了“搬得出”、基本“稳得住”，正在向逐步“能致富”迈进；枢纽工程“各项指标均在设计或预测范围之内，库区地质总体安全稳定，水库水质总体良好，三峡工程质量、功能等都得到了相应的检验”；输变电主体工程和调度、计量、通信、继电保护二次系统工程运行安全，质量良好。

（二）战略价值

三峡工程对我国经济建设的显性战略价值集中在防洪、发电、航运两大产业；隐性战略价值在于缓解淡水资源贫乏、储备灌溉水源两大领域。

1. 显性战略价值

（1）防洪

三峡水库正常蓄水位175米以下库容393亿立方米，其中防洪库容221.5亿立方米，工程建成后通过水库调蓄运用，长江中下游的防洪能力有较大的提高，特别是荆江地区的防洪形势发生根本性的变化。

荆江地区若遇百年一遇及以下洪水，通过水库拦蓄洪水，可使沙市水位不超过44.50米，不需启用荆江分洪区；遇千年一遇或1870年型洪水，可控制枝城流量不超过80 000米^3/秒，配合荆江地区蓄滞洪区的运用，可使沙市水位不超过45.00米，从而保证荆江河段与江汉平原的防洪安全。此外，水库拦蓄、清水下泄，使分流入洞庭湖的水沙减少，可减轻洞庭湖的淤积，延长洞庭湖的调蓄寿命。

城陵矶附近地区通过三峡水库调蓄上游洪水，一般年份基本上不分洪（各支流尾闾除外），若遇1931年、1935年、1954年和1998年型大洪水，可减少本地区的分蓄洪量和土地淹没。

武汉地区由于长江上游洪水得到有效控制，从而可以避免荆江大堤溃决后洪水取捷径直趋武汉的威胁。此外，武汉以上控制洪水的能力除了原有的蓄滞洪区容量外，增加了三峡水库的防洪库容221.5亿立方米，大大提高了武汉防洪调度的灵活性。

（2）发电

三峡电站库容世界第24、发电量第1，是全世界最大的水电站之一：装机容量为2 240万千瓦，约占2014年底全国水电装机容量3亿千瓦的7.5%；

2014 年发电量 988 亿千瓦时，超过巴西和巴拉圭共同拥有的伊泰普水电站，创单座水电站年发电量世界最高纪录，名副其实地成为世界年度发电量最高的水电站；约占全社会当年用电量 55 233 亿千瓦时的 1.8%，足够全国第一产业的全部用电，相当于武汉市两年半的用电量；上网电价平均为 250 元/千千瓦时，年发电销售收入约 250 亿元，落地电价平均为 302.39 元/千千瓦时，每年含税利销售收入约 298.8 亿元；与火力发电相比，每年可替代 4 000 万～5 000 万吨原煤，按标准煤价计算节省 200 亿～250 亿元/年。

三峡电站不仅发电本身产生巨大经济效益，而且大大提高了我国能源供应能力，突破了华中、华东、华南十省（市）的电力瓶颈，减少因停电造成的经济损失数亿元/年。

（3）航运

三峡水库蓄水 175 米，坝前水位净提升 113 米，川江 660 千米航道维护水深从 2.9 米提升到 3.5～4.5 米，干线航道宽度明显增大，已达到一级航道标准；万吨级船队及 5 000 吨级单船由上海吴淞口可直达重庆朝天门，重庆船队可以直航出海；航道水位提高把 139 处险滩、77 处急流滩、23 处浅滩全部淹没，将数万块巨礁深埋水底，湍急的水流变得平缓，取消了 25 处绞滩站和 27 处单行航道。枯水期增加调节流量 1 000 米^3/秒，将成库前川江货物最大通过量 1 800 万吨提升到 2013 年的 1.44 亿吨，水运货物周转量提升到 1 983 亿吨、货物吞吐量提升到 1.37 亿吨，年均增长分别为 20.2%、26.9%、14.8%；每马力拖带货物能力提高了十倍，运输成本降低了 35%～37%，大大提高了经济效益。重庆港真正成为长江上游最大的集装箱集并港、大宗散货中转港、滚装汽车运输港、长江三峡旅游集散地以及邮轮母港。成库蓄水航运量成倍增长，运距明显增长，安全事故大幅度下降，既无驳船触礁、急流逆水行舟之虞，又能增加运量、减少万吨船队中转。川江“黄金水道”实至名归。

成库不仅改善了主航道，也改善了长江支流航道。通航里程仅乌江、嘉陵江、香溪、龙河等，就延伸到 500 千米左右。不通航的支流、溪沟也变宽阔了，水深可供中小型船舶航行。支流通航船舶吨位，从 500 吨级提升到 2 000 吨级。

2. 隐性战略价值

（1）储水

淡水资源不足已经成为世界级难题，全球各国兴修库容 10 亿立方米以上的特大型水库的战略目的之一就是缓解淡水资源不足。我国淡水资源总量为 2.8 万亿立方米，人均仅 2 300 立方米，是世界人均的 1/4。据统计，全国 600 个城市中有 400 个供水不足，100 个严重缺水。“长江三峡水库控制着长江上游近 100 万平方千米流域面积的水量”，年均径流量为 10 000 亿立方米。三峡大坝径流量为 4 510 亿立方米。三峡水库正常蓄水可达 393 亿立方米，相当于 1.3 ~ 1.7 个鄱阳湖。这些淡水资源除发电、航运、补水以外，还储备了丰富的淡水资源。

（2）灌溉

长江中下游本来降雨充沛，但全球变暖后，冬、春两季干旱范围却超过 90%；20 世纪 90 年代集中于春季，一般时段集中在冬季。在过去二十年中，接近 1/2 的年限干旱范围在 90%以上。长江中下游平原是我国的天然粮仓——“苏湖熟，天下足”，粮食通过漕运直达京师，可满足 1/3 中国人的口粮。然而近年来干旱威胁，引水灌溉已成为必然。三峡工程为灌溉储备了巨大的淡水资源，一旦国家在长江中下游建立纵横交错的灌溉渠，将有约 80 万平方千米的耕地得到有效灌溉，4 亿余人受益，经济效益显著。

二、南水北调——中国优化水资源配置的历史选择

作为一个历史悠久的农业大国，我国不但人均水资源仅有世界人均水量的四分之一，被列入 13 个主要贫水国的行列，而且水资源在空间分布上南多北少，极不平衡。特别是 20 世纪 90 年代以来，随着国民经济的发展，本来水资源严重不足的北方地区水资源供应状况更是捉襟见肘。北方广大地区水荒严重，水资源供需矛盾日益加剧，黄河下游断水频繁，水环境持续恶化，这已成为我国经济社会发展中的严重制约因素，南水北调工程上马已显得十分迫切。为此，多少年来，人们一直在矢志于跨流域调水工程的研究。

南水北调的东线、中线、西线工程沟通了黄、淮、海、长江四大流域，形成了“四横三纵”的国家大水网，使得丰水的长江流域与缺水的黄、淮、海流域实现联通互补，将全国三分之一的水资源纳入了联合配置范畴。南水北调工程的三条调水线路既有各自主要的供水目标和合理的供水范围，又是一个有机整体，可共同实现我国水资源优化配置。从地理位置来看，南水北调各工程规划线路除西线相对独立外，东线工程和中线工程的供水范围有一定的重合，而通过水资源的优化配置和联合调度，南水北调来水与北方东、中、西部水资源可以实现相互补偿。这种补偿分配，可以将南水北调受益范

围进一步扩大到农村单元和黄河的辐射供水区域，从而实现黄淮海流域更大范围的水资源合理配置。

（一）工程概况

南水北调是举世注目的一项特大型跨流域调水工程，是实现我国水资源战略布局调整，优化水资源配置，解决黄、淮、海平原，胶东地区和黄河上游地区特别是津、京、华北地区缺水问题的一项特大基础措施。规划中的南水北调工程分为东、中、西三条线路，分别从长江的下游、中游和上游引水至华北、西北地区，其中前两条线路在途中将与黄河成立体交汇，而西线则是在上游直接注入黄河，以使我国水资源在全国形成“四横三纵”的战略格局。

早在 1952 年，黄河水利委员会（“黄委”）为了解决黄河水量不足的问题，开始研究从长江上游的通天河向黄河上游调水的可能性，为此还组织了对黄河源头的勘查。从 1954 年起，黄委和长江委一年间改称“长江流域治理规划办公室”，即“长办”陆续提出了多种调水方案，总的指导原则是从长江或汉江调水，补充黄河及淮河。1958 年 6 月，长办进一步提出，从长江的上游、中游和下游分别调水，接济黄河、淮河、海河。这个布局，已经开始具备今天南水北调工程的西线、中线和东线线路的雏形。2 个月后，在北戴河会议上，“南水北调”首次被写人中央正式文件《关于水利工作的指示》。1973 年，国务院召开了北方省市抗旱会议，会后，水电部开始研究从长江向华北平原调水的近期方案。1974 年和 1976 年，水电部提出了以京杭运河为干线、将长江水送到天津的东线近期工程实施方案。1979 年年底，水利部决定，规划工作按西线、中线、东线三项工程分别进行。1980 年和 1981 年，海河流域连续两年出现严重干旱，再次震动了决策层。国务院决定临时引黄济津，并加快建设引滦人津工程，同时计划在“六五”期间实施南水北调，东、中、西线的规划研究，也随之紧锣密鼓地开始了。1996 年，南水北调工程审查委员会成立。1997 年，国务院召开会议，研究工程线路问题。2001 年，先后完成了《南水北调东线工程规划年修订》、《南水北调中线工程规划年修订》、《南水北调西线工程规划纲要及第一期工程规划》。2002 年，中央审议通过《南水北调工程总体规划》，凝聚几代人心血的南水北调工程，终于转入了实施阶段。

1. 东　线

南水北调东线工程利用江苏省已有的江水北调工程，逐步扩大调水规模并延长输水线路。东线工程从长江下游扬州附近抽引长江水，利用京杭大运河及与其平行的河道逐级提水北送，并连通起调蓄作用的洪泽湖、骆马湖、南四湖、东平湖。出东平湖后分两路输水：一路向北，在位山附近经隧洞穿过黄河，经扩挖现有河道进入南运河，自流到天津，输水主干线全长 1 156 千米，其中黄河以南 646 千米，穿黄段 17 千米，黄河以北 493 千米；另一路向东，通过胶东地区输水干线经济南输水到烟台、威海，全长 701 千米。

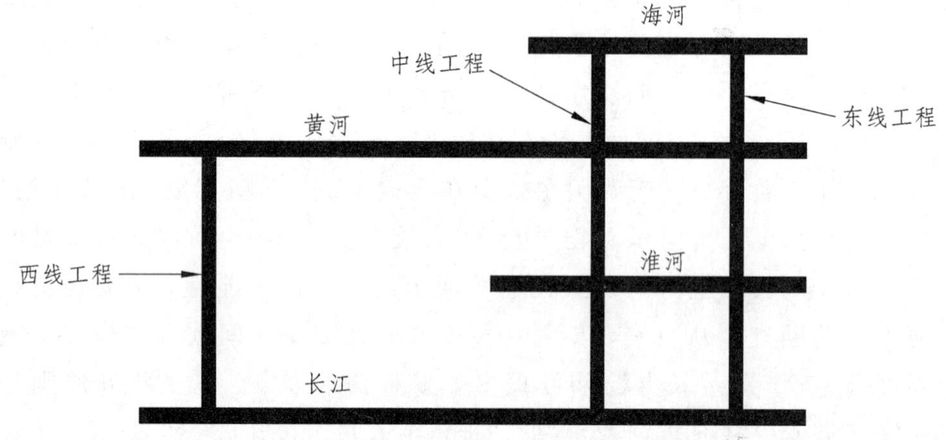

图 18-11 南水北调工程“四横三纵”总体布局

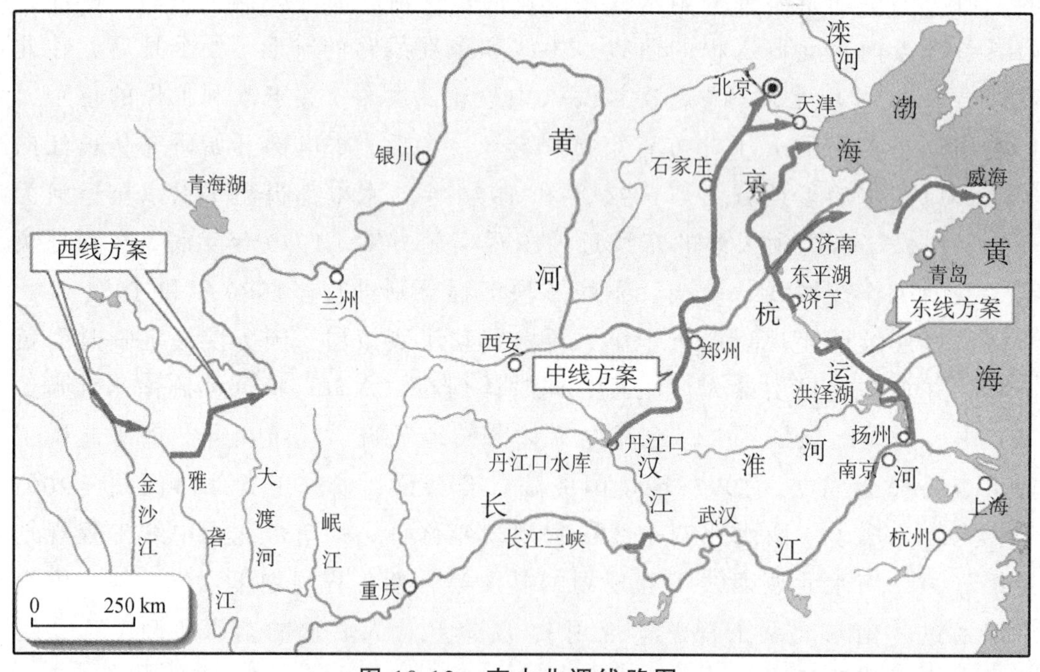

图 18-12 南水北调线路图

2. 中 线

南水北调中线工程从汉江丹江口水库陶岔渠首闸引水，经长江流域与淮河流域的分水岭方城垭口，沿唐白河流域和黄淮海平原西部边缘开挖渠道，

在郑州以西孤柏咀处通过隧洞穿过黄河，沿京广铁路西侧北上，可基本自流到北京、天津，大部分地段为明渠输水，受水区范围 15 万平方千米。输水总干渠从陶岔渠首闸至北京团城湖全长 1 267 千米，其中黄河以南 477 千米，穿黄工程段 10 千米，黄河以北 780 千米。天津干渠从河北省徐水县分水，全长 154 千米。

南水北调中线工程从汉江的丹江口水库调水，近期按正常蓄水位 170 米加高丹江口水库大坝，增加调节库容 116 亿立方米。陶岔渠首引水规模为 500 ~ 630 米^3/秒，多年平均年调水量 120 亿 ~ 130 亿立方米。总干渠分期建设，输水方式为以明渠为主、部分管涵。

3. 西　线

南水北调西线工程位于青藏高原东北部，是从长江上游通天河、支流雅砻江和大渡河上游筑坝建库，开凿穿过长江与黄河的分水岭巴颜喀拉山的输水隧洞，调长江水入黄河上游。西线工程的供水目标主要解决涉及青海、甘肃、宁夏、内蒙古、陕西、山西等 6 省（区）黄河上中游地区和渭河关中平原的缺水问题。西线工程按施工顺序分为 3 段。

（1）达—贾线

第一期工程从大渡河支流阿柯河、麻尔曲、杜柯河和雅砻江支流泥曲、达曲 5 条河流联合调水到黄河贾曲，简称“达—贾线”，多年平均可调水 40 亿立方米。输水线路总长 260 千米，其中隧洞长 244 千米。由 5 座大坝、7 条隧洞和一条渠道串联而成，最大坝高 123 米；隧洞最长洞段 73 千米。

（2）阿—贾线

第二期工程从雅砻江的阿达调水到黄河的贾曲自流线路，简称“阿—贾线”，多年平均可调水 50 亿立方米。输水线路总长 304 千米，其中隧洞 8 座，总长 288 千米，最长洞段 73 千米，大坝坝高 193 米。

（3）侧—雅—贾线

第三期工程从通天河的侧坊调水到雅砻江，再到黄河的贾曲自流线路，简称“侧—雅—贾线”，多年平均可调水 80 亿立方米。侧—雅—贾线中，侧坊—雅砻江段线路长度 204 千米，隧洞长 202 千米，最长洞段 62.5 千米；雅砻江—黄河贾曲段线路长 304 千米，隧洞长 288 千米，最长洞段 73 千米。

2013 年 11 月 15 日，南水北调东线一期工程正式通水。它自长江下游江苏境内江都泵站引水，通过 13 级泵站提水北送，经山东东平湖后分别输水至德州和胶东半岛。供水范围涉及江苏、安徽、山东 3 省的 71 个县（市、区），直接受益人口约1亿人，总投资500多亿元。截至2016年5月，东线一期工程已顺利完成三个年度向山东省供水的任务，江苏累计抽江水百亿多方，其中累计调水入山东10.91亿立方米。东线一期工程通水以来，在保障受水区居民生活用水，修复和改善生态环境，促进沿线治污环保，应急抗旱排涝等方面，取得了实实在在的社会经济生态综合效益。

2014年12月12日，南水北调中线一期工程正式通水。截至2016年11月底，中线一期工程累计调引南水60.9亿立方米，惠及北京、天津、河南、河北四省市4 200多万居民。水质各项指标稳定达到或优于地表水Ⅱ类指标。京津冀豫沿线受水省市供水水量有效提升，居民用水水质明显改善，部分城市地下水水位开始回升，城市河湖生态显著优化。

（二）战略价值

由于人口增加和经济发展，黄淮海流域出现长时间、大范围、深度的水资源短缺，在城市与农村、工业与农业、经济与生态之间形成了突出的用水竞争。严峻的水资源态势主要体现在两方面，一是严重的资源型缺水，二是与水密切相关的生态环境日益恶化，包括缺水导致的生态环境恶化和用水不当造成的水污染。突出的区位优势和相对薄弱的水资源条件，形成了黄淮海流域可持续发展的主要矛盾。南水北调工程作为大型跨流域调水工程，对解决区域性或流域性水资源危机，促进区域复合生态系统的可持续发展起着不可估量的作用。

1. 缓解水资源短缺和分布不均

不仅北方水少，南方水多，而且汛期降雨集中，非汛期干旱少雨。一方面，长江是我国最大的河流，水资源丰富，94%以上的水量入海。另一方面，长江以北水系流域面积占全国国土面积的63.4%，水资源量仅占全国的19%。广大北方地区长期干旱缺水，尤其是黄淮海地区人均水资源量仅为全国平均水平的22%。京津及华北等北方地区是我国水资源供需矛盾最为突出的地区。水资源的人均占有量很低，水资源地区分布不均匀，开发利用条件差别大，这些都决定北方地区无法依靠自身来解决水资源短缺的状况。而且，北方地区降水、径流年际变化都很大。北京最大年降水量是最小年降水量的3.5倍，丰枯年水量相差悬殊，河北年径流量极值比高达53。径流年内分配非常集中，全年径流的60%～90%集中在6—9月四个月内。降水量和径流量年际间的悬殊差别和年内高度集中的特点，既是造成洪涝、干旱等灾害频繁的根本原因，又给开发利用水资源带来很大的困难。同时，北方地区用水量不断增长，入境水量逐渐减少。由此看来，要想缓解北方地区水资源短缺状况，南水北调工程是必由之路。

南水北调是为缓解京津及华北等北方地区日益严重的水资源短缺而建设的跨流域特大型引水工程，是解决我国水资源结构性失衡和实现我国社会、经济、生态环境可持续发展的重大举措。建设这一工程，有利于改变北方地区水资源严重短缺的局面，有利于逐步改善受水区生态环境。

2. 带动经济发展方式转变

华北地区是我国比较发达的地区，区内蕴藏丰富的煤炭、石油、天然气等能源资源，还有铁矿、有色金属、石膏等矿产资源，是重要的能源原材料工业基地。但由于水资源的短缺，目前当地丰富的自然资源组合优势未能充分发挥出来。实施南水北调工程，增加华北地区水资源供给，有利于华北地区潜在优势的发挥。

南水北调工程还可以缓解受水区水资源供需紧张局面，逐步消除影响北方经济发展的“瓶颈”，使北京、天津、石家庄、济南等北方44座大中城市摆脱缺水的制约，为经济结构调整创造机会和空间，推动沿线地区经济发展。

南水北调工程还有利于拉动内需和扩大就业。国务院发展研究中心研究数据表明，南水北调工程建设将直接拉动沿线经济增长，增加就业机会。按2000年年底的价格水平估算，东线和中线一期工程实施后，多年平均直接效益约为每年560亿元。按照每5万~10万元投资创造一个就业机会估算，在东线、中线一期工程建设期间，每年可增加约18万个就业机会。在工程建成后的运行期，随着广大受水区水资源条件的改善，企业生产结构和规模也会随之变化，一些新兴产业将得到迅速发展，扩大就业的机会将进一步增多。

3. 促进节约型友好型社会建设

据统计，至20世纪末，我国70%以上的河流湖泊已受到了不同程度污染，七大水系407个重点检测断面中，劣V类水质约占30%，导致许多地方出现严重的水质性缺水局面，身边的水源无法使用，使得水资源短缺形势进一步严峻。所以，在我国进行节水型社会建设过程中，必须采取有效措施控制用水的浪费行为，从根本上解决水环境恶化、水质性缺水的问题，建成资源节约、环境友好、人水和谐的节水型社会。

建设南水北调工程后，将在以下几方面对促进资源节约，建设环境友好型社会起到重要作用。

第一，南水北调工程将南方水资源较丰富地方的水，引到北方水资源较缺乏的地方，有助于缓解我国水资源供需紧张的矛盾。

第二，减轻干旱地区对地下水的过度开采。我国地下水开采源自北方水资源短缺地区，随着经济的快速发展，对水资源需求的逐步扩大，进而加剧了对地下水开采的力度，最终演变成了如今的地下水超采严峻形势。南水北调工程的实施，有利于减轻这些地区对于地下水的过度开采，将有助于缓解地下水超采的局面。

第三，南水北调工程水价体制的建立，在经济上制约了对水资源的随意取用，有利于水资源的合理开发利用。

第四，南水北调工程促使公众提高水资源节约以及水环境保护的意识。南水北调工程的实施是在我国水资源矛盾极度紧张的背景下进行的，当前，越来越多的人已经认识到水资源的宝贵，提高了水资源节约和保护水环境意识。

参考文献

[1] 潘光，刘锦前．以色列农业发展的成功之路[J]．求是，2004，24：55-57．
[2] 刘志民．沙漠变良田 梦幻成奇迹——以色列农业成功之因探秘[J]．世界农业，1994，11：15-17．
[3] 王占军，平学智，马继凯，等．以色列荒漠化防治的成功经验及其对宁夏生态治理的启示[J]．宁夏农林科技，2014，05：20-22．
[4] 英楠．以色列：节水农业发展的成功之路[N]．江苏科技报，2006-06-01，(008)．
[5] 王彦梅．以色列节水农业对我国农业发展的启示[J]．农机化研究，2007，07：19-21．
[6] 张红丽，张文彬，郁兴德．以色列节水农业对中国发展节水生态农业的启示[J]．生态经济（学术版），2007，02：252-254．
[7] 王浩，王建华．中国水资源与可持续发展[J]．中国科学院院刊，2012，03：352-358+331．
[8] 张伟东．面向可持续发展的区域水资源优化配置理论及应用研究[D]．武汉大学，2004．
[9] 夏骥，肖永芹．密西西比河开发经验及对长江流域发展的启示[J]．重庆社会科学，2006，05：22-26．
[10] 李晔，玉玲慧．国内外“黄金水道”发展经验掠影[J]．广西经济，2009，03：24-25．

[11] 陈继红，曹越，梁小芳，等．巴拿马运河扩建对国际集装箱海运格局的影响[J]．航海技术，2013，01：73-76．
[12] 李杰．黄金水道：巴拿马运河[J]．现代军事，2000，04：59-60．
[13] 钱正英．三峡工程的决策——在 2006 年工程科技论坛暨三峡工程建设与管理论坛上的讲话[J]．工程研究——跨学科视野中的工程，2007，00：1-8．
[14] 魏廷琤．三峡工程的提出和决策[J]．百年潮，2009，11：27-32．
[15] 邹学荣．如何认识三峡工程的历史与时代意义[J]．人民论坛·学术前沿，2016，02：31-49．
[16] 蔡其华．如何评价三峡工程的防洪作用——以 2010 年的调度实践为例[J]．红旗文稿，2011（07）：16-21．
[17] 汪易森，杨元月．中国南水北调工程[J]．人民长江，2005，07：2-5+71．
[18] 李广诚，严福章．南水北调工程概况及其主要工程地质问题[J]．工程地质学报，2004，04：354-360．
[19] 张野，等．南水北调 构建中国“四横三纵”水网[J]．科学世界，2012，12：10-47．
[20] 吴海峰．南水北调工程与中国的可持续发展[J]．人民论坛·学术前沿，2016，02：50-57+77．
[21] 尹俊国，胡敏锐．南水北调：中国水情的必然选择——专访中国工程院院士、著名水利专家王浩[J]．中国青年，2012，18：28-29．

第十九章　“驭水之道”守护城市之魂

随着社会经济的不断发展，水资源问题日益突出。1997 年联合国水资源会议曾郑重向全世界发出警告：“水，不久将成为继石油危机之后的下一个社会危机。”我国是一个缺水的国家，人均水资源拥有量仅 2 150 米^3/年，不到世界人均水平的 1/4，排在世界第 109 位。水资源短缺成为制约我国社会经济发展的重要因素。目前，中国 661 个建制市中缺水城市占 2/3 以上，其中 100 多个城市严重缺水。

第一节　城市节水多措并举

我国的水资源分布极不均衡，大约占全国人口半数以上的地区的人均水资源量低于全国平均水平，很多沿海城市和中原地带的城市缺水严重。由于这些地区的城市大多数人口集中，社会经济较发达，土地、矿产或其他资源丰富且开发潜力较大，水资源紧缺已成为这些地区及城市发展的严重制约因素。缺水已给城市居民生活造成许多困难与不便，一些地区、部门、城乡之间水的需求关系亦趋紧张复杂。由于缺水，很多地区和城市地下水严重超采，从而导致地下水漏斗不断扩大、地面沉降、水源污染及水质恶化、海水入侵，以至水资源濒于枯竭等不良后果。

为保持人类社会可持续发展，取水量或用水量必须控制在一个安全的可持续利用的范围。据国内外有关专家估计，我国的最大可利用水资源量，即年可供水量为 10 000 亿 ~ 11 000 亿立方米（占年水资源总量的 30% ~ 40%），甚至仅为 6 000 亿（约占年水资源总量的 20%）。按照这种估计，近期或远期我国的总用水量（其中城市用水量一般占 1/4 ~ 1/3），即使是考虑节约用水也以分别接近或将超过上述水资源开发的安全极限。由于城市是人口、工业高度集中地带，用水集中而有特殊性，其用水的安全可持续利用将更加重要。

随着城市发展，至 2010 年、2030 年和 2050 年，我国城市化率将分别达

40%、50%和 60%，在控制城市生活用水及工业用水需求增长的情况下，为满足城市社会经济的正常用水需求，城市需水总量将分别达到 910 亿立方米、1 220 亿立方米和 1 540 亿立方米，其平均递增率将由 2000 年以前的 4.7%减少至 1.7%，但仍呈缓慢增长趋势。在此过程中，若一成不变地坚持传统的城市用水策略，则城市水资源的供需矛盾势必进一步加剧。解决城市水资源供需矛盾的当然途径是“开源节流”。

节水是一个全球性的问题，即使是水资源相对丰富的国家，也经常发生供水不足的问题。供水不足带来的损失是巨大的，世界上有些城市为了满足干旱季节的城市用水，不得不关闭城市周边的农场，工业生产也受到影响。目前我国每年因缺水造成的工农业损失不计其数。另外，全球范围内的气候异常及水体污染，特别是人为造成的水污染，更加剧了本已十分紧缺的水资源。在这种情况下，节水对于城市而言具有更广泛的意义：首先是对已用水的节约或对用水需求的控制及削减，这是节约用水最直观的效果；其次是因节水而减少对有限水资源的占有所产生的效果；再次是节约用水的所产生的直接和间接的经济效益；最后是节约用水而产生的环境、生态效益。

一、工业节水

城市是工业的主要集中地，据《城市建设统计年报》资料，2000 年全国城市总用水量（不含火力发电用水）为 496 亿立方米，其中工业总用水量为 228 亿立方米，约占城市总用水量的 50%。由于工业用水量大，供水较集中、节水潜力相对较大且易于采取节水措施，因此工业节水一直是城市节水的重点。

水在工业中主要用于生产过程中的冷却降温、锅炉用水、原料用水以及处理和洗涤产品，其中以冷却水的用量最多，约占工业用水总量的 60%，如北京市工业用水量每年 10 亿～13 亿立方米，其中冷却用水量 6 亿～8 亿立方米。工业节水的主要措施有：

（一）提高用水效率

提高工业用水效率的内容主要包括改变生产用水方式，如改直流用水为循环用水，提高水的复用率（循环利用率、回用率）。后者通常可在生产工艺条件基本不变的情况下进行，是比较容易实现的，因而是工业节水前期的主要节水途径。但提高水的复用率往往涉及很多具体条件，欲使其达到比较理想的程度也非一蹴而就，是一项长期的任务。

（二）推行清洁生产

通过实现清洁生产，改变生产工艺或采用节水或不用水生产工艺，以及合理进行工业或生产布局，以减少工业生产对水的需求，提高水的利用效率，此即所谓的生产工艺节水。工艺节水涉及工业和生产的原料路线和政策，涉及生产工艺方法、流程与生产设备，涉及工业和产品结构、生产规模、生产组织以至工业生产布局。因此工业节水是更为复杂更加长远的任务，是工业节水的根本途径。

（三）加强节水用水管理

通过加强用水节水管理以杜绝水的浪费，以及其他途径，如利用海水、大气冷源、人工制冷等，以减少水的损失，减少淡水或冷却水量，提高用水效率。前者有时称为管理节水。管理用水有时可以取得立竿见影的效果，其潜力较大，不容忽视。

据相关研究报告表明：从 1983 年—1997 年，我国城市工业用水复用率从 20%上升到 63%，万元产值取水量从 495 立方米每万元下降到 89.8 立方米每万元。取得这种节水效果的贡献份额大致是系统节水约占 65%，管理节水和工艺节水共占 35%。可见，如果扣除管理节水的贡献，15 年间工艺节水的份额是很有限的，按照我国城市 2010 年节水技术规划，若 2010 年工业用水复用率平均达到 75%，工业万元产值取水量平均下降 50%～70%，则除去份额很少的系统节水和管理节水的贡献外，今后绝大部分节水效果应通过工艺节水实现。

二、生活节水

城市生活用水多直接关系到人们的生活与直接利益，其节水问题具有许多不同于工业节水的特点，生活用水过程的随机性，使用水的强度、时间、地点等都难以确切把握，而只能求助与宏观分析。

（一）运用经济杠杆节水

正确运用经济杠杆与相应技术经济措施的作用，是实现城市生活节水的关键，而建立合理水费体制又是发挥经济杠杆作用的核心。大量的实际情况表明，运用经济杠杆是城市水资源合理开发利用节水的最基本、最有效、最简单的途径，可取得立竿见影的效果。

（二）强化节水观念

节水宣传教育是强化节水观念，改变与人们不良用水行为和方式密切相关的某种潜意识的重要手段。它在节约用水特别是在节约生活用水中具有不同于技术手段、经济手段和管理手段的特殊作用。节水宣传教育主要着眼于长期潜移默化的影响，而不仅仅是依靠短时期强化宣传。

（三）推广节水器具

节水器具对有意节水的用户而言有助于提高节水效果，对不注意节水的用户而言至少可以减少水的浪费。因此，研制开发和推广应用节水器具对于生活节水具有重要意义和作用。

相关生活节水的潜力分析表明：居民住宅用水浪费较大。虽然从总体上讲，我国城市居民住宅用水水平还偏低，但仍然存在较大浪费，在冲洗卫生洁具、洗浴、洗衣和炊事、烹饪用水方面，仍然还有很大的节水潜力；公共市政用水浪费严重。我国城市的公共设施用水量偏大，此外，建筑空调用水循环利用率低，大量公共建筑的生活杂用水也很少回收利用。

此外，城市雨水的收集与利用值得重视，它是目前城市节水“开源”的重要途径。建立雨水收集系统，主要在公共广场、建筑的地下室广泛装备雨水收集器具，可以使水资源使用量提高 30% 以上。从建筑、广场、公园等城市空间收集雨水，减少雨水直接流入下水道的水量，可以大大地减缓城市排水系统的压力，缓解城市内涝的程度。同时，实时收集城市雨水，可以避免初期雨水面源污染问题。

节约用水是关系到资源、环境、人民生活和社会经济的大事`，属跨行业专业的综合技术领域。很多节水问题的抉择，都须从技术、经济、社会以及政治等方面权衡利弊、得失，而技术经济方法则是在这类问题的多方案比较中取得最佳效果的重要方法和手段。

第二节　生态住宅水循环利用

我国是一个干旱、缺水严重的国家，淡水资源总量占全球水资源的 6%，居世界第 4 位，但人均仅为世界平均水平的 1/4，在世界上名列第 121 位，是全球人均水资源最贫乏的国家之一。一方面，我国人口增长和经济发展对水的需求量不断增大。另一方面，有限的水资源在被利用过程中，由于不当的城市建设等人为活动，会造成严重的水资源浪费以及水土流失。随着社会的发展，保持生态系统内相对稳定和平衡的生态住宅小区成为人们住宅建设的发展趋势和潮流。

城市生态住宅小区是节约和循环型社会的重要组成部分，是一个技术与自然充分融合，资源利用最有效，环境清洁、优美、舒适的人工复合系统。由于生态住宅小区能够大大降低因自然灾害、生态环境破坏或暂时失衡等影响而产生的各种风险，因此有利于提高小区文明程度的稳定、协调和持续发展。水是生态住宅小区的基础。水资源的有效循环利用在生态小区规划建设中占据着十分重要的地位，水资源的“开源”是实现小区资源利用的首要环节。它要求在自然物质—经济物质—废弃物的转换过程中，通过高新技术的使用来推动物质的有效转换与再生，以及能量的多层次分级，从而在满足消费需求的同时，又能使生态环境得到保护，达到生态环境建设的目的。

图 19-1　大连大有恬园小区

生态节水住宅小区水资源的节约主要体现在“开源”上，即不仅要利用一般市政管网中自来水，雨水与处理过的污水也要利用。如雨水经过处理后可用于景观、绿化、洗车、消防等。从而可以进一步满足饮用、食品加工等对高水质用水的要求。作为可以“开源”的资源，主要有两个方面，一是雨水，二是生活污水。

本节以大连市大有恬园为例，介绍如何在实践中以雨水、地表涵养水、地下水、污水作为水资源，创造性地开发生态居住小区水循环利用系统，从根本上解决缺水的问题。

一、小区水资源与用水量

大有恬园以雨水、地表涵养水、地下水和污水作为可利用的水资源，利用水循环往复的原理，深层次发掘水循环利用的特性，创造性地利用和开发了中水人工循环利用系统、地表涵养水半自然循环利用系统和地下水自然循环利用系统，并使3个系统有机结合，形成独创的生态住宅小区水循环利用系统。

自来水是市政提供的城市公共用水水源，大连市最大日供水量仅 100 升/（人·天），远远不能满足用水要求。污水是环境的主要污染源，也是宝贵的再利用资源。污水通过处理达到一定的使用标准后，可以在一定的范围内重复利用。大有恬园可利用的污水资源来自上游 3 个居民区和本小区的生活用水，污水资源量为 3 000～4 500 米^3/天。雨水包括空山水和区内雨水。空山水指可以汇集到小区的外部山地径流降水，大有恬园枯水年地面径流量约 70 000 米^3/年；区内雨水包括屋面排水、路面径流雨水和绿地降水，枯水年可利用资源量 13 000～36 000 米^3/年。表层涵养水是指以地面渗流为补给源、埋藏在土壤表层的水，是生态小区重点开发的水资源之一。深层地下水不易受到污染，水质好，微量元素丰富，是饮用水的理想水源。大有恬园小区最大日总用水量 2 994 米^3/天，其中自来水 770 米^3/天，占 25.7%，非自来水供水量 2 224 米^3/天，占总用水量的 74.3%。各种用水量统计见表 19-1。

表 19-1　大有恬园日用水量统计

项目	用水量	深井水		渗渠水		中水			
						再生水		其他	
		用量	比例/%	用量	比例/%	用量	比例/%	用量	比例/%
居民生活用水[①]	770								
餐饮用水	16	16	100						
幼儿园用水	30	30	100						
商业用水	22	22	100						
洗浴用水	75			75	100				
洗涤用水	18			18	100				
盥洗用水	20			20	100				
杂用水	60			60	100				
居民杂用水	385					311	80.8	74	19.2
绿化用水	180					146	81.1	34	18.9
水景补水	608					492	80.9	116	19.1
地冷空调用水	720			720	100				
地冷空调用水[②]	120								
其他公用水	90								
合　计	2 994	68	2.3[③]	893	29.8[③]	1 022	34.1[③]	241	8.0[③]

注：① 居民生活用水是指自来水；② 由于采暖是在冬季，此项未计入最大日总用水量；③ 占总用水量的百分比。

二、小区水循环利用

雨水、地表涵养水、地下水和污水均作为可利用的水资源，利用水循环往复的原理，深层次发掘水循环利用的特性，独创了生态住宅小区水循环利用系统。该系统包括中水人工循环利用系统、地表涵养水半自然循环利用系统和地下水自然循环利用系统。污水经过再生处理、水库天然处理和二次处理，达到使用水标准，一部分回用，其余的中水进入地表涵养水循环系统，实现了水量基本平衡的使用循环。

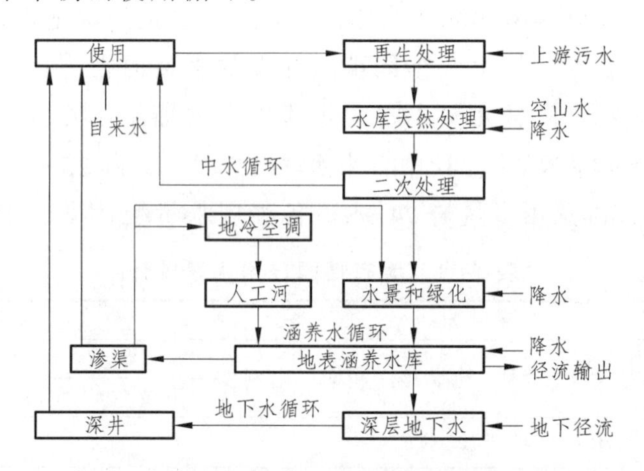

图 19-2　生态住宅小区水循环利用系统

再生处理是中水循环系统的主体，再生处理的规模为 1 200 米^3/天。出水目标达到大连市中水设施管理办法中的中水标准和地面水环境质量标准的 V 类水体标准。再生处理是复合工艺，其流程框图如图所示。该工艺流程，实现了多种有效工艺的有机复合运行。分流取水器是针对污水量大于取水量的情况设计的中水取水专用技术，不需要动力和清渣。综合池在传统的调节池中实现了调节、水解酸化、厌氧脱氮、初次沉淀等功能。综合池中设厌/兼氧段，第一氧化池为厌氧池，第二、三、四氧化池为好氧池，第四氧化池硝化混合液回流至综合池的厌/兼氧段，是典型的 A2O 脱氮工艺。为了加强脱氮和 BOD 的去除效果，综合池的厌/兼氧段和第一、二氧化池添加悬浮填料，加填料的反硝化停留时间为不加填料的反硝化停留时间的 11.8%。

地表涵养循环指水在地面、地表土壤层和植物的循环过程，是半自然循环系统，是连接使用循环和地下循环的纽带，在水的循环过程中起到非常重要的作用。在水循环利用系统中，水库和地表涵养水库是非常关键的结点。水库具有天然处理和储存两大功能，是安全可靠供水的重要保证。

地下水的循环利用主要指区域内深水井的利用。深层地下水的循环过程

是一个大区域的循环过程，属自然循环，地表水在自然循环过程中通过岩层裂缝和其他途径渗透，向深层地下水线和地下水源聚集地径流，到达地下储水结构，通过深井取水实现循环。深层地下水主要用于公建饮用水、幼儿园和直饮水。

水在自然界不断往复循环，这是自然规律。利用水的循环规律，修复、强化、提升水的循环，深层次地开发利用水的循环，是解决城市用水供需矛盾的根本途径。利用污水、雨水、地表涵养水、地下水作为水资源，开发生态住宅小区水循环利用系统，将成为一条更符合自然规律的、崭新的水综合利用模式。

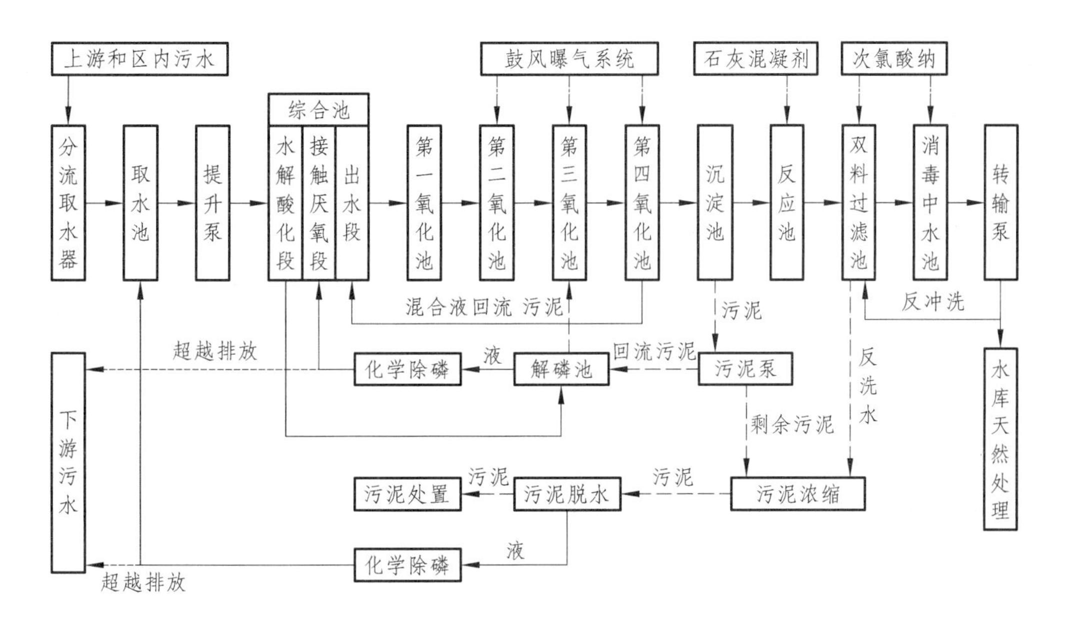

图 19-3　再生水处理流程

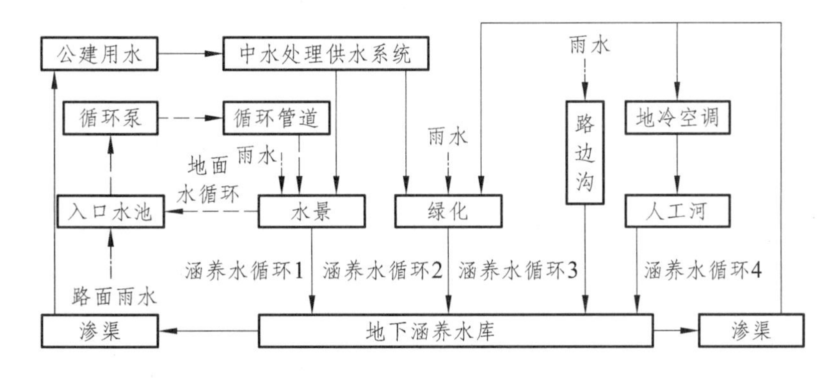

图 19-4　地表涵养水半自然循环利用系统流程图

三、生态住宅循环用水模式

通过政府引导、小区规划，建设过程中的配套设施等同时建设，小区居民的积极参与，资源循环利用型的生态小区将可能呈现：小区内产生的雨水和废水经过适当处理，一些被用户冲厕重新利用，一些用于污水源热泵的水源，作为居民采暖、制冷和热水的资源，一些用于小区绿化灌溉和道路冲洗，由此在住宅小区内实现水资源的零排放和全利用。

（一）雨水回收系统

雨水资源与生态住宅小区内地表水和地下水联合使用，可以提高水资源利用率，缓解小区用水压力，促进和改善小区的生态环境。生态住宅小区雨水资源就地利用，减少暴雨径流，削减洪峰流量，减轻防洪压力，降低径流中携带的大量污染物排入系统所造成的污染。生态住宅小区雨水利用可促进雨水供给地下水，有利于部分解决区域地面沉降问题。雨水利用与生态住宅小区景观设计结合起来，可提供设计所需消耗的水资源利用方法。生态住宅小区雨水回收系统包括雨水收集与雨水处理两个部分，其中雨水收集目前主要包括屋面和屋顶花园雨水收集、地面雨水截污系统、改造硬化地面以增强雨水就地入渗比例等内容。

对于雨水处理方法，世界上各国做法很多，比较先进的是目前采用的膜法生物处理系统 MBR 技术等。MBR 技术是将生物降解作用与膜的高效分离技术结合而成的一种新型高效水处理与回用工艺。

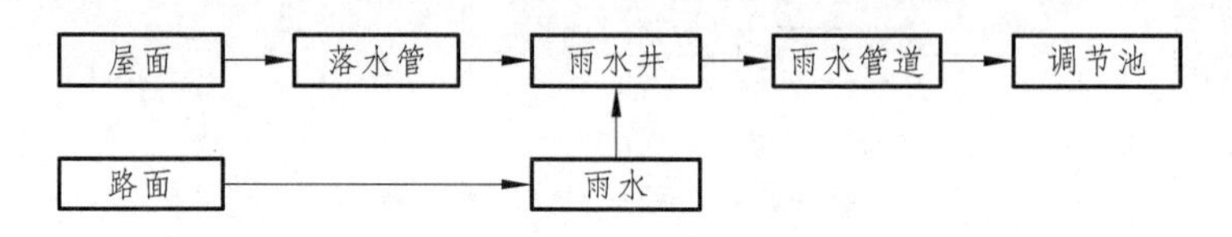

图 19-5 雨水回收系统中的收集模式

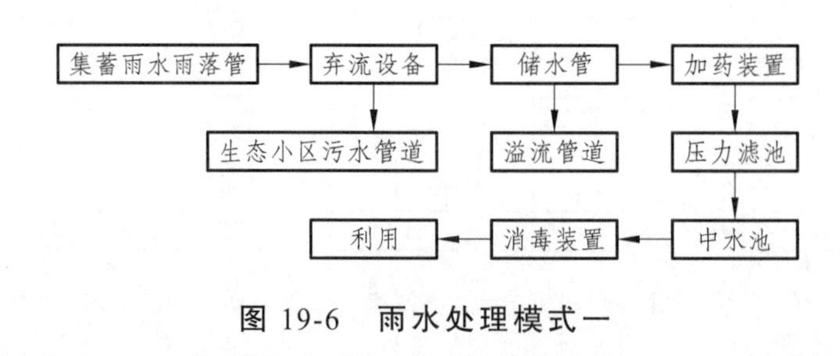

图 19-6 雨水处理模式一

图 19-7 雨水处理模式二

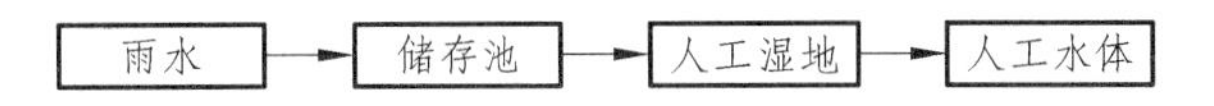

图 19-8 国外雨水处理模式

（二）污水回收系统

住宅小区居民对水的消费主要是饮用水和非饮用水。其中饮食用水量仅占总消费量的 5%，其余的 95% 用于洗涤、排污等。水资源的循环利用需要以下的技术和设施支持。在住宅小区，根据两种用途设置 A，B 两套供水系统。A 系统专供饮用水（包括冲茶、洗米、洗菜、煮饭），这个系统的水必须是符合饮用水标准的洁净水。B 系统专供使用水，供洗地、洗车、绿化、冲厕、排污等使用，这个系统的水循环使用，可节省大量高质量饮用水。小区的排水应将住户洗菜、洗衣、洗澡水以及厕所等水进行过滤、净化、去污等物理、化学处理，并将再处理的有机质输入发酵罐。

（三）水资源的循环利用系统

住宅小区水资源的循环利用要把雨水和污水的循环利用结合起来考虑。经过处理后的雨水和污水目前主要有三种用途：一是用于生态住宅生活小区绿地浇灌、道路洒水、汽车冲洗；二是用于污水源热泵水源，可以为生态住宅小区的居民以及公共建筑提供冬季采暖、夏季制冷和洗澡用热水；三是用于居民冲厕用水。

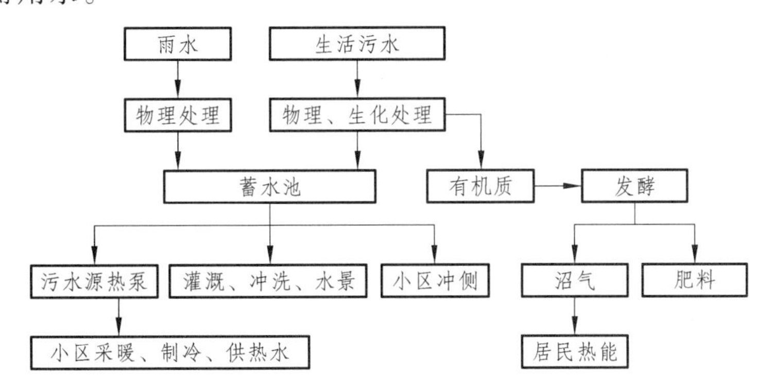

图 19-9 生态住宅小区水资源循环利用综合系统

第三节 “聪明”屋顶会呼吸

传说中的古巴比伦“空中花园”，花园中栽种了各式各样的树、灌木，以及藤蔓。阶梯型的花园栽满了奇花异草，并在园中开辟了幽静的山间小道，小道旁是潺潺流水。如今，这种想法在世界许多地方已经实现了——绿色屋顶的诞生为世界带来凉爽，使世界上的每一栋房屋都变得会呼吸了。人们利用屋顶这个可利用的空间，实现着自己的都市田园梦。

一、东京城市范式

日本在立体绿化，垂直绿化和空中绿化方面走在世界前列，有些地方政府甚至把它作为一种法令强制执行，以便增加绿地，改善生态环境。

20 世纪 60 年代的东京曾经饱受雾霾之苦，80 年代，日本开始多渠道地整治污染，通过屋顶绿化增加城市绿化就是重要手段之一。东京有关当局规定新建大楼必须搞楼顶绿化。日本设计的楼房除加大阳台以提供绿化面积外，还把最高层的屋顶建成“开放式”，将整个屋顶连成一片，使之变成宽阔的高空场地，居民可随自己喜好栽花种草。

然而，东京是世界上人口最密集的城市之一，空余空间小，“钢铁”和“水泥”几乎占据了市区的全部土地，因此增大植物覆盖率绝非易事。为此，市政府采取了两项最重要的举措：

第一，法律保证。早在 1991 年，东京就颁布了城市绿化法律，规定在设计大楼时，必须提出绿化计划书。1992 年又制定了“都市建筑物绿化计划指南”，使城市绿化更为具体。从 1999 年开始，凡建筑面积在 2 000 平方米以上、“楼顶花园”占楼顶总面积 40%以上的业主不仅可以得到修建“楼顶花园”的低息贷款，而且其建筑的主体部分也能够享受部分低息贷款。

第二，科学指导。东京市政府首先确定市中心的住宅区和学校为推行立体绿化的重要试点单位，兴建“楼顶花园”和“阳台微型庭院”等。经过多年努力，现已初见成效，证明这种见缝插针的做法有助于大都市的立体绿化。在闹市区新宿，铺设有大量的不透水地面，由水泥、柏油等组成。以前没有自然植被，无法通过水分蒸发冷却，形同一块块巨大的“吸热海绵”，大大加重了城区的高温和干燥。而现在却发生了巨大的变化，块块翠绿和点点艳红散布在建筑物的楼顶和千家万户的阳台上，把热岛改变成“绿岛”。东京在绿色屋顶建筑中，还使用了许多新技术，例如采用人工土壤、自动灌水装置，甚至有控制植物高度及根系深度的种植技术。

在政府的引导下，人们绿化“钢铁”和“水泥”住宅的愿望越来越强烈，出现了兴建“楼顶花园”和“阳台微型庭院”的热潮。高档天台上的“空中花园”、建筑物的“楼顶花园”和住宅“阳台微型庭院”等随处可见，整座城市“披红戴绿”，被打扮一新。这道靓丽的风景在吸引不少游客的同时，也造福了市民，对这座大都市的“降温”发挥了充分的作用。目前，东京市屋顶绿化率已达 14%。据测定，只要东京市中心的立体植物的覆盖率增加 10%，就能在夏季最炎热时将白天室外的最高气温降低 2.2 摄氏度。

二、芝加哥“绿色”市政厅

当人们从芝加哥所住的一座高层饭店透过玻璃窗向右前方眺望时，会发现楼群上空好像有一座空中花园。千万不要以为这是视觉误差造成的，定睛细细瞧，你会发现，眼前呈现的的确是一个名副其实的空中花园——那花园建在大楼的顶部，与之比邻的是一个楼顶露天游泳池，再往左侧一瞧，另一座楼顶上的葱绿也映入眼帘。这便是早有所闻而未得一见的芝加哥“会呼吸的屋顶”了。

如果这块绿洲位于地面上，一点也不稀奇。但这片绿地并不在地面的公园里，而在芝加哥市政厅的屋顶上，面积达 1 900 平方米，它是芝加哥的第一座绿色屋顶。如今，这座芝加哥市政厅屋顶上的绿色花园已形成了一个综合的生态系统，成为有生命的、会“呼吸”的屋顶。

在这块郁郁葱葱的绿色花园里，自由生长着 150 多种、两万多株花草，小蝴蝶、小蜜蜂、小鸟在须芒草、三叶草、仙人掌丛中飞来飞去。花园内还有一个养蜜蜂的蜂房，花园的管理者每年都义卖产出的蜂蜜，募集到的资金用于青少年课外活动项目。如今，芝加哥市政厅的屋顶是已经成为这个城市的名片之一。芝加哥屋顶绿化也发展到在屋顶种植多种植物，建立生态系统的高级阶段。它平均每年为市政厅节约能源开支 3 600 美元，直接减少用电 9 272 千瓦时，这归功于绿色屋顶的吸收直晒太阳光热量的作用，它让屋顶表面温度在夏天比其他建筑平均低 21 摄氏度，屋顶空气温度低 9.4 摄氏度。

与东京一样，芝加哥也给私人住宅和新建筑开发商提供一笔建造绿色屋顶的资助，同时，对较大规模的建筑工程来说，如果忽略了屋顶绿化，工程就无法获得城市规划局的审批。

芝加哥市市政厅官员和环保人士向记者介绍说，屋顶绿化是一种特殊的绿化形式，最直观的作用当然是美化环境。比如市政厅，虽然只有小部分人能登上楼顶近距离体验花园，但在四周高楼办公的人每天都能俯瞰这片绿洲，一些居民足不出户就可以欣赏到令人心旷神怡的绿色风景，而这正是很多现代城市所缺失的。其次，“绿色屋顶”能够减少屋顶热辐射、缓解热岛效应，芝加哥市政厅顶楼的温度要比传统的柏油屋顶温度低很多。因此，绿色屋顶又被形象地称为“温度调节器”。“暴雨引起的下水道堵塞、路面积水以及污水外泄，一直是令芝加哥人头痛的问题。城市的绿色屋顶就像一个蓄水池，能截流和储存大量雨水，并蓄水 48 小时以上，降低雨水流速，一定程度地缓解城市内涝。”该环保人士告诉记者。那么，屋顶绿化会造成经济上的浪费吗？芝加哥环境保护局局长告诉记者，短期看来，增添环保元素会让项目更昂贵，但从长远效应来看是很合算的。由于大规模推行屋顶绿化，有效降低了能源消耗，芝加哥市政府每年大约能节约 1 亿美元的能源开支。此外，屋顶花园还为昆虫提供了良好的生存环境，为鸟类提供了食物来源，为市民提供了避暑纳凉的休闲空间，使人与自然和谐相处。总之，开展屋顶绿化好处多多。

三、加州科学院“微型生态圈”

加利福尼亚州科学院坐落在旧金山的金门公园内，由自然科史博物馆、摩里生天文馆（Morrsion Planetarium）和史坦哈特水族馆（Steinhart Aquarium）三馆组成。

在一片天然景观中，各种设施、办公楼与展览空间一应俱全。高处是摩里生天文馆和热带雨林展览厅，底处则有一个中央广场。广场明亮闪耀、空气清新怡人，大部分为草地，就像是一个微型生态圈。这个生态屋顶一共有 197 000 平方米，由大面积起伏的、多功能的、活的草坪建成，种植了 40 余种本地植物。从展区内部还可以看到这个屋顶，绿色屋顶连通内外，与加州植被葱郁的大背景相衬。它最经典的地方在于：为了防止植物和土壤从屋顶滑下来流失掉，建筑师设计了一种被命名为生态花盆的有机花盆，他们一共用了 50 000 个这种带有孔的，利用可降解材料（树皮、椰子纤维）制成的花盆。由于植物的根茎能通过花盆的空洞纠缠到一起，因此，屋顶就变得和纺织物一样，土壤和植物被固定得十分结实，再也不必担心他们会滑下屋顶了。

开放式的设计能让游客们来到屋顶近距离感受这座屋顶花园的魅力。屋顶种植了旧金山当地的各类野花，因此也是近距离观察当地鸟类，蝴蝶等昆虫的好去处。屋顶的天窗在一天里会打开好几次，以吸收阳光给室内提供采光。屋顶还有天气监测站，能预报天气，以及时调节室内温控系统。

新科学院包含一个水族馆，一个天文馆和展区。除绿色屋顶以外，科学院新楼还运用了自然日光、生物能源、水回收等最前沿的能源效率技术，是绿色建筑的典范。据预测，绿色屋顶能防止大约 7 570 600 升雨水流失，而且这种屋顶隔热性能超群，能净化室内空气，无需经常维修。

四、武汉天河机场节水天窗

武汉天河机场 T3 航站楼拥有许多科技亮点，如：屋顶能自动开闭、利用太阳能照明、雨水循环利用等，堪称一座智能化、低碳化的绿色航空港。T3 航站楼的屋顶天窗十分“聪明”，可根据气候特征自动开启或闭合，也可以通过计算机控制，最大限度地利用自然通风采光，确保航站楼内部空间的舒适度。就像人会呼吸一样，当室内温度过高、空气流通不畅时，屋顶会打开透风降温；反之则关闭。建筑节能。T3 航站楼透明玻璃幕墙采用双层通风与自动遮阳结构，夏季流动的空气层可以带走表面热量，大幅降低烈日对室内的热辐射。航站楼屋面为平面，利用太阳能板收集热能，为部分场地和工作区域照明系统供电。采用先进光传导装置，通过光导管将室外自然光引入地下和航站楼内空间；对照明、通风排气管等设备的余热，进行回收使用；利用机场地下水资源，采取地源热泵空调供暖，节约运行费用。在雨水再利用方面：T3 航站楼采用屋面雨水收集系统，利用雨水和再生水进行卫生和道路冲洗、植物浇灌，节约水资源。

图 19-10　武汉天河机场

五、上海世博会屋顶雨水利用系统

上海世博会吸收国际先进雨水资源管理理念，探索对城市雨水径流资源进行管理和合理利用的途径，通过屋顶绿化、设置低洼绿地、渗透性地面等措施，强化雨水的储蓄和下渗以减少雨水径流，通过景观水体的调蓄削减外排雨水量，通过地下雨水调蓄池减少雨水污染。

上海世博会核心区的世博中心、文化中心、主题馆、中国馆等四大永久性场馆和世博轴，都对屋面雨水加以收集利用，收集雨水量达到 10.97 万立方米。世博文化中心将空调凝结水与屋面雨水收集、处理，用作道路冲洗和绿化灌溉用水，采用智能型绿地喷灌或滴灌等节水灌溉技术，提高水资源利用效率。中国国家馆的屋顶设有雨水收集系统，利用收集的雨水进行绿化灌溉和道路冲洗，并在地区馆南侧的大台阶水景观和其南面园林的设计中，引入小规模人工湿地技术，雨水配合人工湿地的自洁能力，在不需要大量用地的前提下，在城市中心创造出一片生态湿地。

图 19-11　上海世博会中国馆

世博轴上的阳光谷，可将雨水储蓄在世博轴的地下二层的积水沟，再汇集到地下 7 000 立方米的蓄水池里，经过过滤即可回用。目前，阳光谷收集的雨水将成为整个世博轴内几十个厕所的用水，而且还有盈余可用在道路冲洗、场馆清洗、绿化浇灌等方面。

在法国馆的中心广场，中空的地下一层就像个大蓄水池，雨水顺着法国馆四周的雨水收集管道汇聚到地面下的大水池，另外从楼顶等地方流下来的雨水，则从四周的水沟流入大水池，在这里面，当水池的水达到一定量时，喷泉就自动启动。

据有关环保专家介绍，世博会采用的先进雨水综合利用技术对上海的未来大有裨益。上海年均降雨量约 1 160 毫米，年均最大月降雨量为 169.6 毫米，随着上海城市化程度的提高，城市地表环境的结构与功能不断变化，这使得相当比例的软性透水性地面被不透水表面（路面、屋面、地面）所覆盖，影响雨水截留、下渗和蒸发等环节。雨水蓄渗可减少因城市化而增加的暴雨径流量，延缓汇流时间，减轻排水系统负荷，对防灾减灾起到重要作用。同时，还可涵养地下水，防止地面沉降。雨水通过活性土壤层与碎石粒缝隙下渗，水质可得到净化，达到缓解污染的目的。世博会在雨水收集利用技术上的经验，为上海市解决城市面源污染提供了一个可供借鉴的样本。

事实上，在国内许多城市，屋顶绿化也越来越得到人们的关注。早在2005年，北京市就率先在全国开始大面积绿化屋顶，在《北京市屋顶绿化规范》中详细规定了屋顶绿化的基本要求、类型、植物选择和技术要求等。杭州与2011年出台的《杭州市区建筑物屋顶综合整治管理办法》中提到，在技术或条件允许的情况下，公建的屋顶，要种植植物、进行绿化或设置屋顶花园。上海则给进行屋顶绿化的相关单位以资金补贴。根据相关规定，新建成的小区都要达到一定的绿地覆盖率。如果在屋顶做绿化，这一绿化面积是得到相关部门承认的，可以计入小区总体绿化面积。但即使在用地紧张的情况下，开发商选择屋顶绿化弥补地栽绿化不足的情况还是屈指可数。

当然，要造一个"空中花园"却没有那么容易。在屋顶进行绿化，需要大量的土壤，也要对房顶进行防水改造，这直接增加了开发商的成本。加上绿化并非一次性投资，在屋顶绿化后期的养护中需要一笔不小的花费，因此，目前为止，我国的屋顶绿化整体覆盖率仍比较低。虽然已有人着手于此，但进展缓慢，甚至还无章可循。屋顶绿化对房屋顶层的防水质量和荷载等都有一定的要求，如果建筑物本身不具备相应的要求，推行屋顶绿化就会遇到很多技术环节的问题。房屋漏水、荷载不够、功能定位与先期规划不符等都是能否进行屋顶绿化的影响因素，由于前期的建筑规划并没有预留屋顶绿化的空间，这在一定程度上增加了屋顶绿化推广的难度。

参考文献

[1] 仇保兴．节水是城市水安全的解决之道[J]．中国经济周刊，2013，45：22-23．

[2] 杜宇，于文静．全国657个城市，300多个喊"渴"[N]．新华每日电讯，2014-05-18（003）．

[3] 缪子梅．城市水资源开发利用对策研究[D]．河海大学，2005．

[4] 邓绍云，邱清华．城市水资源可持续开发利用研究现状与展望[J]．人民黄河，2011（03）：42-43．

[5] 杨战社，高照良．城市生态住宅小区水资源循环利用研究[J]．水土保持通报，2007（03）：167-170．

[6] 李长城，苏浩．水循环利用及节水技术在住宅小区的应用[J]．建筑技

术开发，2013（06）：65-69.

[7] 陈辅利，高光智，巩晓东．生态住宅小区的水循环利用系统[J]．大连水产学院学报，2004（02）：110-114.

[8] 圆小歆．“聪明”的屋顶会“呼吸”[J]．绿色中国，2013（09）：74-77.

[9] 王效琴．城市水资源可持续开发利用研究[D]．南开大学，2007.

[10] 顾朝林，辛章平．国外城市群水资源开发模式及其对我国的启示[J]．城市问题，2014（10）：36-42.

[11] 裴源生，赵勇，张金萍．城市水资源开发利用趋势和策略探讨[J]．水利水电科技进展，2005（04）：1-4.